电工技能实训

主　编　龙　光　张　联
副主编　陆　军　黄宇平
参　编　吴忠盛　于　杰
　　　　宁显斌　李　宁

中国商业出版社

图书在版编目(CIP)数据

电工技能实训/龙光,张联主编.—北京:中国商业出版社,2017.9

ISBN 978-7-5044-8922-7

Ⅰ.①电… Ⅱ.①龙… ②张… Ⅲ.①电工技术 Ⅳ.①TM

中国版本图书馆 CIP 数据核字(2015)第 052707 号

责任编辑:唐伟荣

中国商业出版社出版发行

010-63180647 www.c-cbook.com

(100053 北京广安门内报国寺 1 号)

新华书店经销

涿州市星河印刷有限公司印刷

* * * * *

开本:787×1092 毫米 1/16 印张:12.5 字数:260 千字

2017 年 9 月第 1 版 2017 年 9 月第 1 次印刷

定价:28.80 元

* * * *

(如有印装质量问题可更换)

前　言

为进一步提高维修电工从业人员的基本素质和专业技能，增强各级、各类职业院校在校生的就业能力，满足本工种职业技能培训、考核、鉴定等工作的迫切需要，我们组织部分经验丰富的讲师、工程师、技师、高级技师等编写了《电工技能实训》教材。

《电工技能实训》教材是根据中华人民共和国劳动和社会保障部制定的国家职业标准《维修电工》组织编写的，以现行电器维修、电气施工及验收规范为依据，以实用、够用为宗旨，力求浓缩、精炼、科学、规范、先进，使教材简明易懂，为广大的读者所乐用。

本书由具有多年教学经验和熟练实践技能的老师编写。龙光老师编写了项目一、二、三，张联老师编写了项目四、五，陆军老师编写了项目六、七，黄宇平老师编写了项目八，吴忠盛老师编写了项目九，于杰老师编写了项目十，宁显斌老师编写了项目十一，李宁老师编写了项目十二。

编者在编写过程中参阅了大量的相关规范、规定、图册、手册、教材及技术资料等，并借用了部分图表，在此向原作者致以衷心的感谢。如有不敬之处，恳请见谅。

由于教材知识覆盖面较广，涉及的标准、规范较多，加之时间仓促、编者水平有限，书中难免存在缺点和不足，敬请各位同行、专家和广大读者批评指正，以期再版时臻于完善。

编　者

2017 年 9 月

目　录

项目一

职业感知和素养

任务一　职业感知和职业素养

一、任务名称

职业感知和职业素养

二、任务描述及完成

图 1－1(a)、(b)所示的工作人员正在从事的分别是电气线路的维修和电气设备的安装，他们都属于维修电工的范畴。所谓维修电工，就是从事机械设备和电气系统线路及器件等的安装、调试、维护及修理的人员。

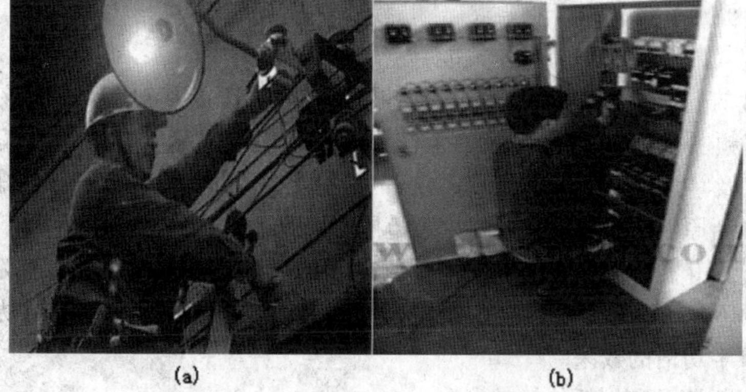

(a)线路维修　　　　(b)设备安装

图 1－1　维修电工

1.1.1 维修电工的职业感知

家庭、企业电气化是现代家庭与企业的重要标志。随着我国经济建设的飞速发展和城乡人民生活水平的日益提高，家庭与企业中使用的各类用电设备越来越多。如何用好、管好这些用电设备，就成为每个家庭和企业必须面临的问题。因此，电工专业的前景是十分广阔的。

1. 就业前景

只要有电的地方就需要有电工职业的人员存在，所以维修电工的就业方向很多，就业点也很广。维修电工可从事发配电、继电保护、工厂用电、民用电、电子装配、数控维修、家用电器维修等工作，但目前从业人员不算太多，难以满足用人单位的需求。大量的电工人才的需求，让维修电工的就业前景十分广阔。

2. 工作对象

维修电工分高、低压电工，诸如物业维修电工主要从事小区生活用电设施的维修和维护，比如路灯、用电线路检修、办公室空调等用电电器的维护等。设备维修电工主要对工厂机器设备进行电气维修、维护和保养等。电气施工员相对比较简单，主要是从事建筑工程的布线、配电线路安装等。

维修电工的主要工作对象有:维修电工常识和基本技能、室内线路的安装、接地装置的安装与维修、常见变压器的检修与维护、各种常用电机的拆装与维修、常用低压电器及配电装置的安装与维修、电动机基本控制线路的安装与维修、常用机床电气线路的安装与维修、电子线路的安装与调试、电气控制线路设计、可编程控制器及其应用等。

3. 职业等级

维修电工的职业等级共分五个:初级(国家职业资格五级)、中级(国家职业资格四级)、高级(国家职业资格三级)、技师(国家职业资格二级)、高级技师(国家职业资格一级)。

1.1.2 维修电工的职业素养

随着社会经济的发展和高新技术的广泛应用，维修电工技术的专业知识结构发生了相应的深刻变化。高新技术给我们带来了高效网络化、高精度智能化的应用和变化。因此，对于现代维修电工，提出了更高的素质要求。

1. 要具有现代的专业知识和操作技能

在具有常规的电子技术、电工基础、自动控制等专业知识的基础上，还应该更多地掌握现代技术，比如变频器、PLC 等现代产品的工作原理和使用方法等。熟悉 PLC 编程语言，能看懂用户程序，以及掌握计算机智能管理系统等方面的知识。只有掌握了这些知识，在出现故障时才能尽快判断原因，确定故障点和故障范围，从而迅速、快捷地排除。

维修设备离不开实际操作，作为现代维修电工应能熟练掌握各种仪器、仪表的功能和使用方法。同时，还能熟练利用高科技手段、应用系统报警信息和调用自诊断功能，这将在维修检测中起到事半功倍的效果。

2. 要具有不断学习和创新的精神

传统的思想认为，维修主要靠的是经验。而现代维修电工恰恰相反，必须在具有深厚专业知识的同时还要不断学习新知识，边干边学边提高，不断地完善自我。只有不断学习、不断探索，才能适应现代社会的发展，适应现代工作的需要，胜任本职工作。

从思想素质的角度来看，现代维修电工应具有强烈的时代意识。在现代社会的进程中，处处都需要创新，研究新的情况，化解新的矛盾，解决新的问题。市场瞬息万变，没有创新就不可能发展，就会被市场无情地淘汰出局。

3. 要有坚定的职业信念

职业信念就是通常说的事业心，我们选择了所学专业，了解了将要从事的职业，就要坚持自己所做的事和所追求的目标，在任何情况下都毫不动摇地为之奋斗、执着追求。生活中拥有坚定的信念是身心成熟的一个标志。在职场里面风云变幻，机会很多，陷阱也无处不在，一个人只要拥有坚定的职业信念，就拥有了百折不挠的心理根基，就可以从容应对事业中的许多不测风云。

职业信念是职业素养的核心，良好的职业信念应该是由爱岗、敬业、忠诚、奉献、正面、乐观、用心、开放、合作及始终如一等这些关键词组成的。

任务二　“我未来的工作”角色扮演

一、任务名称

“我未来的工作”角色扮演

二、任务描述

学习了本专业以后，未来有可能从事的工作岗位具体有哪些工作要求呢？下面我们了解一些实际的维修电工岗位及其岗位职责、操作规程和安全知识。

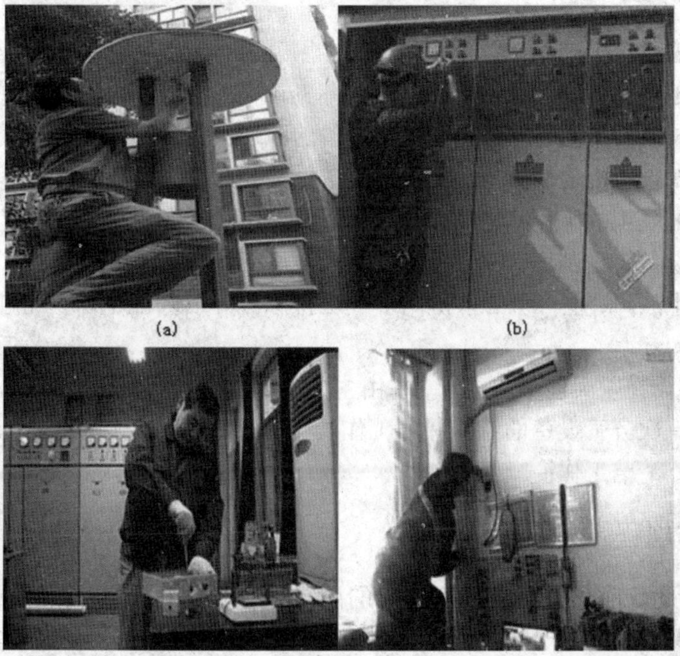

(a)　(b)　(c)　(d)

图 1－2　物业电工

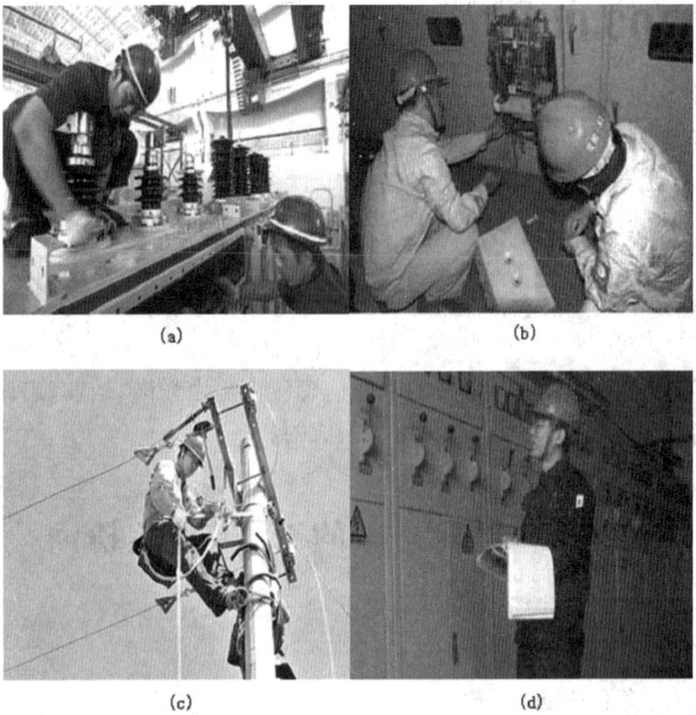

图 1-3　企业电工

1.2.1 岗位职责

1. 严格遵守公司员工守则和各项规章制度，服从领导安排，除完成日常维修任务外，有计划地承担其他工程任务。

2. 努力学习技术，熟练地掌握小区电气设备的原理及实际操作与维修。

3. 制订所管辖设备的检修计划，按时按质按量地完成，并填好记录表格。

4. 积极协调配电工的工作，出现事故时无条件地迅速返回机房，听从值班长的指挥。

5. 严格执行设备管理制度，做好日夜班的交接班工作。

6. 交班时发生故障，上一班必须协同下一班排除故障后才能下班，配电设备发生事故时不得离岗。

7. 请假、补休需在一天前报告主管，并由主管安排合适的替班人。

8. 每月进行一次分管设备的维修保养工作。

9. 搞好班内外清洁工作。

1.2.2 操作规程

1. 检修电器设备前，必须穿戴好规定的防护用品，并检查工具和防护用具是否合格可靠。

2. 任何电器设备（包括停用电器设备）未经验电，一律视为有电，不准用手触及。

3. 电气设备检修，一律按操作规程进行，先切断该设备总电源，挂上警告牌，验明无电后，方可进行工作。

4. 检修配变设备动力干线必须严格执行操作规程和工作命令，在特殊情况下（指带电）须取得领导同意后，方可进行工作。

5. 电气设备、金属外壳，一律应有保护接地，接地应符合规定。

6. 各种电器设备和电热设备、开关、变压器及分路开关箱等周围禁止堆放易燃物品和加工零件。

7. 电器设备安装检修后，须经检验合格后方可投入运行。

8. 使用手电钻，一律戴橡皮手套，穿绝缘鞋或使用安全变压器，否则不准使用。

9. 检修移动灯具，一律使用36伏以下安全行灯，锅炉、管道检修和潮湿工作场所应用12伏安全行灯。

10. 单相、三相闸刀严禁带电负荷操作。

11. 凡车间电器施工、检修与中配站取得联系的情况下，由专人办理停送手续。

12. 三股三色、四股四色皮线一律以黑色作为接地保护线。

1.2.3 安全知识

维修电工必须接受安全教育，在掌握电工基本知识和工作范围内的安全操作规程后，才能进行电工的实际操作。

1. 维修电工应具备的条件

（1）必须身体健康、精神正常。凡患有高血压、心脏病、气管哮喘、神经系统疾病、色盲疾病、听力障碍及四肢功能有严重障碍者，不能从事维修电工工作。

（2）必须经过专门的安全技术培训机构培训并考核合格后，取得维修电工上岗证。

（3）必须学会和掌握触电紧急救护法和人工呼吸法等。

2. 维修电工人身安全知识

（1）在进行电气设备安装和维修操作时，必须严格遵守各种安全操作规程和规定，不得玩忽职守。

（2）停电部分操作时，要切实做好防止突然送电时的各项安全措施，如挂上“有人工作，禁止合闸！”的警示牌，锁上闸刀或取下总电源保险器等。不准约定时间送电。

（3）在邻近带电部分操作时，要保证有可靠的安全距离。

（4）操作前应仔细检查操作工具的绝缘性能，绝缘鞋、绝缘手套等安全用具的绝缘性能是否良好，有问题的应立即更换，并应定期进行检查。

（5）登高工具必须安全可靠，未经登高训练的，不准进行登高作业。

（6）如发现有人触电，要立即采取正确的抢救措施。

3. 设备运行安全知识

（1）对于已经出现故障的电气设备、装置及线路，不应继续使用，以免事故扩大，必须及时进行检修。

（2）必须严格按照设备操作规程进行操作，接通电源时必须先合隔离开关，再合负荷开关；断开电源时，应先切断负荷开关，再切断隔离开关。

（3）当需要切断故障区域电源时，要尽量缩小停电范围。有分路开关的，要尽量切断故障区域的分路开关，尽量避免越级切断电源。

(4)电气设备一般都不能受潮，要有防止雨雪、水汽侵袭的措施。电气设备在运行时会发热，因此必须保持良好的通风条件，有的还要有防火措施。有裸露带电的设备，特别是高压电气设备要有防止小动物进入造成短路事故的措施。

(5)所有电气设备的金属外壳，都应有可靠的保护接地措施。凡有可能被雷击的电气设备，都要安装防雷设施。

项目二

电气安全知识

任务一　触电危害与救护

一、任务名称

触电危害与救护

二、任务内容

2.1.1 触电事故种类

根据触电事故的构成方式，触电事故可分为电击和电伤。

1. 电击：指外部电流通过人体，造成对人体内部组织的伤害。表现为肌肉抽搐、内部组织损伤，造成发热、发麻、神经麻痹等，严重时将引起昏迷、窒息，甚至心脏停止跳动、血液循环中止而死亡。绝大多数的触电死亡事故都是由电击造成的。

按照发生电击时电气设备的状态，电击可分为直接接触电击和间接接触电击。

(1)直接接触电击是指人体触及设备和线路正常运行时的带电体发生的，也称为正常状态下的电击。

(2)间接接触电击是指人体触及正常状态下不带电，而故障时意外带电的设备或线路的导体发生的电击，也称为故障状态下的电击。

2. 电伤：是由电流的热效应、化学效应、机械效应等对人体造成的伤害。电伤会在人体上留下明显伤痕，有灼伤、电烙印和皮肤金属化等情况。灼伤由电流热效应引起，主要是指电弧灼伤，造成皮肤红肿、烧焦或皮下组织损伤；电烙印亦是由电流热效应引起的，是指皮肤被电气发热部分烫伤或由于人体与带电体紧密接触而留下肿块、硬块，使皮肤变色等；皮肤金属化则是指由电流热效应和化学效应导致熔化的金属微粒渗入皮肤表层，使受伤部位皮肤带金属颜色且留下硬块。

3. 触电方式：人体触及带电体有三种不同情况，分别为单相触电、两相触电和跨步电压触电。

（1）单相触电。这是常见的触电形式。人体的一部分接触带电体的同时，另一部分又与大地或零线（中性线）相接，电流从带电体流经人体到大地（或零线）形成回路，这种触电叫单相触电。分为两种情况，如图 2－1 所示。

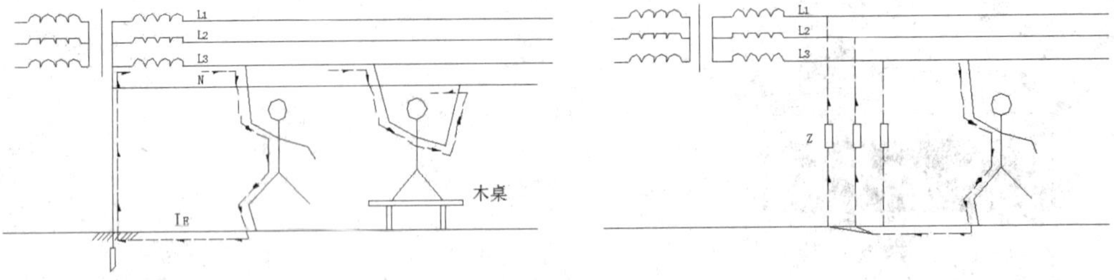

a. 中性点直接接地　　　　b. 中性点不直接接地

图 2－1　单相触电

（2）两相触电。人体的不同部位同时接触两相电源带电体而引起的触电叫两相触电。对于这种情况，无论电网中性点是否接地，人体所承受的电压将比单相触电时高，危险性更大。

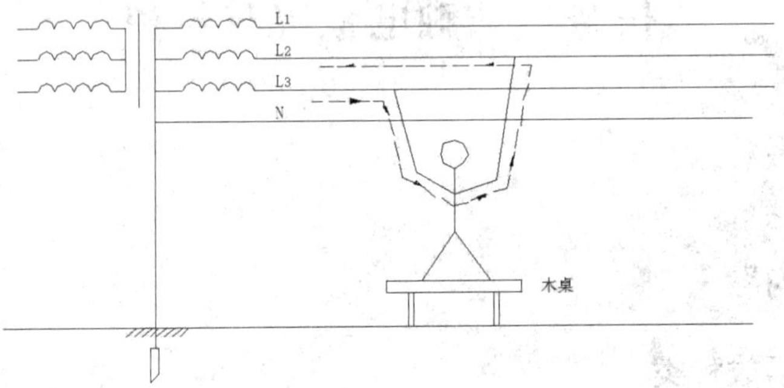

图 2－2　两相触电

（3）跨步电压触电。雷电流入地时，或载流电力线（特别是高压线）断落到地时，会在导线接地点及周围形成强电场。其电位分布以接地点为圆心、20 米为半径向周围扩散、逐步降低而在不同位置形成电位差（电压），人跨进这个区域，两脚之间将存在电压，该电压称为跨步电压。在这种电压作用下，电流从接触高电位的脚流进，从接触低电位的脚流出，这就是跨步电压触电。

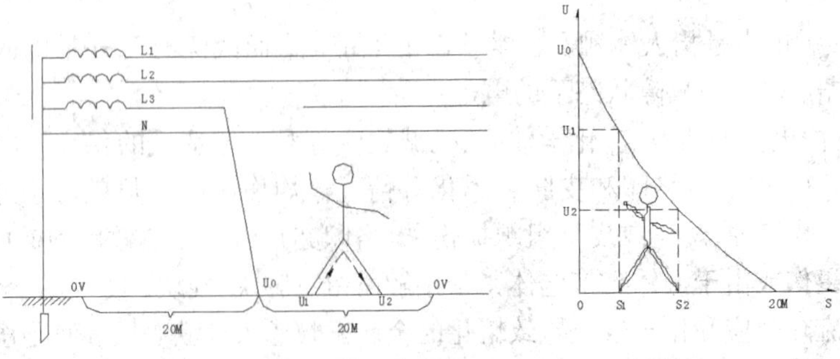

图 2－3　跨步电压触电

人走到离接地点越近，跨步电压越高，危险性越大。一般在距接地点 20 米以外，可以认为地电位为零。

2.1.2 触电事故规律

1. 触电事故季节性明显

统计资料表明，每年二、三季度事故多。特别是 6 ~ 9 月，事故最为集中。主要原因为：一是这段时间天气炎热、人体衣单而汗多，触电危险性较大；二是这段时间雨多、潮湿，地面导电性能增强，容易构成电击电流的回路，而且电气设备的绝缘电阻降低，容易漏电；三是这段时间在大部分农村都是农忙季节，农村用电量增加，触电事故因而增多。

2. 低压设备触电事故多

统计资料表明，低压触电事故远远多于高压触电事故。其主要原因是低压设备远远多于高压设备，与低压设备接触的人比与高压设备接触的人多得多，而且都比较缺乏电气安全知识。但是，在专业电工中，情况则是：高压触电事故比低压触电事故多。

3. 携带式设备和移动式设备触电事故多

主要原因是这些设备是在人的紧握之下运行的，不但接触电阻小，而且一旦触电就很难摆脱电源；另一方面，这些设备需要经常移动，工作条件差，设备和电源线都容易发生故障或损坏；此外，单相携带式设备的保护零线与工作零线容易接错，也会造成触电事故。

4. 电气连接部位触电事故多

大量触电事故的统计资料表明，很多触电事故发生在接线端子、缠接接头、压接接头、焊接接头、电插头、灯座、插销、插座、控制开关、接触器、熔断器等分支线、接户线处。主要是由于这些连接部位机械牢固性较差、接触电阻较大、绝缘强度较低以及可能发生化学反应的缘故。

5. 错误操作和违章作业造成的触电事故多

大量触电事故的统计资料表明，85% 以上的事故是由于错误操作和违章作业造成的。其主要原因是由于安全教育不够、安全制度不严和安全措施不完善、操作者素质不高等。

6. 不同行业触电事故不同

冶金、矿业、建筑、机械行业触电事故多。由于这些行业的生产经常伴有潮湿、高温、现场混乱、移动式设备和携带式设备等不安全因素，以致触电事故多。

7. 不同年龄段的人员触电事故不同

中青年工人、非专业电工和临时工触电事故多。其主要原因是由于这些人是主要操作者，经常接触电气设备；经验不足，又比较缺乏电气安全知识，且的责任心还不够强，以致触电事故多。

8. 不同地域触电事故不同

部分省市统计资料表明，农村触电事故明显多十城市。

2.1.3 电流对人体的危害

1. 对人体作用电流的划分

感知电流。是指通过人体引起有任何感觉的最小电流（有效值）。电源频率为 50Hz 时，成年男子平均感知电流约为 1.1mA，成年女子约为 0.7mA。感知电流一般不会对人体构成伤害，但当电流增大时，感觉增强，反应加剧，可能导致坠落等二次事故。

摆脱电流。是指人触电后能自行摆脱带电体的最大电流。电源频率为50Hz时，一般成年男性和成年女性的摆脱电流约为9mA和6mA。摆脱电流是人体可以忍受但一般尚不致造成不良后果的电流，有时也称为人体允许电流。

致命电流。是指在较短时间内危及生命的最小电流。在电流不超过数百毫安的情况下，电击致命的主要原因是电流引起心室颤动。一般认为室颤电流是短时间作用的最小致命电流。室颤电流最小为50mA。

其他条件相同的情况下，电压越高则通过人体的电流越大。一般来说，电压越高，触电的危险性越大。

2. 影响触电伤害程度的因素

触电的危险程度同很多因素有关，而这些因素是互相关联的，只要某种因素突出到相当程度，都会使触电者达到危险程度。

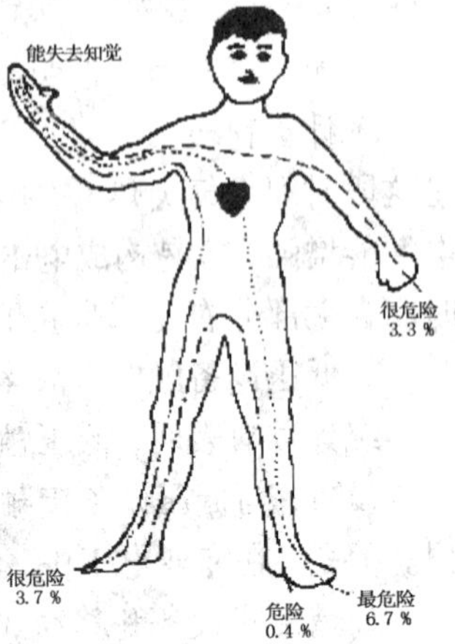

图2－4　电流流经人体的途径

电流的大小。一般通过人体的电流越大，死亡危险性也越大。通过人体的电流强度取决于触电电压和人体电阻，人体电阻主要由表皮电阻和体内电阻构成，体内电阻一般较为稳定，若在500欧左右，表皮电阻则与表皮温度、粗糙程度、触电面积有关，一般人体电阻在1千欧至2千欧之间。

触电持续时间越长，伤害程度越严重。

电流的途径。电流通过心脏、呼吸系统和中枢神经系统时，危险性最大；从外部来看，由手至脚的触电最危险，脚到脚的触电对心脏影响最小。

电流频率。常用的50～60Hz的工频电对人体的伤害最严重；直流电危险性比交流电小很多。

人体健康状况。触电伤害程度与人的身体状况有密切关系。除了人体电阻各有不同外，女性比男性对电流敏感性高，遭遇电击时小孩要比成年人严重；身体患心脏病、结核病、精神病或醉酒的人由于抵抗能力差，触电后果更为严重。

2.1.4 触电事故的原因

不同的场合，引起触电的原因也不一样。根据日常用电的情况，将触电原因归纳为以下几类：

1. 线路架设不合规格

采用一线一地制的违章线路架设，当接地零线被拔出、线路发生短路或接地桩接地不良时，均会引起触电；室内导线破旧、绝缘损坏或敷设不合规格，容易触电或碰线短路引起火灾等。

2. 用电设备不合要求

电烙铁、电熨斗、电风扇等家用电器绝缘损坏、漏电及其外壳无保护接地或保护接地线接触不良开关、插座的外壳破损或相线绝缘老化，失去保护作用；照明电路或家用电器由于接线错误致使灯具或机壳带电导致触电等。

3. 电工操作制度不严格、不健全

带电操作、冒险修理或盲目修理，且未采取切实的安全措施，均会引起触电；停电检修电路时，刀开关上未挂“警告牌”，其他人员误合刀开关造成触电；使用不合格的安全工具进行操作，也容易造成触电。

4. 用电不谨慎

违反布线规程，在室内乱拉线，在使用中不慎造成触电；换熔丝时，随意加大规格或任意用铜丝代替铅锡合金丝，失去保险作用，引起触电等。

三、任务完成

触电救护是分秒必争的。当触电事故发生时，首先是要使触电者迅速脱离电源，然后根据触电者的状况采取相应的救护措施。

2.1.5 脱离电源

脱离电源就是把触电者接触的那一部分带电设备的开关、其他断路设备与电源断开；或设法将触电者与带电设备脱离；或设法将触电者与大地隔离，再切断电源。总的原则就是：将电源、人体、大地之间形成的电流回路切断，不让触电者身体有电流通过。在这一过程中，救护人员既要救人，也要保护自己安全。

1. 当触电者触及低压带电设备时，救护人员应迅速切断电源，如拉开电源开关或刀闸，拔掉电源插头等；或者使用带有绝缘的工具剪断或砍断电源（一根一根地进行）；用干燥的木棒、竹棍、木板、绳索等物品使触电者脱离电源；如上述方法无法实施，则可以用一只手抓住触电者干燥而不贴身的衣服，将其拽离电源；也可以戴绝缘手套或将手用干燥衣物包裹后解脱触电者。

2. 如果电流通过触电者流入大地，并且触电者紧握导线，可设法将干燥的木板塞到其身下，使触电者与大地隔离，再设法将导线切断电源。

3. 触电者触及高压带电设备，救护人员应立即打电话报警，通知相应的供配电所切断电源，或用适合该电压等级的绝缘工具（戴绝缘手套、穿绝缘鞋并用绝缘棒）解脱触电者。救护人员在抢救过程中应注意保持自身与周围带电体必要的安全距离。

2.1.6 触电者脱离电源后的处置

1. 如触电者神志清醒，应就地将其躺平于通风处，严密观察，暂时不要站立或走动。

2. 如触电者神志不清，应就地将其仰面平躺，且保持气道通畅，用 5 秒钟时间呼叫并轻拍其双肩，以判定触电者是否意识丧失。

3. 如触电者意识丧失，则在 10 秒内用看、听、试的方法，判定触电者呼吸心跳情况。

看—— 看触电者的胸部、腹部有无起伏动作。

听—— 用耳贴近触电者的口鼻处，听有无呼吸声音。

试—— 测试口鼻有无呼吸的气流。再用两手指轻试颈中部旁开二指处颈动脉有无搏动。

4. 如触电者有心跳没呼吸，立即采用口对口人工呼吸进行抢救；

5. 如触电者有呼吸没心跳，立即采用胸外心脏按压进行抢救；

6. 如触电者没心跳没呼吸，立即采用心肺复苏法进行就地抢救。

2.1.7 心肺复苏法

触电伤员呼吸和心跳均停止时，应立即按心肺复苏法支持生命的三项基本措施，既通畅气道、口对口（鼻）人工呼吸、胸外按压（人工循环），正确进行就地抢救。

1. 通畅气道

清理口腔；用仰头抬额法通畅气道。

2. 口对口（鼻）人工呼吸

（1）让触电者仰卧，松开衣、裤，掰开口腔，清理口中脏物，取下假牙，如舌头后缩，应拉出舌头，再将其颈部伸直，头部尽量后仰，至鼻孔朝天。

（2）采用仰额抬颏法。救护者位于触电者头部一侧，将靠近头部的一只手捏住触电者的鼻子（防止吹气时气流从鼻孔漏出），并将这只手的外缘压住额部，另一只手的手指顶住触电者下颏骨部分，保持其口腔张开。

（3）救护者深呼吸后，用嘴紧贴触电者的嘴大口吹气，如图所示，同时观察触电者胸部，一般应以胸部略有起伏为宜。

（4）吹气至待救护者可换气时，应迅速离开触电者的嘴，同时放开捏紧的鼻孔，让其自动控制向外呼气，如图所示。这时应注意观察触电者胸部的复原情况，倾听口鼻处有无呼吸声，从而检查呼吸道是否阻塞。

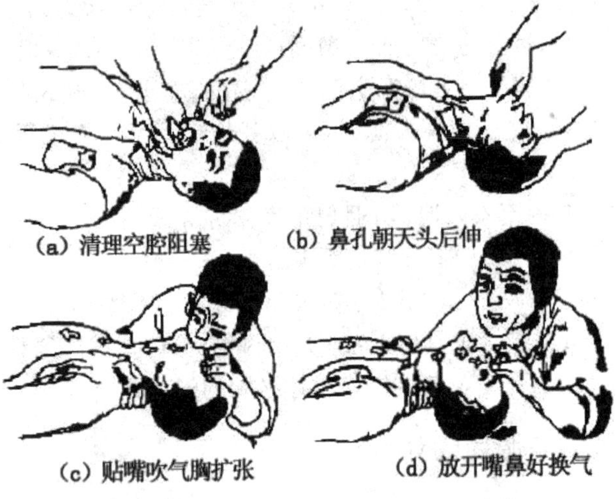

图 2－5　口对口人工呼吸法

按照上述步骤反复进行，对成年人吹气时间约 2 秒，呼气时间约 3 秒，5 秒一个循环，每分钟 14 ~ 16 次；对儿童约每分钟 18 ~ 24 次，这时不必捏鼻孔，让一部分空气漏掉。注意要掌握好吹气量，防止吹破肺泡。如图 2－5 所示。

3. 胸外按压

正确的按压姿势：让触电伤员仰面躺在平整坚硬的地方，救护人员立或跪在伤员一侧肩旁，救护人员的两肩位于伤员胸骨正上方，两臂伸直，肘关节固定不屈，两手掌根相叠，手指翘起，不接触伤员胸壁；以髋关节为支点利用上身的重力，垂直将正常成人胸骨压陷 3 ~ 5cm（儿童和瘦弱者酌减）；压至要求程度后，立即全部放松，但放松时救护人员的掌根不得离开胸壁。

操作频率:胸外按压要以均匀速度进行，每分钟80次左右，每次按压和放松的时间相等。胸外按压与口对口(鼻)人工呼吸同时进行，其节奏为:单人救护时，每按压15次后吹气2次(15:2)，反复进行;双人抢救时，每按压5次后吹气1次(5:1)，反复进行。

4. 抢救过程中的再判定

(1)按压吹气1分钟后，应用看、听、试方法在5~7秒时间内完成对伤员呼吸和心跳是否恢复的再判定。

(2)若判定颈动脉已有搏动但无呼吸，则暂停胸外按压，而再进行2次口对口人工呼吸，接着每5秒吹气一次;如脉搏和呼吸均未恢复，则继续坚持心肺复苏法抢救。

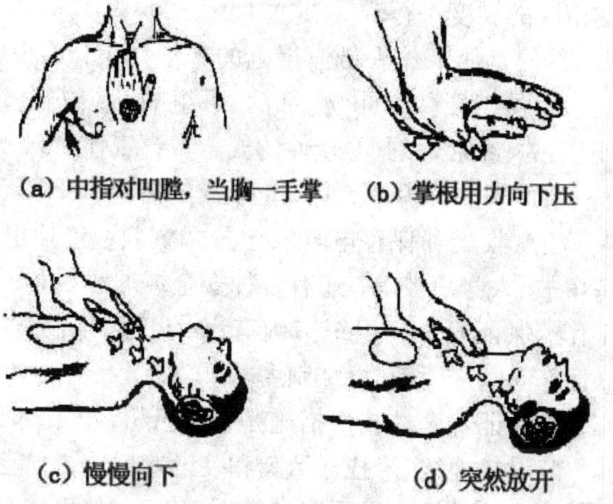

(a) 中指对凹膛，当胸一手掌　(b) 掌根用力向下压

(c) 慢慢向下　(d) 突然放开

图2-6　胸外心脏压挤法

(3)在抢救过程中，要每隔数分钟再判定一次，每次不超过5~7秒。不要轻易放弃现场抢救。

5. 抢救过程中伤员的移动、转移与伤员好转后的处置

(1)心肺复苏应在现场就地坚持进行，不要随意移动伤员，如需要移动时，抢救中断时间不应超过30秒。

(2)伤员移动或将伤员送医院时，除应使伤员平躺在担架上并在其背部垫平硬阔木板，移动或送医院过程中应继续抢救。

任务二　安全用电的措施与标识

一、任务名称

安全用电的措施与标识

二、任务内容

安全用电的措施包括电气安全工作相关措施和预防触电的技术措施。

2.2.1 电气安全工作相关措施

1. 电气安全工作的基本要求，主要有以下几个方面：

(1)健全规章制度。合理完善的规章制度是保证安全生产的有效措施。安全操作规程、电气安装规程等规章制度都与安全有直接关系。各单位根据不同工种，建立各种安全操作规程。

(2)配备管理机构和管理人员。各单位根据自身情况建立相应的管理机构，并确定管理人员和管理方式。

(3)进行安全检查。管理机构应按照相应的规章制度进行定期和不定期的安全检查。电气安全检查的内容应按相应的制度进行。

(4)加强安全教育。目的是使工作人员懂得电的基本知识，认识安全用电的重要性，掌握安全用电的基本方法。新员工要接受单位、部门、班组的三级安全教育。以图片、标语、报告、培训的形式进行不定期的、经常性的、群众性的安全教育工作。

(5)组织事故分析。通过事故分析，制定防止事故的措施，吸取经验教训。

(6)建立安全资料。注意收集和保存电气安全技术资料，包括电气线路布置图、验收记录、安装试验记录、设备事故、人身事故等，还有各种安全标准法规和规范。

2. 在电气设备上工作，保证安全的组织措施有：(1)工作票制度；(2)工作许可证制度；(3)工作监护制度；(4)工作间断、转移和终结制度。

3. 在电气设备上工作，保证安全的技术措施是：在全部停电或部分停电的电气设备上工作，必须完成停电、验电、装设接地线、悬挂标示牌和装设遮栏后，方能开始工作。

4. 在运行中的高压设备上工作，有以下三种情况：(1)全部停电的工作；(2)部分停电的工作；(3)不停电的工作。在高压设备上工作，必须遵守：填用工作票或口头、电话命令；至少应有2人在一起工作；完成保证工作人员安全的组织措施和技术措施。

2.2.2 预防触电的技术措施

预防触电的技术措施可分为防止直接接触电击的技术措施和防止间接接触电击的技术措施。防止直接接触电击的技术措施有：绝缘、屏护、安全距离；防止间接接触电击的技术措施有：保护接地、保护接零、电气隔离、不导电环境、等电位联结、安全电压和漏电保护。其中，保护接地和保护接零是防止间接接触电击最基本的措施，除防止电击外，这两种技术措施还与低压系统的防火性能有关。

1. 绝缘

绝缘是用绝缘物把带电体封闭起来。良好的绝缘是保证电气设备和线路正常运行的必要条件，也是防止触及带电体的安全保障，是防止直接接触电击的最基本措施。电气设备的绝缘应符合其相应的电压等级、环境条件和使用条件。

电工绝缘材料是指体积电阻率在$10^7\Omega \cdot m$以上的材料。绝缘材料的种类和性能将在项目三中介绍。

绝缘检测包括绝缘试验和外观检查。绝缘试验包括绝缘电阻试验、耐压强度试验、泄漏电流试验和介质损耗试验。一般现场只进行绝缘电阻试验。外观检查主要是绝缘机构物理性能的观察和检查。

2. 屏护

屏护是采用遮栏、护罩、护套、箱闸等将带电体同外界隔绝开来。屏护包括屏蔽和障碍。屏护的安全作用是防止触及或过分接近带电体、防止短路及短路火灾、防止机械破坏，以及便于安全操作。

屏护装置有永久性和临时性的；也有固定式和移动式的。

3. 安全距离

安全距离是指为了防止人体触及或接近带电体，防止车辆或其他物体碰撞或接近带电体等造成的危险，在其间所需保持的一定空间距离。裸带电体和裸带电体之间、带电体与地之间、带电体与其他设施之间是靠空气绝缘的，带电体的工作电压越高要求它们之间的空气距离越大。否则高压电电场就会将它们之间的空气击穿产生电弧放电现象，造成人身伤亡和设备事故的发生。为了防止人身伤亡和设备事故的发生，规定出带电体与带电体之间、带电体与地之间、带电体与其他设备之间、带电体与工作人员之间应保持的最小空气间隙就称为安全距离(或安全间距)。

安全距离的大小主要取决于电压的高低、设备运行状况和安装方式，并在安全规程中做出规定。电气工作人员从事电气设计、安装、调试、巡视、维修和从事带电作业的人员，都必须严格遵循。

4. IT 系统

IT 系统就是电源系统的带电部分不接地或通过高阻抗接地，电气设备正常情况下不带电的外露导电部分接地的系统。“I”表示配电网不接地或经高阻抗接地，“T”表示电气设备金属外壳接地，则 IT 系统即保护接地系统。

在不接地配电网中，如电气设备金属外壳未采取任何安全措施，则当外壳故障带电时，通过人体的电流经线路对地绝缘阻抗构成回路。在线路较长、绝缘水平较低的情况下，即使是低压配电网，电击的危险性也是很大的。如把在故障情况下可能出现危险的对地电压的导电部分同大地紧密地连接起来，即保护接地，就能在设备金属外壳意外带电时将其对地电压限制于规定的安全范围以内，消除或减小电击的危险。因而在各种不接地配电网，包括低压不接地配电网和高压不接地配电网、不接地直流配电网中，凡由于绝缘损坏或其他原因而可能带危险电压的正常不带电金属部分，除另有规定外，均应接地。同一系统的设备尽量进行等电位联结。

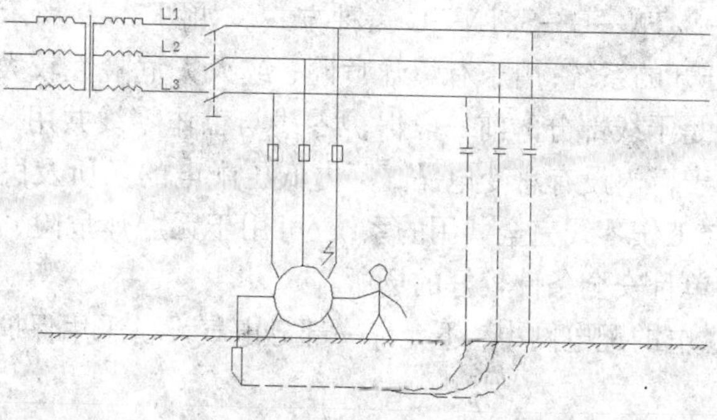

图 2－7　保护接地

对于低压配电网，由于分布电容很小，单相故障接地电流也很小，限制电气设备的保护接地电阻不超过 4Ω 即能将其故障时对地电压限制在安全范围内；如配电容量在 100KVA 以下，由于配电网分布范围很小，单相故障接地电流更小，限制电气设备的保护接地电阻不超过 10Ω 即可。在高压配电网中，由于接地故障电流比低压配电网的多得多，将故障电压限制在安全范围以内是难以实现的。因此，对高压电气设备规定了较高的保护接地电阻允许值，并限制故障持续时间。

5. TN 系统

我国地面上低压配电网绝大多数都采用中性点直接接地的三相四线配电网。在这种配电网中，TN 系统是应用最多的配电及防护方式。

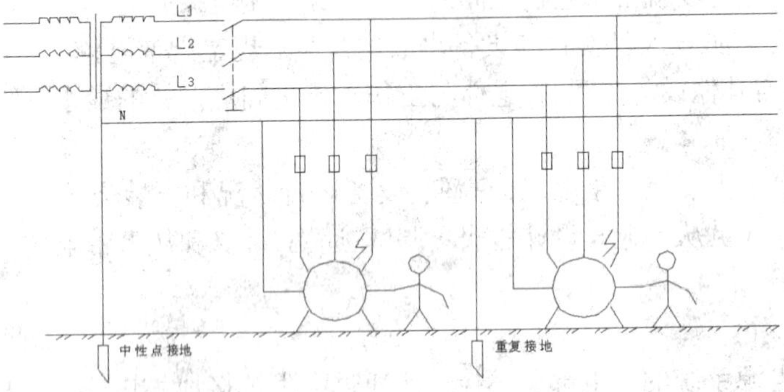

图 2－8

TN 系统是电源系统有一点直接接地，负载设备的外露导电部分通过保护导体接到此接地点的系统，即采取接零措施的系统。“T”表示配电网中性点直接接地，“N”表示电气设备外壳接零。设备金属外壳与保护零线连接的方式称为保护接零。

在这种系统中，当某一相线直接连接设备金属外壳时，立即形成单相短路。短路电流使线路上的短路保护装置迅速动作，在规定时间内将故障设备断开电源，消除电击危险。

在三相四线配电网中，应当区别工作零线和保护零线。工作零线用 N 表示；保护零线即保护导体，用 PE 表示。如果一根线既是工作零线又是保护零线，就用 PEN 表示。

保护接零用于中性点直接接地的 220/380V 三相四线配电网。在该系统中，凡因绝缘损坏而可能呈现危险对地电压的金属部分均应接零。

TN 系统分为 TN—S、TN—C—S、TN—C 三种方式。如图 2－9 所示。TN—S 系统是保护零线与工作零线完全分开的系统；用于有爆炸危险，或火灾危险性较大，或安全要求较高的场所。TN—C—S 系统是干线部分的前一段保护零线与工作零线共用，后一段保护零线与工作零线分开的系统；用于厂内设有总变电站，厂内低压配电的场所及民用楼房。TN—C 系统是干线部分保护零线与工作零线完全共用的系统；可用于无爆炸危险、火灾危险性不大、用电设备较少、用电线路简单且安全条件较好的场所。

在同一台变压器供电的配电网中，不允许一部分电气设备采用保护接地而另一部分电气设备采用保护接零。

重复接地。指零线上除工作接地以外其他它点的再次接地。

工作接地。指配电网在变压器或发电机近处的接地。

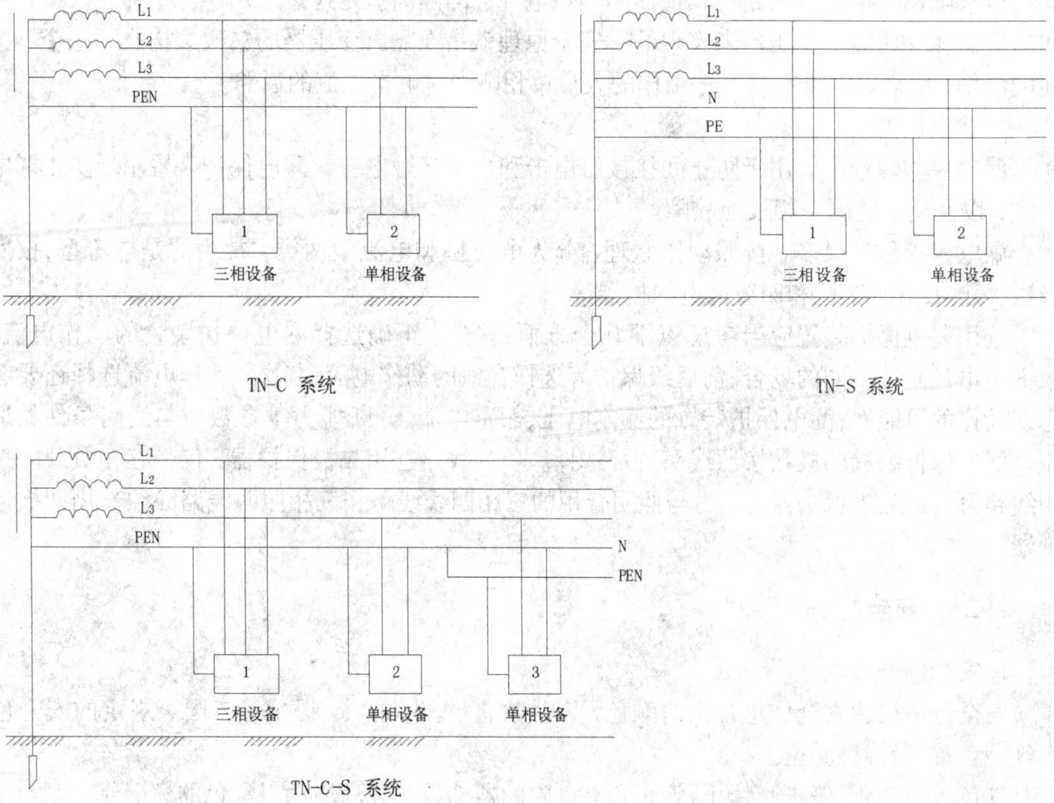

图2-9

6. 双重绝缘

双重绝缘是强化的绝缘结构，包括双重绝缘和加强绝缘两种类型。双重绝缘指工作绝缘(基本绝缘)和保护绝缘(附加绝缘)，前者是带电体与不可触及的导体之间的绝缘，是保证设备正常工作和防止电击的基本绝缘；后者是不可触及的导体与可触及的导体之间的绝缘，当工作绝缘损坏后用于防止电击的绝缘。加强绝缘是具有与上述双重绝缘相同绝缘水平的单一绝缘。

7. 安全电压

安全电压是在一定条件下、一定时间内不危及生命安全的电压。根据欧姆定律，可以把加在人身上的电压限制在某一范围之内，使得在这种电压下，通过人体的电流不超过允许的范围。这一电压就叫做安全电压。

我国标准规定工频安全电压有效值的限值为50V。我国规定工频安全电压有效值有42V、36V、24V、12V、6V等。特别危险环境使用的携带式电动工具应采用42V安全电压；有电击危险环境中使用的手持照明灯和局部照明灯应采用36V或24V安全电压；金属容器内、隧道内、水井内以及周围有大面积接地导体等工作地点狭窄、行动不便的环境应采用12V安全电压；水下作业等特殊场所应采用6V安全电压。当电气设备采用24V以上安全电压时，必须采取直接接触电击的防护措施。

8. 电气隔离

电气隔离是指工作回路与其他回路实现电气上的隔离。是通过采用1∶1，即一次边与二次边电压相等的隔离变压器来实现的。安全原理就是在隔离变压器的二次边构成了一个不接地的电网，因而阻断了在二次边工作的人员单相电击时电击电流的通路。

9. 漏电保护

漏电保护装置主要用于防止间接接触电击和直接接触电击。漏电保护装置用于防止漏电火灾，以及用于监测一相接地故障。

漏电保护种类很多。按照动作原理，分为电压型和电流型两类，常用的是电流型；按照极数，分为二极、三极和四级漏电保护器等。

选用漏电保护装置应当考虑以下几个方面：首先，正确选择漏电保护装置的动作电流。根据电击危险性不同的场合、前后级保护等选择合适的动作电流；其次，动作电流选择还要考虑误动作的可能性；漏电保护装置的额定电压、额定电流、分断能力等参数应与线路条件相适应。漏电保护装置的极数按照线路特征选择。单相线路选用二极保护器，仅带三相负载的三相线路可选用三极保护器，动力与照明合用的三相四线线路和三相照明线路必须选用四极保护器。

2.2.3 安全标识

1. 安全色

安全色是表达安全信息含义的颜色，表示禁止、警告、指令、提示等。国家规定的安全色有红、蓝、黄、绿四种颜色。

红色表示禁止、停止。禁止、停止和有危险的器件设备或环境涂以红色的标记。

蓝色表示指令、必须遵守的规定。如必须佩戴个人防护用具以蓝色表示。

黄色表示警告、注意。需警告人们注意的器件、设备或环境涂以黄色标记。

绿色表示提示、安全状态、通行。可以通行或安全情况涂以绿色标记。如表示通行、机器启动按钮、信号灯等。

为了使安全色更加醒目的反衬色叫对比色，国家规定的对比色是黑白两种颜色。安全色与其对应的对比色是：红—白、黄—黑、蓝—白、绿—白。

黑色用于安全标志的文字、图形符号和警告标志的几何图形。白色作为安全标志红、蓝、绿色的背景色，也可用于安全标志的文字和图形符号。

在电气上涂成红色的电器外壳是表示其外壳有电；灰色的电器外壳是表示其外壳接地或接零；线路上浅蓝色代表工作零线；明敷接地扁钢或圆钢涂黑色。用黄绿双色绝缘导线代表保护零线。直流电路中红色代表正极，蓝色代表负极，信号和警告回路用白色。

2. 安全标志

安全标志是用以表达特定的安全信息的标记，由安全色、几何图形、图形符号或文字构成。它一般分为禁止标志、警告标志、指令标志和提示标志四大类型。

(1)禁止标志。是指禁止或制止人们不安全行为的图形标志，其基本形状为带斜杠的圆边框。圆环和斜杠为红色，图形符号为黑色，衬底为白色。禁止标志举例如图 2－10 所示。

图 2－10　禁止标志

(2)警告标志。是提醒人们对周围环境引起注意，以避免可能发生危险的图形标志，其基本形状为正三角形边框，顶角朝上。正三角形边框及图形符号为黑色，衬底为黄色。如下图：

图 2－11　警告标志

(3)指令标志。是强制人们必须做出某种动作或采取防范措施的图形标志，其基本形状为圆形图案。图形符号为白色，衬底为蓝色。如下图：

图 2－12　指令标志

(4)提示标志。是向人们提供某种信息的图形标志，其基本形状是方形边框。图形符号为白色，衬底为绿色。如图 2－13 所示。

图 2-13　提示标志

任务三　电气消防知识

一、任务名称

电气消防知识

二、任务内容

2.3.1 电气火灾爆炸的原因

1. 电气设备或线路过热

电气设备和线路正常运行时产生热量是正常的。因为电流通过导体，由于电阻存在而发热，或导磁材料由于磁滞和涡流的作用通过变化的磁场时发热等，在正常情况下，其温度被控制在一定的范围内，一般不会产生危害，但是过热就酿成事故。过热原因有以下几种:(1)短路，会造成电流成几倍或几十倍增加，电气设备和线路急剧发热;(2)过载，由于使用不合理或设计不合理，造成热量长时间积累使电气设备或线路运行温度升高;(3)接触不良，导线连接不好、铜铝金属的电解作用、活动触头压力不够、接线螺钉松动、导电接合面锈蚀等都会造成接触电阻增加，接触部分过热，温度很快升高;(4)铁芯发热，变压器或电磁系统的铁芯截面过小，硅钢片绝缘破坏，长时间过电压使磁滞和涡流损耗增加等，铁芯热量积累而温度升高;(5)电机电器在设计制造时都考虑了一定的空气对流，以达到散热目的，如电机的风扇、电器的散热孔、晶体管等的散热器等，一旦这些器件不能正常工作，就容易造成温度过高。

2. 电火花和电弧

电火花是击穿放电现象，而大量的电火花汇集形成电弧。电火花和电弧都产生很高的温度，在易燃易爆场所是一个极大的祸根，在防火防爆环境中都要限制和避免。

2.3.2 防火与防爆的措施

1. 保持防火间距

为了防止电火花或危险温度引起火灾，开关、熔断器、电热器具、照明器具、电焊设备、电动机等级均应根据需要，适当避开易燃易爆建筑构件。10KV 及以下的变、配电室不应设在爆炸危险场所的正上方或正下方；变、配电室与爆炸危险场所或火灾危险场所毗邻时，隔墙应是非燃材料制成的。

2. 保持电气设备正常运行

电气设备运行中产生的火花和危险温度是引起火灾的重要原因。为了避免火灾，就必须保持电气设备运行时的电压、电流、温升等参数不超过允许值，包括保持电气设备足够的绝缘能力、保持电气连接良好等。

3. 接地

爆炸危险场所的接地（或接零）较一般场所要求高，应注意以下几点：(1)除生产上有特殊要求外，一般场所不要求接地（或接零）的部分仍应接地（或接零）。(2)在爆炸危险场所，6V电压所产生的微弱火花即可能引起爆炸，因而，在爆炸危险场所，必须将所有设备的金属接地（或接零）管道以及建筑上的金属结构全部接地（或接零），并连接成连续整体以保持电流途径不中断；接地（或接零）干线宜在爆炸危险场所不同方向不少于两处与接地体相连，连接要牢靠，保证可靠性。(3)单相设备的工作零线应与保护零线分开，相线和工作零线均应装设短路保护装置，并设双极开关同时操作相线和工作零线。(4)在爆炸危险场所，如由不接地系统供电，必须装设能发出信号的绝缘监视装置，使有一相接地或严重漏电时能自动报警。

2.3.3 电气火灾的扑救

电气火灾一般是指由于电气线路、用电设备、器具以及供配电设备出现故障时释放的热能，如高温、电弧、电火花以及非故障性释放的能量，如电热器具的炽热表面在具备燃烧条件下引燃本体或其他可燃物而造成火灾，也包括由雷电和静电引起的火灾。

1. 断电后灭火

火灾发生后电气设备因绝缘损坏而碰壳短路，线路因断线而接地，使正常不带电的金属构架、地面等部位带电，导致因接触电压或跨步电压而发生触电事故。因此，发现火灾时应首先切断电源。应注意：(1)拉闸时应使用绝缘工具操作；(2)高压设备应先操作油断路器；(3)切断电源的地点要适当，防止影响灭火工作；(4)剪断导线时，不同相线路应在不同部位剪断，防止造成相间短路。(5)带负载线路应先停负载，再切断着火现场电源。

2. 带电灭火安全要求

(1)应按灭火剂的种类选择适当灭火器，二氧化碳、干粉、二氟一氯一溴甲烷(1211)灭火器的灭火剂不导电，可用于带电灭火，泡沫灭火器不能用于带电灭火；(2)用水枪灭火时宜采用喷雾水枪，操作人员戴绝缘手套和穿绝缘靴或穿绝缘服进行操作；(3)人体与带电体之间要保持必要的安全距离；(4)对架空线路等高空设备进行灭火时，人体位置与带电体之间的仰角不应超过45°，防止导线断落危及灭火人员的安全；(5)如遇带电导线断落在地面上，要划出一定范围的警戒区域，防止跨步电压触电。

3. 常见灭火器的使用

(1)干粉灭火器。干粉灭火器是选用二氧化碳气体或氢气气体作动力，将筒内的干粉喷出灭火的。使用时，一只手握住喷嘴，另一只手向上提起提环，干粉即可喷出。

(2)泡沫灭火器。泡沫灭火器是通过筒体内酸性溶液与碱性溶液混合发生化学反应，将生成的泡沫压出喷嘴，喷射出去进行灭火的。使用时，把灭火器颠倒过来，轻轻抖动几下，喷出泡沫，进行灭火。

(3)二氧化碳灭火器。二氧化碳灭火器内充装液态二氧化碳，利用气化的二氧化碳气体能够降低燃烧区温度，隔绝空气并降低空气中氧含量来进行灭火。使用轮式灭火器时，应手提提把，翘起喷嘴，打开启闭阀即可;使用鸭嘴式灭火器时，用右手拔出鸭嘴式灭火器开关的保险销，握住鸭嘴根部。左手将上鸭嘴往下压，二氧化碳即可从喷嘴喷出。但要注意，保持使用场所通风或使用后迅速撤离;不要逆风使用;还要防止冻伤。

(4)1211 灭火器。1211 灭火器利用装在筒内的氮气压力将 1211 灭火剂喷射出灭火。使用时，应用手提灭火器的提把或肩扛灭火器到火场。在距燃烧处 5 米左右，将灭火器放下，先拔出保险销，一手握住开启把，另一手握在喷射软管前端的喷嘴处。先将喷嘴对准燃烧处，用力握紧开启把，使灭火剂喷出。由于 1211 灭火剂有一定的毒性，在室外使用时，应在上风处喷射;在室内使用时，操作者在操作完成后应迅速撤离。

项目三

常用电工材料的选择

任务一　常用绝缘材料的选择

一、任务名称

常用绝缘材料的选择

二、任务描述与完成

电工绝缘材料是指体积电阻率在 $10^7\Omega \cdot m$ 以上的材料。

1. 绝缘材料种类

电工绝缘材料分为：(1)固体绝缘材料。包括瓷、玻璃、云母、石棉等无机绝缘材料，橡胶、塑料、纤维制品等有机绝缘材料和玻璃漆布等复合绝缘材料；(2)液体绝缘材料。包括矿物油、硅油等；(3)气体绝缘材料。包括六氟化硫、氮气等气体。

2. 绝缘材料性能

绝缘材料有电性能、热性能、力学性能、化学性能、吸潮性能、抗生物性能等多种性能指标。

绝缘材料的电性能主要是电阻率和介电常数。作为绝缘结构，主要性能是绝缘电阻、耐压强度、泄漏电流和介质损耗。

绝缘电阻相当于漏导电流遇到的电阻，是直流电阻，是判断绝缘质量最基本、最简易的指标。

3. 固体绝缘材料的主要性能指标有以下几项：

(1)击穿强度。

(2)绝缘电阻。

(3)耐热性。

(4)黏度、固体含量、酸值、干燥时间及胶化时间。

(5)机械强度。根据各种绝缘材料的具体要求，相应规定抗张、抗压、抗弯、抗剪、抗撕、抗冲击等各种强度指标。

任务二　常用导电、导磁材料的选择

一、任务名称

常用导电、导磁材料的选择

二、任务描述与完成

3.2.1 常用导电材料

导电材料大部分是金属，其特点是导电性好，有一定的机械强度，不易氧化和腐蚀，容易加工和焊接。金属中导电性能最佳的是银，其次是铜、铝。由于银的价格比较昂贵，因此只在比较特殊的场合才使用，一般都将铜和铝用作主要的导电金属材料。

1. 铜

铜的导电性能好，在常温时有足够的机械强度，具有良好的延展性，便于加工，化学性能稳定，不易氧化和腐蚀，容易焊接，因此广泛用于制造变压器、电机和各种电器的线圈。纯铜俗称紫铜，含铜量高，根据材料的软硬程度可分为硬铜和软铜两种。

2. 铝

铝的导电系数虽比铜大，但它密度小。同样长度的两根导线，若要求它们的电阻值一样，则铝导线的截面积约是铜导线的1.69倍。铝资源较丰富，价格便宜，在铜材紧缺时，铝材是最好的代用品。铝导线的焊接比较困难，必须采取特殊的焊接工艺。

3.2.2 常用导磁材料

导磁材料又分为软磁材料和硬磁材料。

1. 软磁材料

软磁材料又称导磁材料，其主要特点是导磁率高，剩磁弱。

(1)工用纯铁

电工用纯铁的电阻率很低，它的纯度愈高，磁性能愈好。

(2)硅钢片

硅钢片的主要特性是电阻率高，适用于各种交变磁场。硅钢片分为热轧和冷轧两种。

(3)普通低碳钢片

普通低碳钢片又称无硅钢片，主要用来制造家用电器中的小电机、小变压器等的铁芯。

2. 硬磁材料

硬磁材料又称永磁材料，其主要特点是剩磁强。

(1)铝镍钴永磁材料。铝镍钴合金的组织结构稳定，具有优良的磁性能、良好的稳定性和较低的温度系数。

(2)铁氧体永磁材料。铁氧体永磁材料以氧化铁为主，不含镍、钴等贵重金属，价格低廉，材料的电阻率高，是目前产量最多的一种永磁材料。

任务三　电线电缆的选择

一、任务名称

电线电缆的选择

二、任务描述与完成

3.3.1 电线电缆

1. 裸线

裸线只有导体部分，没有绝缘和护层结构。按产品的形状和结构不同，裸线分为圆单线、软接线、型线和裸绞线四种。修理电机电器时经常用到的是软接线和型线。

2. 软接线

软接线是由多股铜线或镀锡铜线绞合编织而成的，其特点是柔软，耐振动，耐弯曲。常用软接线的品种见表3－1。

表3－1　常用软接线

名称	型号	主要用途
裸铜电刷线 软裸铜电刷线	TS TS	供电机、电器线路电刷用
裸铜软绞线	TRJ TRJ—3 TRJ—4	移动式电器设备连接线，如开关等 要求较柔软的电器设备连接线，如接地线、引出线等 要求特别柔软的电器设备连接线，如晶闸管的引线等
软裸铜编织线	TRZ	移动式电器设备和小型电炉连接线

3. 型线

型线是非圆形截面的裸电线，其常用品种见表3－2。

表3－2　型线品种

类别	名称	型号	主要用途
扁线	硬扁铜线 软扁铜线 硬扁铝线 软扁铝线	TBV TBR LBV LBR	适用于电机电器、安装配电设备及其他电工制品
母线	硬铜母线 软铜母线 硬铝母线 软铝母线	TMV TMR LMV LMR	适用于电机电器、安装配电设备及其他电工制品，也可用于输配电的汇流排
铜带	硬铜带 软铜带	TDV TDR	适用于电机电器、安装配电设备及其他电工制品
铜排	梯形铜排	TPT	制造直流电动机换向器用

4. 绕包线

绕包线用玻璃丝、绝缘纸或合成树脂薄膜等紧密绕包在导电线芯上，形成绝缘层；也有在漆包线上再绕包绝缘层的。

5. 电机电器用绝缘电线

常用的绝缘电线型号、名称和用途见表3－3。

表3－3 常用绝缘线

型号	名称	用途
BLXF BXF BLX BX BXR	铝芯氯丁橡胶线 铜芯氯丁橡胶线 铝芯橡胶线 铜芯橡胶线 铜芯橡胶软线	适用于交流额定电压500V以下或直流1000V以下的电气设备及照明装置
BV BLV BVR BVV BLVV BVVB BLVVB VB－105	铜芯聚氯乙烯绝缘电线 铝芯聚氯乙烯绝缘电线 铜芯聚氯乙烯绝缘软电线 铜芯聚氯乙烯绝缘聚氯乙烯护套圆型电线 铝芯聚氯乙烯绝缘聚氯乙烯护套电线 铜芯聚氯乙烯绝缘聚氯乙烯护套平型电线 铝芯聚氯乙烯绝缘聚氯乙烯护套平型电线 铜芯耐热105℃聚氯乙烯绝缘电线	适用于各种交流、直流电器装置，电工仪器仪表，电信设备、动力及照明线路固定敷设
RV RVB RVS RVV RVVB RV－105	铜芯聚氯乙烯绝缘软线 铜芯聚氯乙烯绝缘平型软线 铜芯聚氯乙烯绝缘绞型软线 铜芯聚氯乙烯绝缘聚氯乙烯护套圆型连接软电线 铜芯聚氯乙烯绝缘聚氯乙烯护套平型连接电线 铜芯耐热105℃聚氯乙烯绝缘连接电线	适用于各种交流、直流电器，电工仪器，家用电器，小型电动工具，动力及照明装置等的连接
RFB RFS	复合物绝缘平型软线 复合物绝缘绞型软线	适用于交流额定电压250V以下或直流500V以下的各种移动电器、无线电设备和照明灯座接线
RXS RX	橡胶绝缘棉纱编织软电线	适用于交流额定电压300V以下的电器、仪表、家用电器及照明装置

3.3.2 电线电缆选择

为保证电气系统安全、可靠、优质、经济地运行，选择导线和电缆截面时必须满足下列条件：

1. 发热条件

导线和电缆在通过正常最大负荷电流即计算电流时产生的发热温度不应超过其正常运行

时的最高允许温度。而绝缘导线和电缆的温度过高时，会使其绝缘加速老化甚至烧毁，或引发火灾事故。因此，绝缘导线的正常发热温度一般不得超过表 3 - 4 所列的额定负荷时的最高允许温度。

导线的绝缘等级是耐热等级。常用的为 B 级绝缘，温度为 130℃，超过此温度则材料的绝缘失效。

表 3 - 4 绝缘等级

绝缘等级	Y	A	E	B	F	H	C
极限工作温度(℃)	90	105	120	130	155	180	180 以上

电气设备长期运行时，导线产生的热量必须不能使导线的绝缘失效，也就是符合绝缘等级的规定要求。选取导线首先要计算出流经该导线的电流数值，可根据负载的功率得出，或根据已经给出的电流计算。一般可根据导线所处的环境，考虑散热条件，按所允许的电流密度进行核算。或可参照导线生产企业的产品手册给出的数据选取合适的导线截面积。

2. 电压损耗条件

导线和电缆在通过正常最大负荷电流即计算电流时产生的电压损耗，不应超过其正常运行时允许的电压损耗。对于工厂内较短的高压线路，可不进行电压损耗校验。控制箱柜内使用的导线因为较短，不需要进行电压损耗校验。

3. 经济电流密度

(1)电力线路中，35KV 及以上的高压线路及 35KV 以下的长距离、大电流线路，例如较长的电源线路，其导线和电缆截面宜按经济电流密度选择，以使线路的年运行费用支出最小。按经济电流密度选择的导线(含电缆)截面，称为“经济截面”。工厂内的 10KV 及以下线路，通常不按经济电流密度选择。

(2)控制箱柜内使用的导线长度较短，电压较低，不需要按经济电流密度选择。

4. 机械强度

导线(含裸线和绝缘导线)截面不应小于其最小允许截面。对于电缆，不必校验其机械强度，但需校验其短路热稳定度。母线则应校验其短路的动稳定度和热稳定度。

考虑到机械强度需要，对于低压电控设备的控制导线，通常采用 $1.5mm^2$ 或 $2.5mm^2$ 的导线。低压电控设备控制电路所采用的导线截面不宜小于 $0.75mm^2$ 的单芯铜绝缘线，或不宜小于 $0.5mm^2$ 的多芯铜绝缘线。对于电流很小的线路(电子逻辑电路和信号电路)，导线最小截面积不得小于 $0.2mm^2$。

5. 对于绝缘导线和电缆，还应满足工作电压的要求

根据设计经验，一般 10KV 及以下的高压线路和低压动力线路，通常先按发热条件来选择导线和电缆截面，再校验其电压损耗和机械强度。低压照明线路，因它对电压水平要求较高，通常先按允许电压损耗进行选择，再校验其发热条件和机械强度。

对于电网电源线路(如外线)，常用铝芯线作为电源线；行业中将导线产品手册上的数据划分为几段，编出一套口诀，用来估算铝导线明敷、环境温度为 25℃时的安全载流量及条件改变后的换算方法。经验口诀为:10 下五，100 上二;25、35，四、三界;70、95，两倍半;穿管温度八、九折;裸线加一半;铜线升级算。

(1)10 下五，100 上二。$10mm^2$ 以下的铝导线以截面积数乘以 5 即为该导线的安全载流

量，$100mm^2$ 以上的铝导线以截面积数乘以 2 即为该导线的安全载流量。

(2)25、35，四、三界。$16mm^2$、$25mm^2$ 铝导线以截面积数乘以 4 即为该导线的安全载流量，$3mm^2$、$50mm^2$ 铝导线以截面积数乘以 3 即为该导线的安全载流量。

(3)70、95，两倍半。$70mm^2$、$95mm^2$ 铝导线以截面积数乘以 2.5 即为该导线的安全载流量。

(4)穿管温度八、九折。

①当导线穿管敷设时，因散热条件变差，所以将导线的安全载流量打八折。

例如 $10mm^2$ 铝导线明敷时的安全载流量为 50A，穿管敷设时为 $50 \times 0.8 = 40$ (A)。

②环境温度偏高时，将导线的安全载流量打九折。

例如 $10mm^2$ 铝导线明敷时的安全载流量为 50A，环境温度偏高时为 $50 \times 0.9 = 45$ (A)。

假如导线穿管敷设，环境温度又偏高时，则将导线的安全载流量先打八折，然后再打九折，即 $50 \times 0.8 \times 0.9 = 36$ (A)。

(5)裸线加一半。裸线敷设时，同样条件下通过的电流可以增加，其安全载流量为同样截面积同种导线安全载流量的 1.5 倍。

(6)铜线升级算。铜导线的安全载流量可以相当于高一级的铝导线的安全载流量。即 $10mm^2$ 的铜导线的安全载流量和 $16mm^2$ 的铝导线的安全载流量相同。

在工程应用当中，一般可按此法选择导线。但有其他因素的制约时，还要进行修正，并通过实际运行来检验所选导线的合理性。若要增强线路的可靠性，当导线对设备成本的比重影响不大时，可适当放宽裕量。

市场上提供的导线，其额定电压都能满足低压控制线路的需要，常见的额定电压有 450V/750V 等。

项目四

常用电工工具和仪器仪表的使用

任务一　常用电工工具的使用

一、任务名称

常用电工工具的使用

二、任务描述及完成

电工工具是电气操作的基本工具。工具不合规格、质量不好或使用不当都将影响施工质量、降低工作效率，甚至造成事故。对于一般操作人员，了解或掌握电工常用工具的结构、性能和正确的使用方法是必要的。

4.1.1 常用电工工具的使用

正确使用和维护电工工具，既能提高工作效率和施工质量，又能减轻劳动强度、保证操作安全、延长电工工具的使用寿命。常用的电工工具包括通用工具、线路安装工具、登高工具和设备装修工具等，这里只介绍通用工具。通用工具是指一般专业电工都要使用的常用工具装备。

1. 电笔又称试电笔、验电笔，是用来检查低压导体和电气设备外壳是否带电的辅助安全用具，检测电压范围为60～500V(指带电体与大地的电位差)，是每个电工必备的常用器具，分为发光型电笔和数字式电笔。发光型电笔由氖管、电阻、弹簧和笔身等组成。当用电笔测试带电体时，带电体经电笔、人体到大地形成通电回路，只要带电体与大地之间的电位差超过一定的数值，电笔中的氖管就能发出红色的辉光。电笔在使用时，须用手指触及笔尾的金属体，并使氖管小窗背光朝向自己，以便于观察；同时要防止笔尖金属体触及皮肤，以避免触电。因而，一般螺钉旋具式低压电笔的金属杆上，套上绝缘套管，仅留出刀口部分供测试用。

电笔使用注意事项：

(1)使用电笔前，一定要在有电的电源上检查氖管能否正常发光。

(2)在明亮的光线下测试时，往往不易看清氖管的辉光，应当避光检测。

(3)电笔的金属探头多制成螺钉旋具形状，它只能承受很小的扭矩，使用时应注意，以免损坏。

(4)电笔不可受潮，不可随意拆装或受到剧烈震动，以保证测试可靠。

2. 钢丝钳是钳夹剪切工具，由钳头和钳柄两部分组成。它的功能是：钳口用来弯绞或钳夹导线线头；齿口用来固定或起松螺母；刀口用来剪切导线或剖切导线的绝缘层；铡口用来铡切导线线芯、钢丝或铅丝等较硬的金属。常用的规格有150、175、200mm三种。电工所用的钢丝钳，在钳上必须套有耐压为500V以上的绝缘管，使用时，其刀口应朝向自己面部。

钢丝钳使用注意事项：

(1)钳头不可代替手锤作为敲打工具使用。

(2)钳头应防锈，轴销处应经常加机油润滑，以保证使用灵活。

(3)钳柄上的绝缘管破损就及时更换，不能勉强使用。

3. 螺钉旋具俗称螺丝刀，又称起子、改锥、螺丝批或旋凿，它分为平头和十字头两种，以配合不同槽型的螺钉使用。常用的有50、100、150和200mm等。电工不可使用金属杆直通柄顶的螺钉旋具(俗称通心螺丝刀)。为了避免金属杆触及皮肤或邻近带电体，应在金属杆上加套绝缘管。

4. 电工刀是用来剖削或切割电工器材的常用工具。使用时，刀口应朝外进行操作；用毕就随即把刀身折入刀柄。电工刀的刀柄是不绝缘的，不能在带电体上进行操作，以免触电。

5. 尖嘴钳头部尖细，适用于在狭小的工作空间操作。尖嘴钳有裸柄和绝缘柄两种。裸柄尖嘴钳电工禁用，绝缘柄的耐压强度为500V，常用的有130、160、180和200mm四种规格。其握法与钢丝钳相同，使用注意事项与钢丝钳相同。

6. 剥线钳用来剥削截面为6mm^{2}以下的塑料或橡胶绝缘导线的绝缘层，由钳头和手柄两部分组成，手柄上套有绝缘管，耐压强度为500V。分为手拉式和自动式两种。使用时，导线必须放在大于其芯线直径的齿口上切剥，否则会切伤芯线。

除此之外，通用电工工具还有活动扳手、冲击钻、电烙铁、手锯、手锤和锉刀等。

任务二 万用表、电流表、电压表、钳形电流表的使用

一、任务名称

万用表、电流表、电压表、钳形电流表的使用

二、任务描述及完成

4.2.1 常用的指示仪表可按以下方法分类

(1)按仪表的工作原理分类，主要有电磁式、电动式和磁电式指示仪表，其他还有感应式、振动式、热电式、热线式、静电式、整流式、光电式和电解式等类型的指示仪表。

(2)按测量对象的种类分类，主要有电流表(又分安培表、毫安表、微安表)、电压表(又分为伏特表、毫伏表等)、功率表、频率表、欧姆表、电度表等。

(3)按被测电流种类分类，有直流仪表、交流仪表、交直流两用仪表。

(4)按使用方式分类，有安装式仪表和可携式仪表。

(5)按仪表的准确度分类，指示仪表的准确度可分为0.1、0.2、0.5、1.0、1.5、2.5、5.0七个等级。仪表的级别即仪表准确度的等级。

(6)按使用环境条件分类，指示仪表可分为A、B、C三组。

A组:工作环境为0~+40℃，相对湿度在85%以下。

B组:工作环境为-20~+50℃，相对湿度在85%以下。

C组:工作环境为-40~+60℃，相对湿度在98%以下。

(7)按对外界磁场的防御能力分类，指示仪表有Ⅰ、Ⅱ、Ⅲ、Ⅳ四个等级。

4.2.2 万用表使用

万用表是一种多功能、多量程的测量仪表。一般万用表可以测量直流电压、直流电流、交流电压、电阻和音频放大倍数等电参数。有数字式万用表、指针式万用表两种。现介绍MF47型指针式万用表的使用方法。

MF47型指针式万用表的基本结构由表头和表盘、测量线路和转换开关三部分组成。通常应根据所要求测量的项目和精确度，以及经济许可来选择万用表。

1. 使用前检查

表的好坏从以下三个方面进行检查。(1)表头指针是否在零位，否则进行机械调零;(2)将转换开关拨到电阻R×100档进行欧姆调零，如指针指向欧姆零位，则表笔完好、内电池电量充足;否则二者中至少有一处故障;(3)轻晃表，观察表针是否有卡阻情况，如有，修理再用。

2. 交流电压测量

测量前，根据被测电量的大小选择量程。(量程的选择，如为已知量则尽量使表头指针偏转到刻度尺满偏的2/3左右。如为未知量，可从最大量程档逐渐减小到合适的档位。)将转换开关拨到对应的交流电压量程档;明确如何读数后，再进行测量;将表笔并联在被测电路或元器件两端测量;读数时眼睛应位于指针正上方。严禁在测量中拨动转换开关选择量程。

3. 直流电压测量

测量前，选择量程(同上)，将转换开关拨到对应位置，明确如何读数后，将表笔并联在被测电路或元器件两端测量，必须注意表笔的正、负极性，将红表笔接被测电路或元器件的高电位端，黑表笔接被测电路或元器件的低电位端；读数时眼睛应位于指针正上方。严禁在测量中拨动转换开关选择量程。

4. 直流电流测量

测量时必须先断开电路串入电流表，其余步骤同上，必须注意表笔的正、负极性(红表笔接断口高电位端，黑表笔接断口低电位端)；严禁在测量中拨动转换开关选择量程(严禁直接测量电池的电流)。

5. 电阻的测量

测量前检查被测电路或元件是否已断电，严禁在被测电路带电的情况下测量电阻(特别是严禁用万用表直接测电池内阻)；测量前或每次更换倍率档时，应将两表笔短接，同时调节“欧姆调零旋钮”，使指针刚好指在欧姆刻度线右边的零位(即欧姆调零)。如果指针不能调到零位，说明表内电池电压不足或仪表内部有问题；选择合适的倍率档，万用表欧姆档的刻度线是不均匀的，因而倍率档选择应让指针指在刻度线较稀疏的部分为宜，使指针尽可能接近标度尺的几何中心，读数越准确；直接将表笔跨接在被测电阻或电路的两端测电阻；测量中不允许用手同时触及被测电阻两端。

6. 测量完毕，应将转换开关拨到最高交流电压档，或“关”的位置。

7. 在干燥、无震动、无强磁场、环境温度适宜的条件下使用和保存万用表。

4.2.3 电流表的使用

电流表是用来测量电路中的电流值的，按所测电流性质可分为直流电流表、交流电流表和交直流两用电流表。就其测量范围而言，电流表又分为微安表、毫安表和安培表。

电流表有磁电式、电磁式、电动式等类型，它们被串接在被测电路中使用。仪表线圈通过被测电路的电流使仪表指针发生偏转，用指针偏转的角度来反映被测电流的大小。

测量直流电流时，可使用磁电式、电磁式或电动式仪表，其中磁电式仪表使用较为普遍。

测量电路电流时，一定要将电流表串联在被测电路中。磁电式仪表一般只用于测量直流电流，测量时要注意电流接线端的“+”、“-”极性标记，不可接错，以免指针反打，损坏仪表。对于有两个量程的电流表，它具有三个接线端，使用时要看清楚接线端量程标记，根据被测电流大小选择合适的量程，将公共接线端一个量程接线端串联在被测电路中。

4.2.4 电压表的使用

电压表是用来测量电路中的电压值的，按所测电压的性质分为直流电压表、交流电压表和交直两用电压表。就其测量范围而言，电压表又分为毫伏表、伏特表。磁电式、电磁式、电动式仪表是电压表的主要类型。

电压表的选择原则和方法与电流表的选择相同，主要从测量对象、测量范围、要求精度和仪表价格等方面考虑。

用电压表测量电路电压时，一定要使电压表与被测电压的两端并联，电压表指针所示为被测电路两点间的电压。直流电压表还要注意仪表的极性，表头的“+”端接高电位，“-”端接低电位。

电压表及其量程的选择方法与电流表相同，量程和仪表的等级要合适。

4.2.5 钳形电流表的使用

钳形电流表又称钳形表，是一种不用断开电路就可直接测量线路交流电流的携带式仪表。在电气检修中使用非常方便。一般有指针式和数字式两种。

其工作部分主要由一只电磁式电流表和穿芯式电流互感器组成。穿芯式电流互感器铁芯制成活动开口，且成钳形，故名钳形电流表。穿芯式电流互感器的副边绕组缠绕在铁芯上且与电流表相连，它的原边绕组即为穿过互感器中心的被测导线。旋钮实际上是一个量程开关，扳手的作用是开合穿芯式互感器的可动部分，以便使其钳入被测导线。测量电流时，按动扳手，打开钳口，将被测载流导线置于穿芯式电流互感器的中间，当被测导线中有交变电流通过时，交流电流的磁通在互感器副边绕组中感应出电流，该电流通过电磁式电流表的线圈，使指针发生偏转，在表盘标度尺上指出被测电流值。

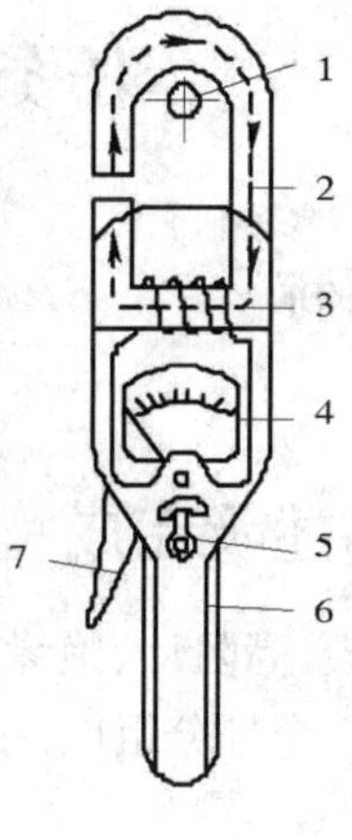

1. 被测导线；
2. 铁心；
3. 二次绕组；
4. 表头；
5. 量程调节开关；
6. 胶木手柄；
7. 铁心开关

图 4－1

使用方法：

1. 测量前，检查表头指针是否指向零位，否则，应进行机械调零。

2. 测量前，检查钳口的开合情况，要求钳口可动部分开合自如，两边钳口结合面接触紧密。还需检查量程的调节开关，应转动灵活。

3. 测量时选择适当的量程，如为已知电流，则应在测量使指针偏转到刻度的 1/2 ~ 2/3 处；如为未知电流，应从最大量程档开始测量，逐渐减小到合适的档位。

4. 测量时，应将被测导线置于钳口中心位置。

5. 当被测电流太小，在最低量程档指针偏转角都不大时，将被测载流导线在钳口部分的铁芯柱上缠绕几圈后进行测量，把读数除以导线所绕圈数即得实测电流值。

6. 使用完毕，将量程调节开关调至最高电流量程档。

4.2.6 功率表的使用

多数功率表是根据电动式仪表的工作原理来测量电路功率的。在选择功率表时，首先要考虑的是功率表的量程，必须使其电流量程能允许通过负载电流，电压量程能承受负载电压。

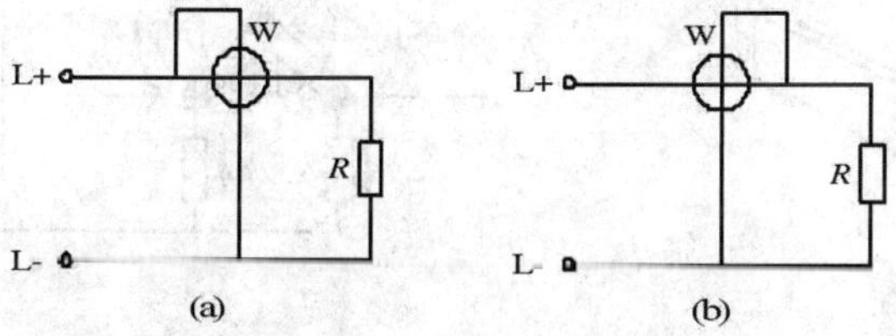

图 4－2　单相功率表的接线

电动式功率表指针的偏转方向是由通过电流线圈的电流方向决定的，如果改变其中一个线圈中电流的方向，指针就将反转。

三相平衡负载的每相负载所消耗的功率相同，只需用一只功率表测量一相负载的功率，然后乘以3即可得三相总功率。在三相四线制电路中，三相负载不平衡，要测量其总功率需使用三只功率表。

任务三　兆欧表的使用

一、任务名称

兆欧表的使用

二、任务描述及完成

兆欧表又叫摇表、高阻计、绝缘电阻测定仪，是一种测量电器设备及电路绝缘电阻的仪表。兆欧表主要由三个部分组成：手摇直流发电机（有的用交流发电机加整流器）、磁电式流比计及接线桩（L、E、G）。

兆欧表的常用规格有250V、500V、1000V、2500V和5000V等档级。选用兆欧表主要应考虑它的输出电压及其测量范围。一般高压电气设备和电路的检测需要使用电压高的兆欧表，而低压电器设备和电路的检测使用电压低一些的就足够了。通常500V以下的电气设备和线路选用500～1000V的兆欧表。而瓷瓶、母线、刀闸等应选2500V以上的兆欧表。

4.3.1 兆欧表使用前的准备工作

1. 检查兆欧表是否正常。开路检查，兆欧表水平放置，将L和E两端分开，摇动手柄，指针应该指到∞处，则该项检查合格；短路检查，慢慢摇动手柄，使L和E瞬时短接，指针应迅速指向零或最小，则该项检查合格。两项检查合格，兆欧表可使用，否则，兆欧表有故障，不能使用。

2. 测量前，检查被测电气设备和线路是否已全部切断电源。

3. 测量前应对设备、线路先行放电。

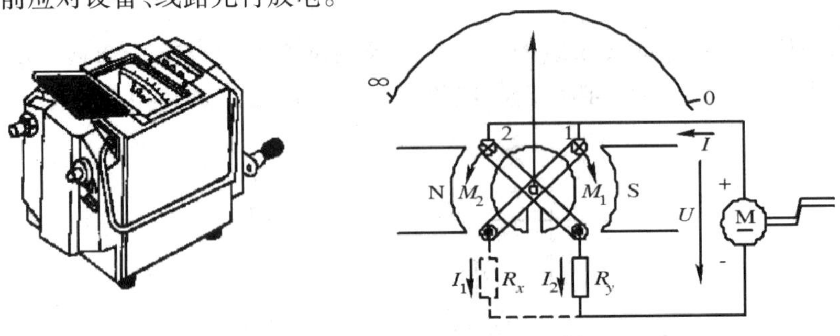

(a)　　(b)

a. 兆欧表外形　　b. 工作原理

图4－3

4.3.2 兆欧表使用

1. 将兆欧表水平放置于平稳牢固的地方；

2. 正确接线。在测量电气设备的对地绝缘电阻时，“L”接设备的待测部位，“E”接设备外壳；如测电气设备内两绕组之间的绝缘电阻时，将“E”和“L”分别接两绕组的接线端；当测量电缆的绝缘电阻时，为消除因表面产生的误差，“L”接线芯，“E”接外壳，“G”接中间绝缘层，如下图。

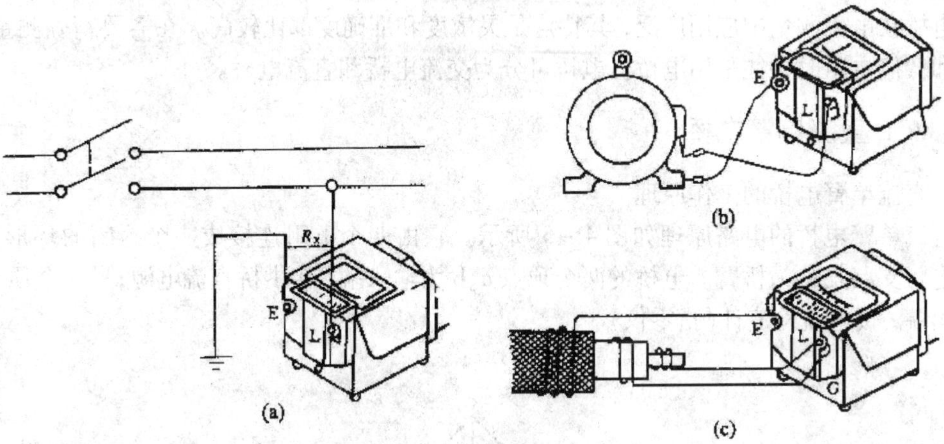

a. 测量线路绝缘电阻　　b. 测量电动机对地绝缘电阻　　c. 测量电缆线绝缘电阻

图 4－4

3. 摇动手柄，使之匀速上升到 120±20% 转/分。通常摇动一分钟，待指针稳定下来后再读数，若发现指针指零，应立即停止摇动手柄。

4. 测量完毕，停止摇动手柄，对设备、线路充分放电后才能拆线。拆线时，也不可直接触及引线的裸露部分。

5. 禁止在雷电时或附近有高压导体的设备上测量绝缘电阻。

6. 兆欧表应定期校验。

4.3.3 绝缘电阻测量完毕，判断是否合格的依据

1. 新安装和大修后的线路和设备，绝缘电阻不低于 0.5MΩ；

2. 运行中的线路和设备在一般环境中不低于每伏工作电压 1000Ω，潮湿环境中不低于每伏工作电压 500Ω；

3. 便携式的电气设备，绝缘电阻不低于 2MΩ。

任务四　单臂电桥、双臂电桥的使用

一、任务名称

单臂电桥、双臂电桥的使用

二、任务描述及完成

电桥在电磁测量中应用广泛，其特点是灵敏度和准确度都比较高。在需要精确测量中值电阻和低值电阻时往往采用电桥。电桥可分为交流电桥和直流电桥。

4.4.1 直流单臂电桥

1. 直流单臂电桥的工作原理

直流单臂电桥的电路原理如图 4－5 所示。它由四个电阻连接成一个封闭的环形电路，每个电阻支路均称为桥臂。电桥的两个顶点 a、b 为输入端，接供桥直流电源；另两个顶点 c、d 为输出端，接电流检流计（指零仪）。

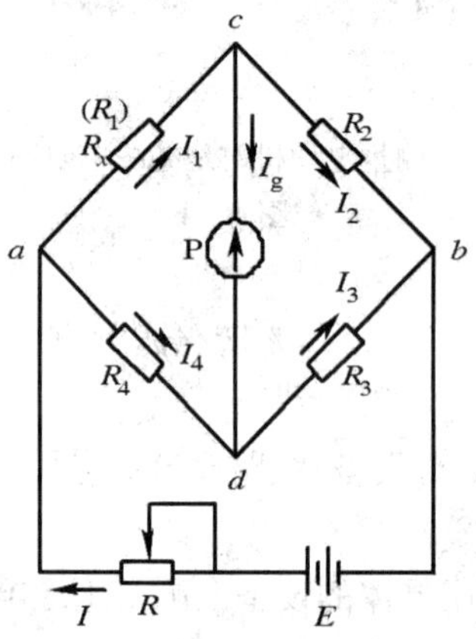

图 4－5　直流单臂电桥的电路原理图

2. 直流单臂电桥的使用方法

直流单臂电桥的型号很多，但使用方法基本相同。下面以常用的 QJ23 型直流单臂电桥为例，讲述直流单臂电桥的使用方法。

QJ23 型直流单臂电桥的电路如图 4－6 所示，其比例桥臂由八个电阻组成，一般有七个档位，分别为 ×0.001、×0.01、×0.1、×1、×10、×100、×1000 七种比率，由倍率开关切换。

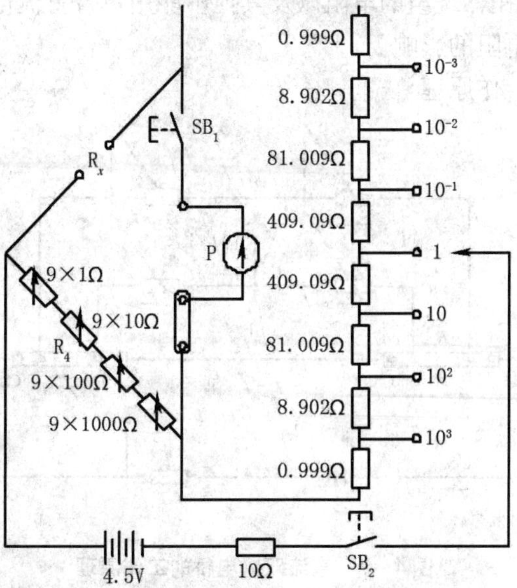

图 4－6　QJ23 型直流单臂电桥的电路图

使用 QJ23 型直流单臂电桥测量电阻的步骤如下：

(1)使用前先将检流计锁扣打开，并调节其调零装置使指针指示在零位。

(2)用万用表粗测一下被测电阻，先估计一下它的大约数值。

(3)选择适当的倍率。

(4)用短粗导线将被测电阻 R_x 接在测量接线柱上，连接处要拧紧。

(5)调节比较臂电阻，按下检流计按钮，观察检流计指针是否指到"0"位；否则按检流计的指示调节比较臂电阻，再按下检流计按钮，直至检流计指针指到或接近"0"位为止。

(6)测量完毕，先松开检流计按钮，再松开电源按钮。

(7)读数，计算电阻值，被测电阻值 = 比较桥臂读数盘电阻之和 × 倍率。

3. 使用直流单臂电桥时的注意事项

(1)为了测量准确，在测量时选择的倍率应使比较桥臂电阻的四个读数盘都有读数。

(2)测量时，电桥必须放置平稳；被测电阻应单独测量，不能带电测试。

(3)由于接头处接触电阻和连接导线电阻的影响，直流单臂电桥不宜测量电阻值小于 1 Ω的电阻。

(4)测量时，连接导线应尽量用截面较大、较短的导线，以减小误差；接线必须拧紧，如有松脱，电桥会极端不平衡，使检流计损坏。

(5)电池电压不足会影响电桥的灵敏度，当发现电池电压不足时应调换。

(6)测量完毕，应先打开检流计按钮，再打开电源按钮，特别当被测电阻具有电感时，一定要遵守上述规则，否则会损坏检流计。

(7)测量结束不再使用时，应将检流计锁扣锁上，以免检流计受震损坏。

4.4.2 直流双臂电桥

直流双臂电桥又称为凯尔文电桥，它主要用于测量 1 Ω 以下的小电阻，如测量电流表的分流器电阻、电动机或变压器绕组的电阻以及其他不能用单臂直流电桥测量的小电阻。它可以消除接线电阻和接触电阻的影响。

1. 直流双臂电桥的工作原理

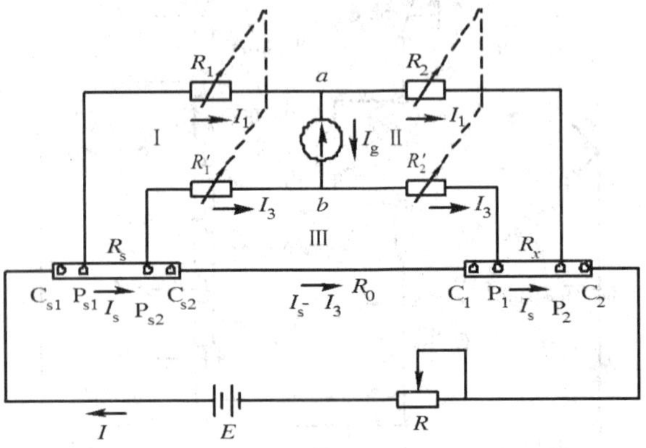

图 4－7　直流双臂电桥的工作原理

2. 直流双臂电桥的使用方法

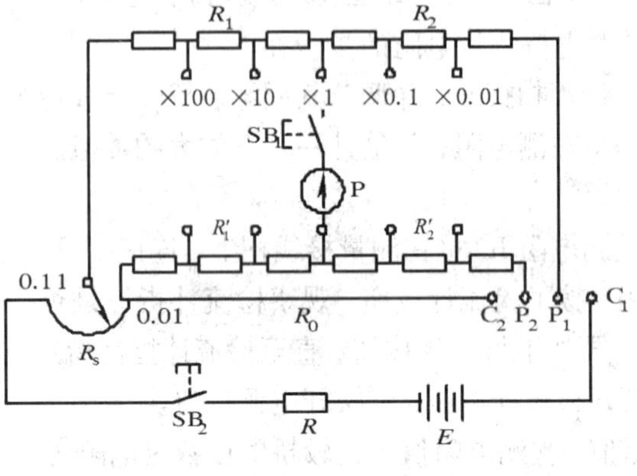

图 4－8　直流双臂电桥的使用方法

QJ103 型直流双臂电桥的比较电阻采用滑线电阻结构，其阻值可在 0.01～0.11Ω 之间调节，测量时可根据转盘位置直接从面板刻度上读数。使用 QJ103 型双臂电桥测量电阻的步骤如下：

(1) 先将被测电阻的电流接头和电位接头分别与接线柱 C_1、C_2 和 P_1、P_2 连接，其连接导线应尽量短而粗，以减小接触电阻。

(2) 根据被测电阻范围，选择适当的倍率档，然后接通电源和检流计。

(3) 调节读数盘，使检流计指示为零，则电桥处于平衡状态，此时即可读取被测电阻值。

(4) 被测电阻值＝比较桥臂读数盘电阻之和×倍率。

3. 使用直流双臂电桥时的注意事项

(1) 被测电阻的每一端必须有两个接头线，电位接头应比电流接头更靠近电阻本身，且两对接头线不能绞在一起。

(2) 测量时，接线头要除尽污物并接紧，尽量减少接触电阻，以提高测量准确度。

(3) 直流双臂电桥的工作电流很大，如使用电池测量时操作速度要快，以免耗电过多。测量结束后，应立即切断电源。

项目五

动力、照明电路的装调与维修

任务一　导线的连接与绝缘恢复

一、任务名称

导线的连接与绝缘恢复

二、任务描述及完成

导线的连接是电工基本工艺之一。导线连接的质量关系着线路和设备运行的可靠性和安全程度。导线连接的方式很多，常见的绞接、缠绕连接、焊接、管压接等。出线端与电气设备的连接，有直接连接和经接线端子连接两种。

5.1.1 导线连接的基本要求

1. 接触紧密，接头电阻不大于同长度、同截面导线的电阻值；
2. 接头的机械强度不应小于该导线机械强度的 80%；
3. 接头处应耐腐蚀，防止受外界气体的侵蚀；
4. 接头处的绝缘强度与该导线的绝缘强度应相同(即接头处的绝缘恢复正常)。

5.1.2 线头绝缘层的剖削

1. 塑料硬线绝缘层的剖削

条件允许时，去除塑料硬线的绝缘层用剥线钳甚为方便，还可以用钢丝钳(或尖嘴钳)和电工刀剖削。线芯截面在 2.5mm^2 及以下的塑料硬线，可用钢丝钳剖削：先在线头所需长度交界处，用钢丝钳钳口轻轻切破绝缘层表皮，然后左手拉紧导线，右手适当用力捏住钢丝钳头部，向外用力勒去绝缘层。在勒去绝缘层时，不可在钳口处加剪切力，以免伤及线芯，甚至将导线剪断。线芯截面大于 4mm^2 的塑料硬线的绝缘层，直接用钢丝钳剖削较为困难，可用电工刀剖削。先根据线头所需长度，用电工刀刀口对导线成45°角切入塑料绝缘层，注意掌握刀口刚好削透绝缘层而不伤及线芯。然后调整刀口与导线间的角度以15°角向前推进，将绝缘层削出一个缺口，接着将未削去的绝缘层向后扳翻，再用电工刀切齐。

2. 塑料软线绝缘层的剖削

塑料软线绝缘层的剖削除用剥线钳外，仍可用钢丝钳（或尖嘴钳）直接剖削 2.5mm^2 及以下的塑料硬线绝缘层的方法进行，但不能用电工刀剖削。

3. 塑料护套线绝缘层的剖削

塑料护套线绝缘层分为外层的公共护套层和内部每根芯线的绝缘层。公共护套层一般用电工刀剖削，先按线头所需长度，将刀尖对准两股芯线的中缝划开护套层，并将护套层向后扳翻，然后用电工刀齐根切去，露出每根芯线绝缘层可用钢丝钳或电工刀直接剖削塑料硬线绝缘层的方法分别除去。在切入时切口应离护套层 5～10mm。

4. 橡皮线绝缘层的剖削

橡皮线绝缘层外面是一层柔韧的纤维纺织保护层，先用剖削护套线护套层的办法，用电工刀尖划开纤维纺织层，并将其扳翻后齐根切去，再用剖削塑料硬线绝缘层的方法，除去橡皮绝缘层。

5. 漆包线绝缘层的去除

漆包线绝缘层是喷涂在芯线上的绝缘漆层。直径在 1mm 以上的，可用细砂纸或细纱布擦去；直径在 0.6mm 以上的可用薄刀片刮去；直径在 0.1mm 及以下的也可用细砂纸或细纱布擦除，但易于折断，需要小心。有时为了保留漆包线的芯线直径准确以便于测量，也可用微火烤焦其线头绝缘层，再轻轻刮去。

5.1.3 导线线头的连接

常用的导线按芯线股数不同，有单股、7 股和 19 股等多种规格，其连接方法也各不相同。

1. 铜芯导线的连接

（1）单股铜芯线的直线连接，有绞接和缠绕两种方法。绞接法用截面较小的导线，缠绕法用于截面较大的导线。绞接法是先将已剖除绝缘层并去掉氧化层的两根线头呈“×”形相交，线头与相连接导线的夹角为30°～60°，并在剥好的线头的三分之一处相交，互相绞合 2～3 圈；接着扳直两个线头的自由端，将每根线自由端在对边的线芯上紧密缠绕到线芯直径的 6～8 倍长（圈），将多余的线头剪去，修理好切口的毛刺即可（见图 5－1）。缠绕法是将已去除绝缘层和氧化层的线头相对交叠，再用直径为 1.6mm 的裸铜线做缠绕线在其上进行缠绕，其中线头直径在 5mm 及以下的缠绕长度为 60mm，直径大于 5mm 的缠绕长度为 90mm。

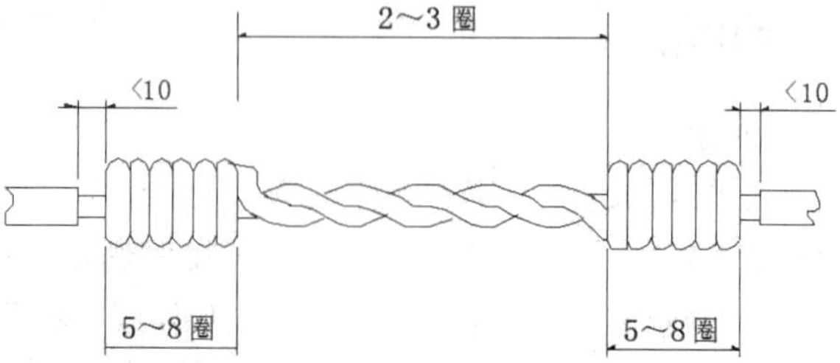

图 5－1　单股铜芯线的直线连接——绞接

(2)单股铜芯线的T形(分支)连接

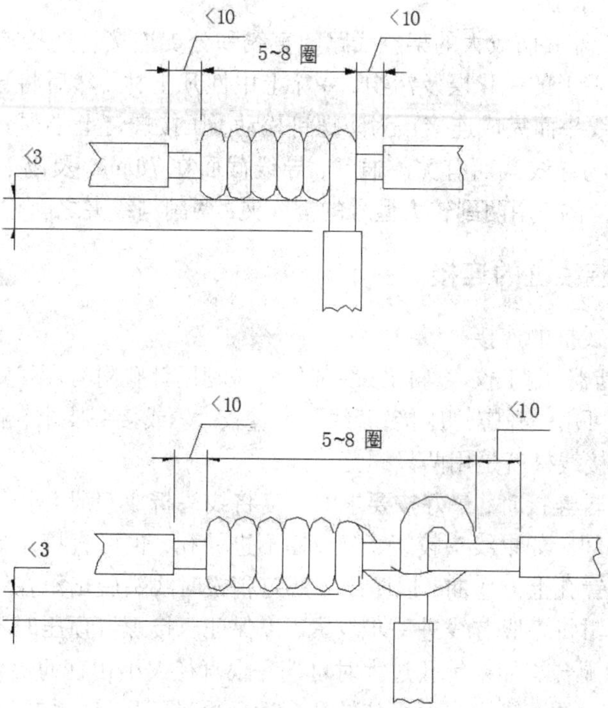

图5－2　单股铜芯线的T形连接

单股芯线T形连接时仍可用缠绕法和绞接法。绞接法是先将除去绝缘层和氧化层的线头与干线剖削处的芯线十字相交，注意在支路芯线根部留出3～5mm裸线，接着顺时针方向将支路芯线在干路芯线上紧密缠绕6～8圈。剪去多余线头，修整好毛刺。对于截面较小的单股铜芯线，可先把支路线线头与干路芯线十字相交，仍在支路芯线根部留出3～5mm裸线，把支路芯线在干线上缠绕成结状，再把支路芯线拉紧扳直并紧密缠绕在干路芯线上。为保证接头部位有良好的电接触和足够的机械强度，应保证缠绕长度为芯线直径的8～10倍。

2. 铝导线线头的连接

铝的表面极易氧化，而且这类氧化线膜电阻率又高，除小截面铝芯线外，其余铝导线的连接都不采用铜芯线的连接方法。在电气线路施工中，铝线线头的连接常用螺钉压接法、压接管压接法和沟线夹螺钉压接法三种。

(1)螺钉压接法

将剖除绝缘层的铝芯线头用钢丝刷或电工刀除去氧化层，涂上中性凡士林后，将线头伸入接头的线孔内，再旋转压线螺钉压接。线路上导线与开关、灯头、熔断器、仪表、瓷接头和端子板的连接，多用螺钉压接。单股小截面铜导线在电器和端子板上的连接亦可采用此法。

(2)压接管压接法，它适用于室内、外负荷较大的铝芯线头的连接。接线前，先选好合适的压接管，清除线头表面和压接管内壁上的氧化层及污物，再将两根线头相对插入并穿出压接管，使用两线各自伸出压接管25～30mm，然后用压接钳进行压接。压接钳在压接管上的压坑数目要视不同情况而定，室内线头通常为4个；对于室外铝绞线，截面为16～35mm^{2}的压坑数目为6个，50～70mm^{2}的为10个；对于钢芯铝绞线，16mm^{2}的为12个，25～35mm^{2}的为 14 个，50 ~ 70mm² 的为 16 个，95mm² 的为 20 个，125 ~ 150mm² 的为 24 个。

(3) 沟线夹螺钉压接法

此法适用于室内、外截面较大的架空线路的直线和分支连接。连接前先用钢丝刷除去导线线头和沟线夹槽同壁上的氧化层及污物，并涂上中性凡士林，然后将导线卡入线槽，旋紧螺钉，使沟线夹夹紧线头而完成连接。为防螺钉松动，压接螺钉上必须套以弹簧垫圈。沟线夹的规格和使用数量与导线截面有关。通常，导线截面在 70mm² 及以下的用一副小型沟线夹；截面在 70mm² 以上的，用两副较大型号的沟线夹，两副沟线夹之间相距 300 ~ 400mm。

5.1.4 线头与接线桩的连接

1. 线头与针孔接线桩的连接

端子板、某些熔断器、电工仪表等的接线部位多是利用针孔附有压接螺钉压住线头完成连接的。线路容量小，可用一只螺钉压接；若线路容量较大，或接头要求较高时，应用两只螺钉压接，如一般电能表接线桩就是用两只螺钉压接的。

单股芯线与接线桩连接时，最好按要求的长度将线头折成双股并排插入针孔，使压接螺钉顶紧双股芯线的中间。如果线头较粗，双股插不进针孔，也可直接用单股，但芯线在插入针孔前，应稍微朝着针孔上方弯曲，以防压紧螺钉稍松时线头脱出。在针孔接线桩上连接多股芯线时，先用钢丝钳将多股芯线进一步绞紧，以保证压接螺钉顶压时不致松散。注意针孔和线头大小应尽可能配合。如果针孔过大时可选一根直径大小相宜的铝导线做绑线，在已绞紧的线头上紧密缠绕一层，使线头大小与针孔合适后再进行压接。如线头过大，插不进针孔时，可将线头散开，适量减去中间几股。通常 7 股可剪去 1 ~ 2 股，19 股可剪去 1 ~ 7 股。然后将线头绞紧，进行压接。无论是单股或多股芯线的线头，在插入针孔时，一是注意插到底；二是不得使绝缘层进入针孔，针孔外的裸线头的长度不得超过 2mm。

2. 线头与平压式连接桩的连接

平压式连接桩是利用半圆头、圆柱头或六角头螺钉加垫圈将线头压紧，完成电连接。对载流量小的单股芯线，先将线头弯成接线圈，再用螺钉压紧。对于载流量较大、横截面超过 10mm²、股数多于 7 股的导线端头，应安装接线耳。连接这类线头的工艺要求是：压接圈和接线耳的弯曲方向应与螺钉拧紧方向一致，连接前应清除压接圈、接线耳和垫圈上的氧化层及污物，再将压接圈或接线耳压在垫圈下面，用适当的力矩将螺钉拧紧，以保证良好的电接触。压接时注意不得将导线绝缘层压入垫圈内。

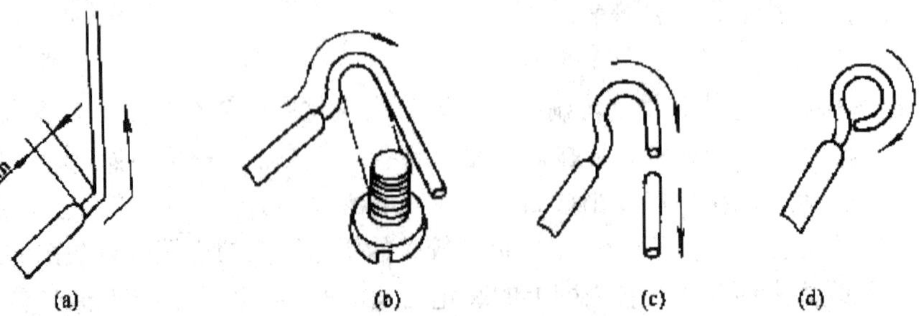

a. 离绝缘层根部 3mm 处向外侧折角　b. 按略大于螺钉直径弯曲圆弧　c. 剪去芯线余端　d. 修正圆圈

图 5 - 3　单股芯线压接圈的弯法

3. 线头与瓦形接线桩的连接

瓦形接线桩的垫圈为瓦形。压接时为了不让线头从瓦形接线桩内滑出，压接前应先将已去氧化层和污物的线头弯曲成 U 形，再卡入瓦形接线桩压接。

5.1.5 导线的封端

为保证导线线头与电气设备的电接触和其机械性能，除 $10mm^2$ 以下的单股铜芯线、$2.5mm^2$ 及以下的多股铜芯线和单股铝芯线能直接与电器设备连接外，大于上述规格的多股或单股芯线，通常都应在线头上焊接或压接接线端子，这种工艺过程叫做导线的封端。

1. 铜导线的封端

铜导线封端方法常用锡焊法或压接法。

(1)锡焊法

先除去线头表面和接线端子孔内表面的氧化层和污物，分别在焊接面上涂上无酸焊锡膏，在线头上先搪一层锡，并将适量焊锡放入接线端子的线孔内，用喷灯对接线端子加热，待焊锡熔化时，趁热将搪锡线头插入端子孔内继续加热，直到焊锡完全渗透到芯线缝中并灌满线头与接线端子孔内壁之间的间隙，方可停止加热。

(2)压接法

把表面清洁且已加工好的线头直接插入内表面已清洁的接线端子线孔，然后按前面所介绍的压接管接法的工艺要求，用压接钳对线头和接线端子进行压接。

2. 铝导线的封端

由于铝导线表面极易氧化，用锡焊法比较困难，通常都用压接法封端。压接前除了先清除线头表面及接线端子孔内表面的氧化层及污物外，还应分别在两者接触面涂以中性凡士林，再将线头插入端子线孔用压接钳压接。

5.1.6 线头绝缘层的恢复

在线头连接完工后，导线连接前所破坏的绝缘层必须恢复，且恢复后的绝缘强度一般不应低于剖削前的绝缘强度，方能保证用电安全。电力线上恢复线头绝缘层常用的有黄蜡带，涤纶薄膜带和黑胶带(黑胶布)三种材料。绝缘带宽度选 20mm 比较适宜。包缠时，先将黄蜡带从线头的一边在完整绝缘层上离切口两个带宽处开始包缠，使黄蜡带与导线保持 55°的倾斜角，后一圈压叠在前一圈 1/2 的宽度上，黄蜡带包缠完以后，将黑胶带接在黄蜡带尾端，朝相反方向斜叠包缠，仍倾斜 55°，后一圈仍压叠前一圈的 1/2。恢复 308V 线路上导线绝缘时，先包缠 1 ~2 层黄蜡带，再包一层黑胶带。恢复 220V 线路上绝缘时，可先包一层黄蜡带，再包 ·层黑胶带，或不包黄蜡带，只包两层黑胶带。

任务二　基本照明线路的安装与调试

一、任务名称

基本照明线路的安装与调试

二、任务描述

5.2.1 室内布线的类型与方式

室内布线就是敷设室内用电器具或设备的供电和控制线路。

1. 室内布线的类型

①明装式：是导线沿墙壁、天花板、横梁及柱子等表面敷设。②暗装式：是将导线穿管埋设在墙内、地下或装设在顶棚里。

2. 室内布线的方式

①瓷（塑料）夹板布线；②绝缘子布线；③槽板布线；④护套线布线；⑤线管布线；⑥钢索布线。

5.2.2 室内布线的技术要求

1. 所用导线的额定电压应大于线路的工作电压，导线的绝缘应符合线路的安装方式和敷设环境要求，导线的截面积应满足供电安全电流和机械强度要求。

2. 布线时应尽量避免导线接头。若必须有接头时，应采用压接和焊接，然后用绝缘胶布包缠好。穿在管内的导线不允许有接头，必要时可把接头放在接线盒内。

3. 布线时应水平或垂直敷设。水平敷设时，导线距离地面高度不低于 2.5 米，垂直敷设距地面高度不低于 2 米。否则应将导线穿管加以保护，以防机械损伤。

4. 当导线穿过楼板时，应设钢管加以保护，钢管长度应从离楼板面 2 米高处至楼板下出口处。导线穿墙处要用瓷管（或塑料管）加以保护，管的两端应伸出墙面 10mm。

5. 为确保安全用电，室内电气管道线的配电设备与其他管道、设备间的最小距离应根据相关规定执行。

5.2.3 室内布线工艺

1. 按设计图样确定灯具、灯座、开关、配电箱、起动装置等的位置；
2. 沿建筑物确定导线敷设的路径、穿越墙壁或楼板的位置；
3. 在土建未涂灰前，将布线所有的固定点打好孔眼，预埋绕有铁丝的木螺钉、螺栓或木砖；
4. 装设绝缘支持物、线夹或管子；
5. 敷设导线；
6. 做出导线的连接、分支和封端，并将导线出线接头和设备连接。

5.2.4 护套线布线工艺

1. 看图确定位置；

2. 定位划线；

3. 凿眼；

4. 固定钢精扎；

5. 敷设导线；

6. 将导线与设备连接。

5.2.5 照明的分类

1. 按照明方式分

①一般照明：在整个场所或场所的某部分照度要求基本均匀的照明。如教室、灯光球场。

②局部照明：只限于工作部位或移动的照明。如机床上的工作灯。

③混合照明：一般照明和局部照明共同组成的照明。如普通的冷加工车间。

2. 按照明种类分

①正常照明：正常工作环境所使用的室内外照明。

②事故照明：正常照明因故熄灭的情况下，供继续从事工作或安全通行的照明。事故照明灯宜布置在容易引起事故的场所及主要通道和出入口。

③值班照明：在非生产时间内供值班人员使用的照明。

④警卫照明：在警卫地区周界附近设置的照明。

⑤障碍照明：在高层建筑物上或修理路段上，作为障碍标志用的照明。

5.2.6 照明灯具及附件的技术要求

1. 灯具和附件的质量必须符合使用要求。如额定电压、电流等必须符合使用要求。

2. 灯具和附件应适合使用环境的要求。如潮湿场所应用防潮灯具和开关，易爆场所应用防爆灯具和开关。

3. 移动式照明灯必须采用36V及以下低压安全灯。如机床的局部照明灯应用6V及以下低压安全灯。

5.2.7 照明灯具及附件的安装要求

1. 灯座的安装要求

灯座有插口和螺口两大类。100W以上的多为螺口灯座，螺口灯座接触比插口灯座接触好，能通过较大电流。按其安装方式灯座又可分为平灯座、悬挂式灯座和管子灯座等。

在室外或潮湿场所，灯座离地距离不得低于2.5米；在室内或干燥场所，灯座离地距离不得低于2.5米；在室内一般场所，如果牛活、工作或生产需要而必须把电灯放低时，其离地最低距离不能低于1米；灯座离地不足1米时，必须采用36V及以下低压安全灯。

如果是用软线安装灯座，在灯座内离线头30mm处打“羊角结”。如果是螺口灯座，其相（火）线应接在与中心铜片相连的接线柱上，否则容易发生触电事故。

2. 插座的安装要求

插座的作用是供移动式灯具或其他移动式电气设备提供电源。按其结构可分为单相双眼、单相带接地线的三眼插座、三相带接地线的插座。

普通插座离地距离不低于1.3米，安全插座离地距离不能低于0.15米。

双孔插座水平排列时，面对插座相线接右孔，零线接左孔(左零右相)；双孔插座垂直排列时，相线接上孔，零线接下孔(上火下零)；三孔插座下方两孔接电源线，左孔接零线，右孔接火线，上孔接保护接地(或接零)线。

在同一块板上安装多个插座时，每个插座的相应位置、孔眼的相位必须相同，接地孔的接地必须正规；相同电压和相同相数的应选用同一结构形式的插座，不同电压和不同相数的，应选用具有明显区别的插座，并应标明电压。

3. 开关的安装要求

开关的作用是接通和断开电路。开关主要有拉线开关和板把开关两种，按其结构可分为单联开关、双联开关和三联开关。

相线通过开关才能进入灯座。一般拉线开关的安装高度距地面 2.5m；板把开关的安装高度距地面 1.4m；安装板把开关时，开关方向要一致。

4. 吊线盒的安装要求

吊线盒俗称“先令”，用来悬挂吊灯并起接线盒的作用。它有塑料和瓷质两种，一般能悬挂重量不超过 2.5kg 的灯具。

安装吊线盒时，吊线盒内软线要打一个“羊角结”，使结正好卡在吊线盒盖的线孔里，以便承受灯具重量。

一只吊线盒只能装一盏灯(多管日光灯和特殊灯具除外)，吊灯线的绝缘必须良好，并不得有接头。

5. 单相电能表的安装要求

单相电能表是计量单相负载用电量的仪表。它主要由电流线圈及铁芯、电压线圈及铁芯、铝盘、计数器和外壳组成。

单相电能表共有四个接线桩头，从左到右按 1、2、3、4 编号，接线时 1、3 接电源进线，2、4 接出线。有些电能表的接线方法特殊，具体接线时应以电能表所附接线图为依据。电能表必须垂直于地面安装，表的中心离地高度应在 1.4 至 1.5 米之间。

5.2.8 室内照明线路

1. 室内照明线路的组成

照明线路一般由电源、导线、开关和负载(照明灯)组成。电源的作用是向照明灯提供能量；导线的作用是连接电源和照明灯；开关的作用是控制电流的通断；负载(照明灯)的作用是将电能变为光能。

2. 室内照明线路的基本形式(按开关结构分)

①一只单联开关控制一盏灯(一地控制)；

②两只双联开关在两个地方控制一盏灯(两地控制)；

③两只双联开关和一只三联开关在三个地方控制一盏灯(三地控制)。

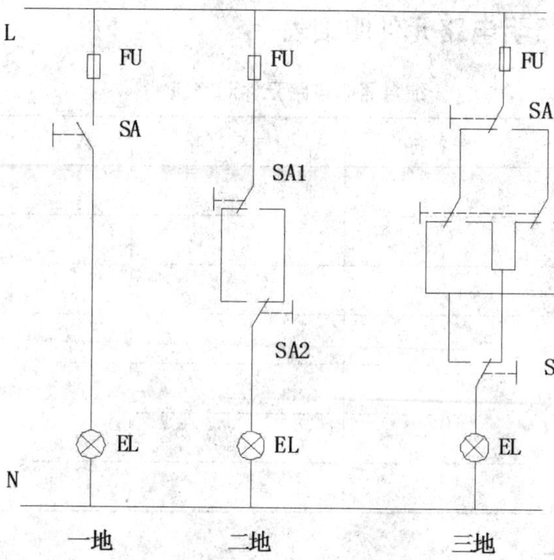

图 5－4　室内照明线路的基本形式

3. 常用照明灯的控制线路

①白炽灯的控制线路。白炽灯亦称钨丝灯泡，当电流通过钨丝时，将灯丝加热到白炽状态而发光。功率为 25W 以下的，一般为真空泡；功率为 40W 以上的，一般为充气泡。

②荧光灯的控制线路。荧光灯又叫日光灯，它由灯管、起辉器、镇流器、灯架和灯座组成。

三、任务完成

5.2.9 用线槽布线方式安装和调试图 5－5 综合照明电路

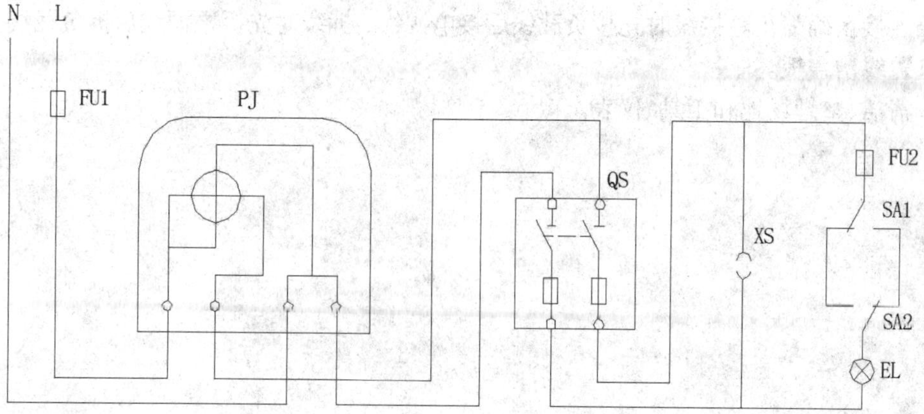

图 5－5　综合照明电路

5.2.10 列出综合照明电路元件明细表

表 5－1　综合照明电路元件明细表

序号	电气符号	元件名称	型号与规格	数量	作用
1					
2					
3					
4					
5					
6					
7					

5.2.11 检查电器元件

用万用表检查单相电能表的线圈，闸刀开关的触点、双联开关的触点、熔断器是否完好。目测螺口灯座和插座的接线端子是否完好。如损坏应及时更换。

5.2.12 安装、调试步骤

1. 将单相电能表、灯座、开关、熔断器定位和划线。
2. 固定线槽。
3. 敷设导线。
4. 安装元器件并按原理图接线。
5. 检查线路。
6. 接通电源，验证线路连接是否正确。如不正确，则查找原因，修改后再通电验证，直至线路连接正确为止。接线时先接负载线后接电源线，拆线时先拆电源线后拆负载线。
7. 盖线槽盖板。
8. 清洁、整理场地和工具、仪表。

项目六

电机基本知识

任务一　变压器的拆装

一、任务名称

变压器的拆装

二、任务内容

变压器就是一种利用电磁互感应原理，变换电压、电流和阻抗的器件。变压器的功能主要有:电压变换，电流变换，阻抗变换;隔离;稳压(磁饱和变压器)等。

变压器按用途不同分为电力变压器、特种变压器、仪用互感器、试验用的高压变压器和调压器等。按铁芯结构不同分为芯式变压器和壳式变压器。按绕组结构分为双绕组、三绕组、多绕组变压器和自耦变压器。按相数不同分为单相、三相、多相(如整流用的六相)变压器。

6.1.1 变压器的工作原理、作用

变压器通常包含两个静止的线圈(绕组)，也有含有多个线圈的。接电源的线圈叫做一次绕组，接负载的线圈叫做二次绕组。一、二次绕组所在电路分别叫做原电路(原边)及副电路(副边)。

如图 6－1 所示，当变压器原边绕组通以交流电流时，在铁芯中产生交变磁通，根据电磁感应原理，原、副边绕组都产生感应电动势，副边绕组的感应电动势相当于新的电源，这就是变压器的基本工作原理。假设原边绕组匝数为 N_1，副边绕组为 N_2，忽略变压器损耗。

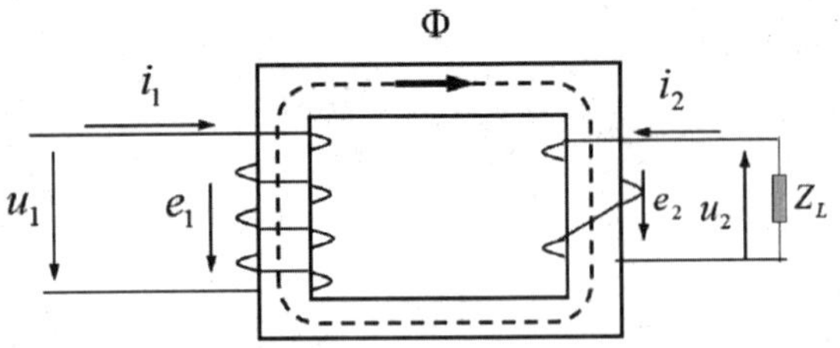

图 6－1　变压器基本工作原理

变压器的作用为：

(1)变电压

$$\frac{U_1}{U_2}=\frac{E_1}{E_2}=\frac{N_1}{N_2}=k$$

只要改变原、副边绕组的匝数比，就能改变电压。

(2)变电流

$$U_1I_1=U_2I_2$$

$$I_1=\frac{U_2}{U_1}I_2=\frac{I_2}{k}$$

变压器在改变电压的同时，亦能改变电流。

(3)变阻抗

副边绕组电路负载阻抗为：

$$Z_L=\frac{U_2}{I_2}$$

如果从原边绕组电路端口看进去，其等效阻抗为：

$$Z_L=\frac{U_1}{I_1}=\frac{kU_2}{I_2/k}=k^2\frac{U_2}{I_2}=k^2Z_L$$

变压器副边接有负载，从原边看进去的等效阻抗为副边负载的 K^2 倍，实现了对阻抗的变换。

6.1.2 变压器的基本结构

变压器主要由铁芯和绕组两个基本部分组成，对于电力变压器，还有油箱、绝缘套管等辅助设备。

(1)铁芯

铁芯是变压器的磁路部分，由铁芯柱(柱上套装绕组)、铁轭(连接铁芯以形成闭合磁路)组成，其结构如图 6－2 所示。

小型变压器铁芯截面为矩形或方形，大型变压器铁芯截面为阶梯形，目的是为了充分利用空间。铁芯通常采用 0.35mm 厚的硅钢片叠成，片与片之间进行绝缘，目的是减小涡流和磁滞损耗，提高磁路的导磁性。国产低损耗节能变压器均采用冷轧晶粒取向硅钢片，表面采用氧化膜绝缘。

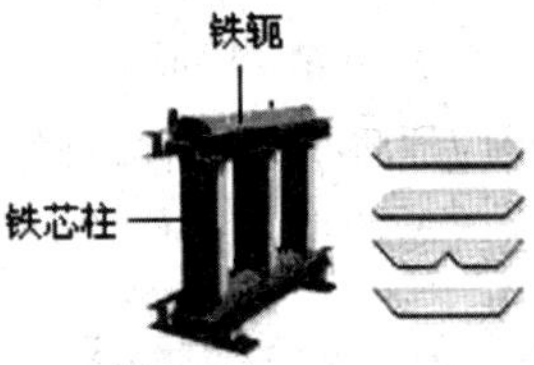

图 6－2　变压器的铁芯

铁芯的基本形式有芯式和壳式两种，如图 6－3 所示。

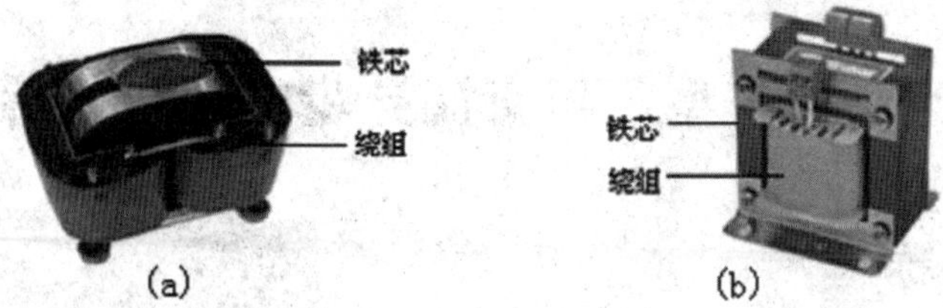

(a)芯式变压器　　(b)壳式变压器

图6-3　变压器的铁芯形式

芯式变压器的特点是绕组包围铁芯，结构比较简单，适用于电压较高的情形。我国生产的单相和三相电力变压器多采用芯式结构铁芯。

壳式变压器的特点是绕组被铁芯包围，散热比较容易，机械强度比较高，适用于电流较大的情形，如电焊变压器、电炉变压器等，小容量的电源变压器也采用壳式铁芯结构。

(2)绕组

绕组是变压器的电路部分，采用铜线或铝线绕制而成。装配时低压绕组靠近铁芯，高压绕组套在低压绕组外面，高、低压绕组间设置油道(或气道)，以加强绝缘和散热。高、低压绕组两端到铁轭之间都要衬垫端部绝缘板。小容量变压器一般用有绝缘的漆包线绕制而成，容量稍大的变压器则用扁铜线或扁铝线绕制而成。

根据高压绕组和低压绕组的相对位置，变压器可分为同芯式和交迭式两种类型，如图6-4所示。

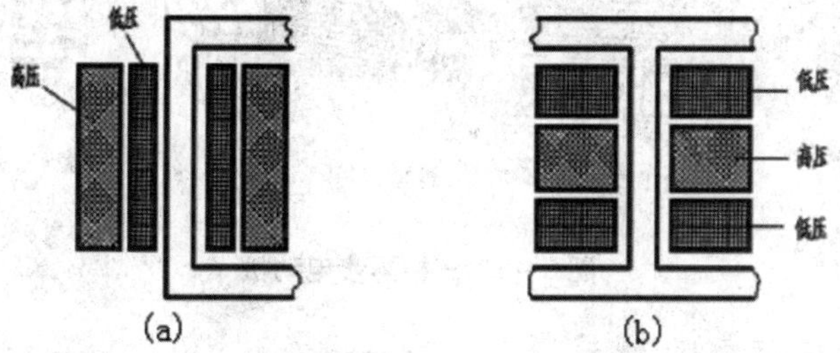

(a)同芯式绕组　　(b)交迭式绕组

图6-4　绕组形式

同芯式的高、低压绕组同心地套装在铁芯柱上，为了便于绝缘，一般将低压绕组套在里层，高压绕组套在外层。低压绕组与铁芯之间、低压绕组与高压绕组之间进行绝缘。同芯式绕组的结构简单，制造方便，国产电力变压器均采用这种结构。

交迭式的高压绕组和低压绕组都做成饼状，交替地套在铁芯柱上，一般将低压绕组靠近铁轭，通常用于低电压、大电流的电焊变压器和电炉变压器。

6.1.3 变压器的拆装

在拆装变压器时，测量并记录原绕组的线径和匝数，新绕组漆包线的线径及绕制匝数必须与原绕组相同;拆解变压器过程中，要注意硅钢片的叠压方式，以便重新叠压时恢复铁芯原状;重新制作变压器铁芯和绕组，组装变压器并进行绝缘处理和测试。只有在输出电压符合额定值和绝缘电阻达到要求时，该变压器才算维修成功。

任务二 小型三相交流异步电动机的拆装

一、任务名称

小型三相交流异步电动机的拆装

二、任务内容

三相异步电动机与其他类型的电动机相比较，具有结构简单、运行可靠、价格低廉、维护方便和运行效率高等优点。三相异步电动机的容量约占全国电动机总容量的85%左右。

6.2.1 三相异步电动机的结构和工作原理

1. 三相异步电动机的结构

三相异步电动机由定子和转子两个基本部分组成，如图6－5所示。

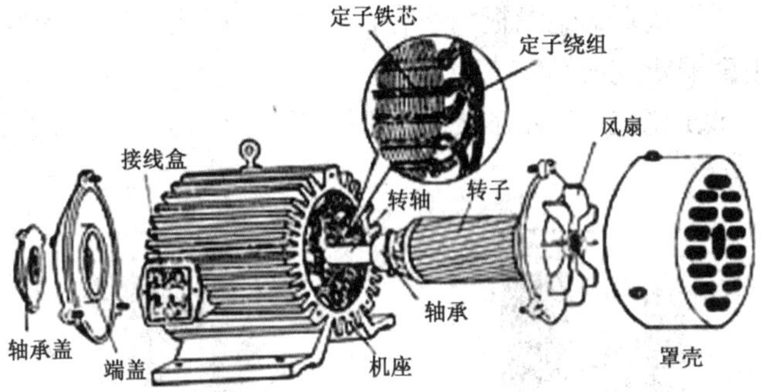

图6－5 三相异步电动机

(1)定子

定子是电动机固定不动的部分，主要包括机座(外壳)、定子铁芯、定子绕组、端盖等。

①机座(外壳)

机座通常用铸铁制成，内装有0.35～0.5mm圆环状硅钢片叠成的筒形(定子)铁芯。主要作用是固定和支撑定子铁芯，要求有足够的机械强度和钢度，能够承受运输和运行过程中的各种作用力。

②定子铁芯

定子铁芯是电动机磁路的一部分，为了减小涡流和磁滞损耗，由涂有绝缘漆的硅钢片叠成。定子内圆表面有若干个凹槽，以便使三相绕组放置在槽中，用压力机压入机座内。

③定子绕组

定子绕组是定子的电路部分。异步电动机的定子绕组由带绝缘的导线——漆包铜线、铝线，或纱包线等制成，安装在线槽内。定子绕组与槽壁之间还嵌有青壳线等绝缘材料。

(2)转子

转子是电动机的转动部分，主要包括转子铁芯、转子绕组、转轴、风扇等。

①转子铁芯

转子铁芯也是电动机磁路的一部分，也是由0.35～0.5mm硅钢片叠压而成。

②转子绕组

转子绕组的作用是感应电动势、流过电流和产生电磁转矩。按转子绕组结构型式的不同，异步电动机可分为鼠笼式和绕线式两种。

2. 三相异步电动机的工作原理

定子绕组安置的结构示意图如图6－6所示。三相绕组U_1U_2、V_1V_2和W_1W_2安放在6个定子槽，每相绕组的首端在空间互差120°。因此构成三相对称绕组。三相绕组的始端标以U_1、V_1、W_1，末端标以U_1、V_2和W_2，可以根据需要联结成Y型或三角型。

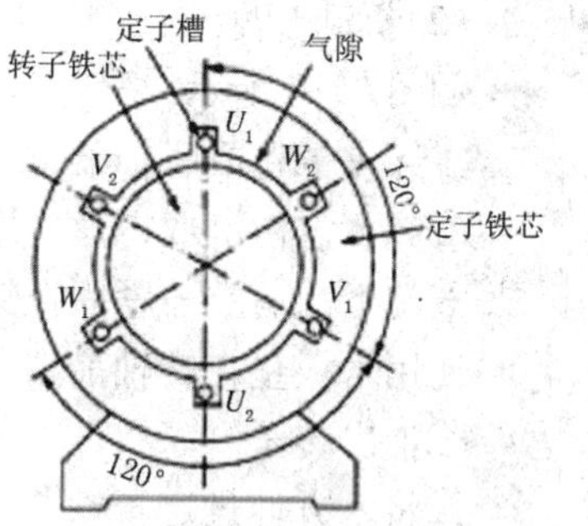

图6－6　定子绕组安置结构图

当电动机的三相定子绕组通入三相对称交流电后，将产生一个旋转磁场，如图6－7所示。该旋转磁场切割转子绕组，从而在转子绕组中产生感应电流（转子绕组是闭合通路），载流的转子导体在定子旋转磁场作用下将产生电磁力，从而在电机转轴上形成电磁转矩，驱动电动机旋转，并且电机旋转方向与旋转磁场方向相同。

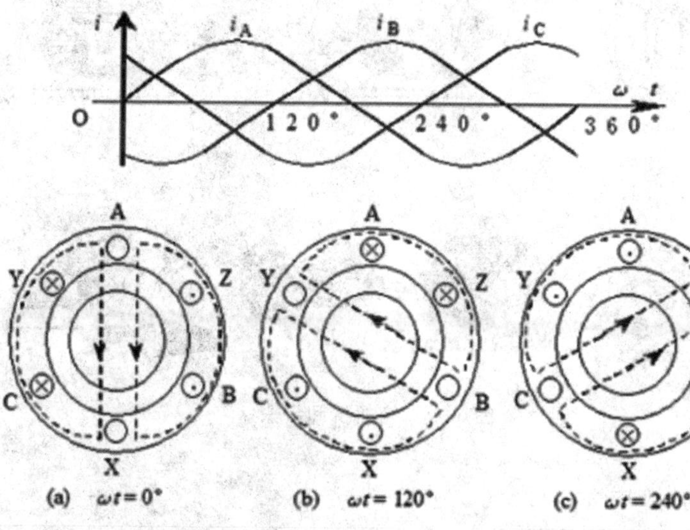

图6－7　旋转磁场的形成

6.2.2 三相异步电机的拆装

对电机进行定期保养、维护和检修时，首先需要将其拆装。如果拆装方法不当，就会造成部分部件损坏，引发新的故障。因此，正确拆装电机是确保维修质量的前提。在学习维修电机时，应首先学会正确的拆装技术。

1. 三相异步电机的拆卸

(1)拆卸前的准备

①切断电源，拆开电机与电源连接线，并做好与电源线相对应的标记，以免恢复时搞错相序，并把电源线的线头做绝缘处理。

②备齐拆卸工具，特别是拉具、套筒等专用工具。

③熟悉被拆电机的结构特点及拆装要领。

④测量并记录联轴器或皮带轮与轴台间的距离。

⑤标记电源线在接线盒中的相序、电机的出轴方向及引出线在机座上的出口方向。

(2)拆卸步骤

如图6－8所示，简述拆卸步骤：

①卸皮带轮或联轴器，拆电机尾部风扇罩。

②卸下定位键或螺丝，并拆下风扇。

③旋下前后端盖紧固螺钉，并拆下前轴承外盖。

④用木板垫在转轴前端，将转子连同后端盖一起用锤子从止口中敲出。

⑤抽出转子。

⑥将木方伸进定子铁芯顶住前端盖，再用锤子敲击木方卸下前端盖，最后拆卸前后轴承及轴承内盖。

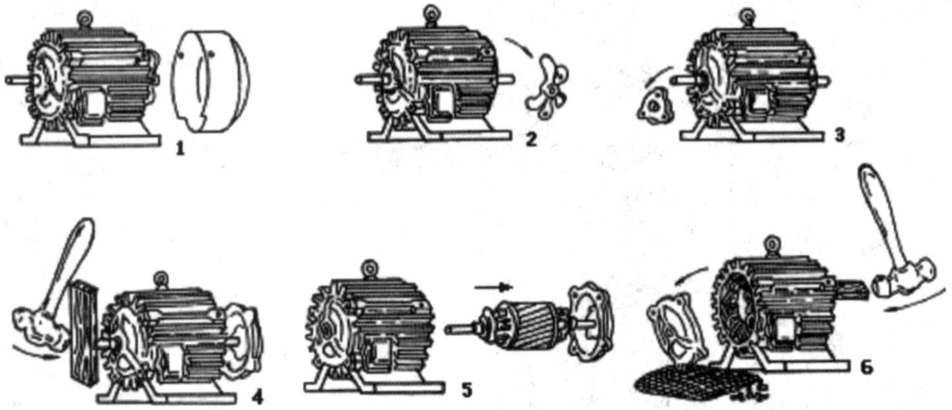

图6－8　电机拆卸步骤

(3)主要部件的拆卸方法

①皮带轮(或联轴器)的拆卸

先在皮带轮(或联轴器)的轴伸端(联轴端)做好尺寸标记，然后旋松皮带轮上的固定螺丝或敲去定位销，给皮带轮(或联轴器)的内孔和转轴结合处加入煤油，稍等渗透后，使锈蚀的部分松动，再用拉具将皮带轮(或联轴器)缓慢拉出，如图6－9所示。

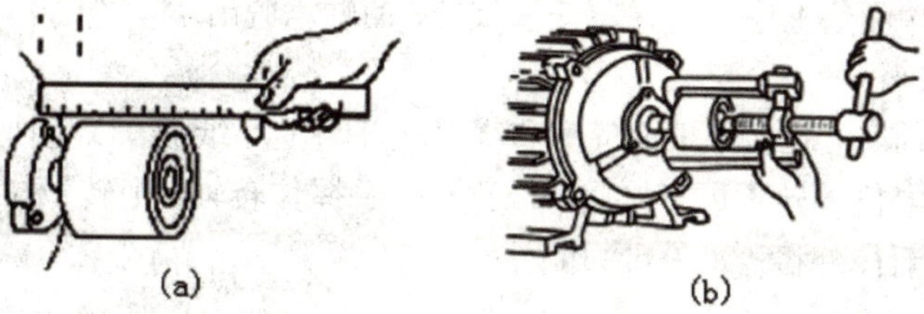

(a)皮带轮的位置标法　　(b)用拉具拆卸皮带轮

图 6－9　拆卸皮带轮

若拉不出，可用喷灯急火在皮带轮外侧轴套四周加热，加热时需用石棉或湿布把轴包好，并向轴上不断浇冷水，以免使其随同外套膨胀，影响皮带轮的拉出。

注意：加热温度不能过高，时间不能过长，以防变形。

②轴承的拆卸

轴承的拆卸可采取以下三种方法。

Ⅰ. 用拉具进行拆卸

拆卸时拉具钩爪一定要抓牢轴承内圈，以免损坏轴承，如图 6－10 所示。

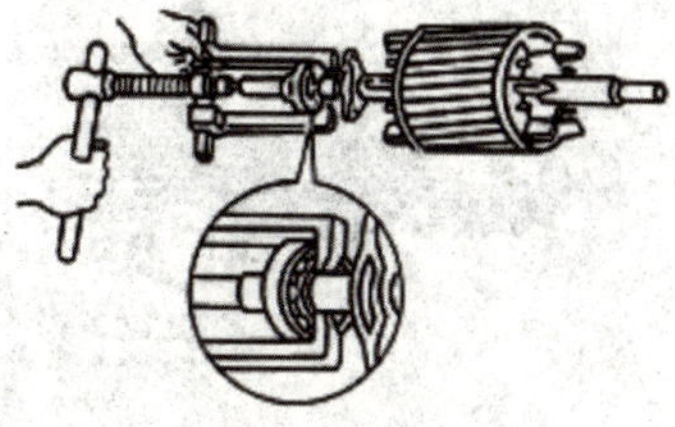

图 6－10　用拉具拆卸轴承

图 6－11　敲打拆卸轴承

Ⅱ. 用铜棒拆卸

将铜棒对准轴承内圈，用锤子敲打铜棒，如图 6－11 所示。用此方法时要注意轮流敲打轴承内圈的相对两侧，不可敲打一边，用力也不要过猛，直到把轴承敲出为止。

在拆卸端盖内孔轴承时，可采用如图 6－12 所示的方法，将端盖止口面向上平稳放置，在轴承外圈的下面垫上木板，但不能顶住轴承，然后用一根直径略小于轴承外沿的铜棒或其他金属管抵住轴承外圈，从上往下用锤子敲打，使轴承从下方脱出。

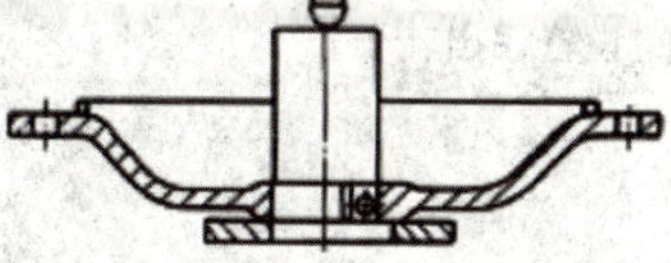

图 6－12　拆卸端盖内孔轴承

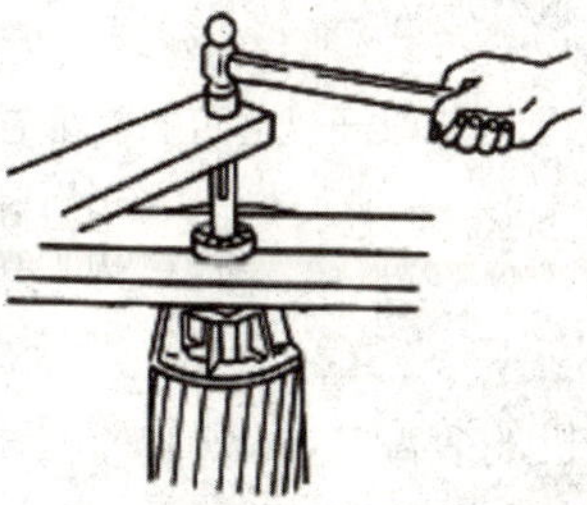

图 6－13　铁板夹住拆卸轴承

Ⅲ. 用铁板夹住拆卸

用两块厚铁板夹住轴承内圈，铁板的两端用可靠支撑物架起，使转子悬空，如图 6－13

所示，然后在轴上端面垫上厚木板并用锤子敲打，使轴承脱出。

③抽出转子

在抽出转子之前，应在转子下面气隙和绕组端部垫上厚纸板，以免抽出转子时碰伤铁芯和绕组。对于小型电机的转子可直接用手取出，一手握住转轴，把转子拉出一些，随后另一手托住转子铁芯渐渐往外移，如图 6－14 所示。

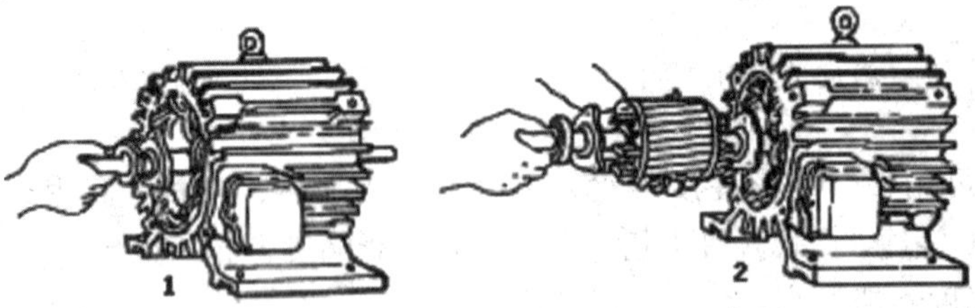

图 6－14　小型电机转子的拆卸

在拆卸较大的电机时，可两人一起操作，每人抬住转轴的一端，渐渐地把转子往外移，若铁芯较长，有一端不好出力时，可在轴上套一节金属管，当作假轴，方便出力。如图 6－15 所示。

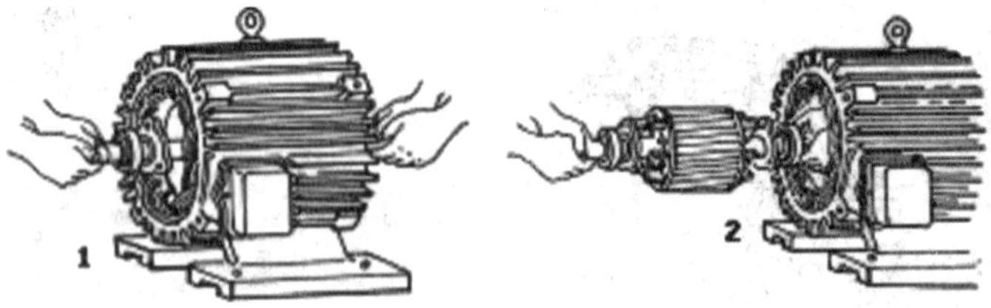

图 6－15　中型电机转子的拆卸

对大型的电机必须用起重设备吊出。如图 6－16 所示。

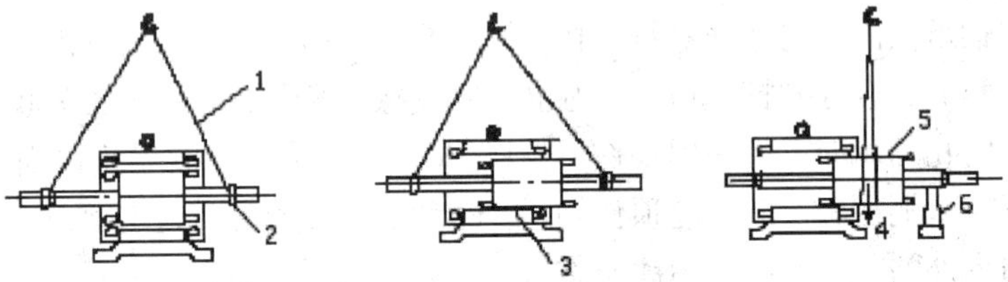

1. 钢丝绳；　2. 衬垫（纸板或纱头）；
3. 转子铁芯可搁置在定子铁芯上，但切勿碰到绕组；
4. 重心；　5. 绳子不要吊在铁芯风道里；　6. 支架

图 6－16　用起重设备吊出转子

2. 三相异步电机的装配

（1）装配前的准备

先备齐装配工具，将可洗的各零部件用汽油冲洗，并用棉布擦拭干净，再彻底清扫定、转子内部表面的尘垢。接着检查槽楔、绑扎带等是否松动，有无高出定子铁芯内表面的地方，并相应做好处理。

(2)装配步骤

按拆卸时的逆顺序进行，并注意将各部件按拆卸时所做的标记复位。

(3)主要部件的装配方法

①轴承的装配

分冷套法和热套法，冷套法是先将轴颈部分揩擦干净，把经过清洗好的轴承套在轴上，用一段钢管，其内径略大于轴颈直径，外径又略小于轴承内圈的外径，套入轴颈，再用手锤敲打钢管端头，将轴承敲进。也可用硬质木棒或金属棒顶住轴承内圈敲打。为避免轴承歪扭，应在轴承内圈的圆周上均匀敲打，使轴承平衡地行进，见图 6－17 所示。

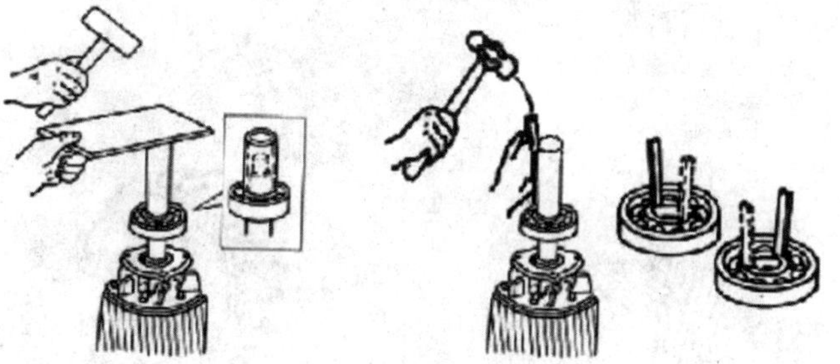

图 6－17　冷套法安装轴承

热套法为将轴承放入 80℃～100℃变压器油中 30～40min 后，趁热取出迅速套入轴颈中。见图 6－18 所示。

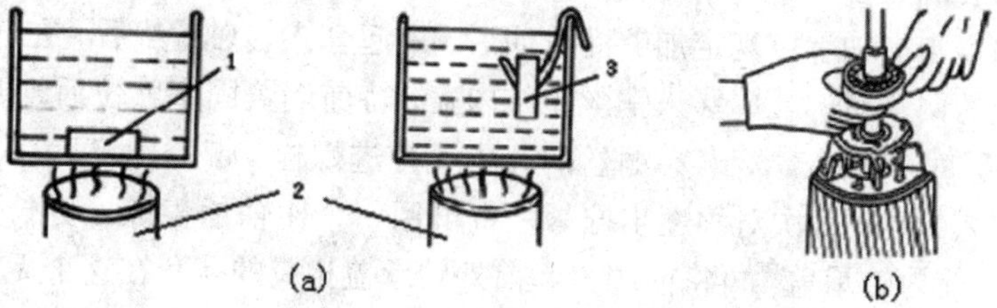

(a)用油加热轴承　　(b)热套轴承

1. 轴承不能放在槽底；　2. 火炉；　3. 轴承应吊在槽中

图 6－18　热套法安装轴承

注意:安装轴承时，标号必须向外，以便下次更换时查对轴承型号。

另外，在安装好的轴承中要按其总容量的 1/3～2/3 容积加注润滑油，转速高的按小值加注，转速低的按大值加注。轴承如损坏应立即更换。如轴承磨损严重，外圈与内圈间隙过大，造成轴承过度松动，转子下垂并摩擦铁芯，轴承滚动体破碎或滚动体与滚槽有斑痕出现，保持架有斑痕或被磨坏等，都应进行更换新轴承。更换的轴承应与损坏的轴承型号相符。

②轴承的识别及选用

当损坏的轴承型号无法识别，看不懂轴承型号及代号的意义时，都会给更换带来一定的困难。学会识别轴承型号及代号，对选用轴承是十分必要的。

电机的轴承一般分为滚动轴承和滑动轴承两类。滚动轴承装配结构简单，维修方便，主要用于中、小型电机;滑动轴承多用于大型电机。

③轴承润滑脂的识别及选择

对滚动轴承润滑脂的选择，主要考虑轴承的运转条件，如使用环境（潮湿或干燥）、工作温度和电机转速等。当环境温度较高时，应使用耐水性强的润滑脂，转速愈高，应选用锥入度愈大（稠度较稀）的润滑脂。以免高速时润滑脂内产生很大的摩擦损耗，使轴承温升增高和电机效率降低。负载越大时，应选择锥入度越小的润滑脂。

④后端盖的装配

将轴伸端朝下垂直放置，在其端面上垫上木板，后端盖套在后轴承上，用木锤敲打，见图6－19所示。把后端盖敲进去后，装轴承外盖。紧固内外轴承盖的螺栓时注意要对称地逐步拧紧，不能先拧紧一个，再拧紧另一个。

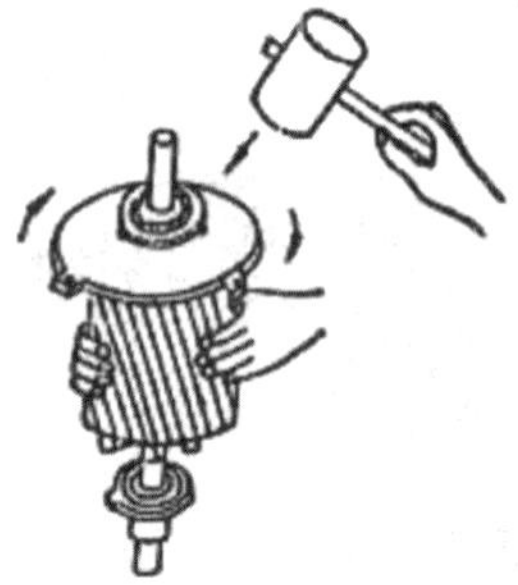

图6－19　后端盖的装配

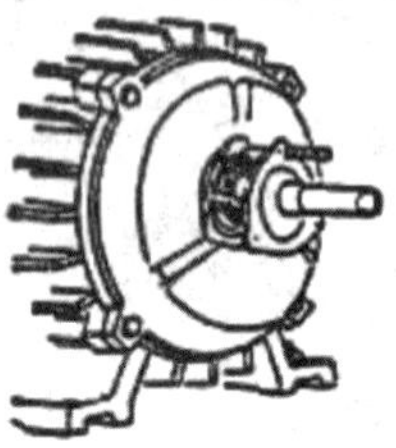

图6－20　轴承内外端盖的固定

⑤前端盖的装配

将前轴承内盖与前轴承按规定加够润滑油后，一起套入转轴，然后，在前内轴承盖的螺孔与前端盖对应的两个对称孔中穿入铜丝拉住内盖，待前端盖固定就位后，再从铜丝上穿入前外轴承盖，拉紧对齐。接着给未穿铜丝的孔中先拧进螺栓，带上丝口后，抽出铜丝，最后给这两个螺孔拧入螺栓，依次对称逐步拧紧。也可用一个比轴承盖螺栓更长的无头螺丝（吊紧螺丝），先拧进前内轴承盖，再将前端盖和前外轴承盖相应的孔套在这个无头长螺丝上，使内外轴承盖和端盖的对应孔始终拉紧对齐。待端盖到位后，先拧紧其余两个轴承盖螺栓，再用第三个轴承盖螺栓换下开始时用以定位的无头长螺丝（吊紧螺丝），如图6－20所示。

任务三　单相交流异步电动机的拆装

一、任务名称

单相交流异步电动机的拆装

二、任务内容

6.3.1 单相异步电动机的结构

单相异步电动机的结构和三相异步电动机有很多相似之处，定子铁芯用硅钢片叠成，定子绕组嵌装在定子铁芯的槽内，和三相异步电动机完全相同。但转子是单相的，通常为笼型。

对于电风扇电机，根据工作性质的需要，通常将转子放在外部，称为外转子，以方便带动风叶转动。图6－21为吊扇电机的结构图。

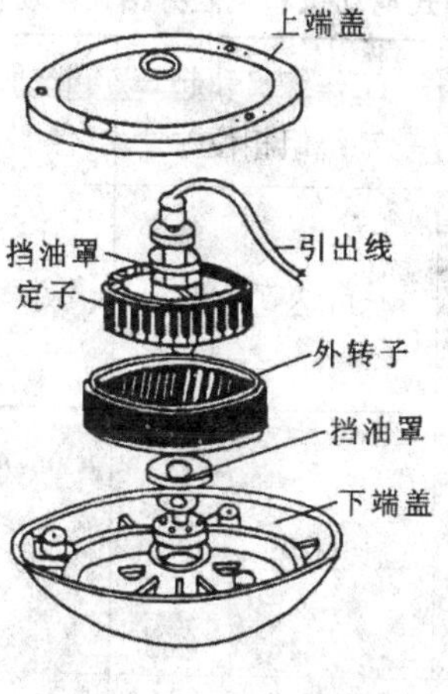

图6－21　吊扇电机的结构

6.3.2 单相异步电动机的工作原理

单相异步电动机工作时，定子绕组接单相交流电，在定子空间产生随电流波形变化的脉动磁场，使电动机的电磁转矩为0。因此，单相异步电动机如果不采取任何措施，不能自行起动。

为了解决单相异步电动机的起动问题，通常模拟三相异步电动机的旋转磁场，主要采取分相和罩极两种方法，因此，单相异步电动机分为分相式单相异步电动机和罩极式单相异步电动机。

1. 分相式单相异步电动机

分相式单相异步电动机是在定子部分增加一个起动绕组，根据起动绕组的性质，又分为电容分相式和电阻分相式两种类型，其外型如图6－22所示。

（a）电容分相电机　（b）电阻分相电机

图6－22　分相式单相异步电动机

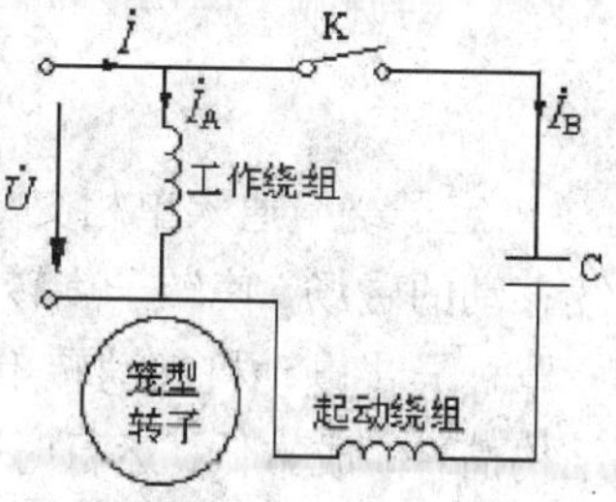

图6－23　电容分相式单相异步电动机原理图

分相式单相异步电动机的起动绕组和工作绕组在空间上互差90°，由于工作绕组为感性，起动绕组因串有电容或电阻呈容性或阻性。当绕组通入交流电压时，工作绕组和起动绕组中的电流出现相位差，在定子空间产生旋转磁场，于是，电动机开始起动。图6－23为电容分相电机的原理图。

电阻分相式单相异步电动机和电容分相式单相异步电动机在结构、性能和应用方面的比较如表6－1所示。

表6－1　**电容分相式电动机和电阻分相式电动机的比较**

电机名称	分相元件	工作绕组和起动绕组相位差	起动性能	成本	应用场合
电容分相式电动机	外串电容	可达到90°	好	高	电风扇、洗衣机、通风机等带负载起动，要求噪声较小的场合
电阻分相式电动机	增加绕组匝数，减小导线截面，使起动绕组本身的电阻加大	小于90°	一般	低	电冰箱、小型机床、鼓风机、医疗器械等不常起动，转速基本恒定的机械

2. 罩极式单相异步电动机

罩极式单相异步电动机的外形与结构如图6－24所示。定子铁芯用硅钢片叠压而成，每个极上绕有集中绕组，称为主绕组。在每个极面的一边开有一个小槽，槽中有短路铜环，罩住磁极面1/3左右。铜环把极面罩住一部分，故称为罩板电动机；又因为主磁极是凸出来的，全称为凸极式罩极异步电动机。

(a)

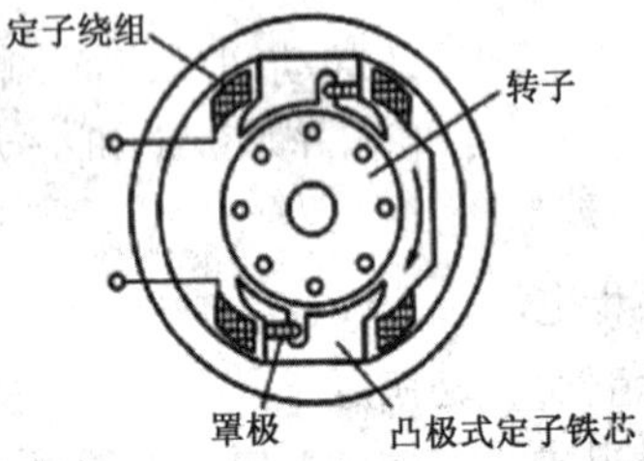

(b)

(a)外形图　　(b)结构原理图

图6－24　罩极式单相异步电动机

当定子绕组通入单相交流电时，产生的脉动磁场在短路环的作用下，磁极之间形成一个连续移动的磁场，使转子旋转。磁场的旋转方向是从磁极处向短路环方向移动。

罩极异步电动机起动转矩较小，功率因数和效率比较低，起动性能和运行性能较差，但其结构简单，成本低，运行时噪音小，耐用，维修简单。适用于小型风扇、电动模型、电唱机及各类轻载起动的小功率电动设备。

6.3.3 单相异步电动机的维护

1. 起动过程中的维护

电动机在起动前首先应进行机械方面的检查，然后进行电路方面的检查。

电动机在运转前，最好不带负载进行空载试转一次，察看转动是否正常，转向是否符合要求等。不宜随意改动单相电动机的转向。

电动机一般3～5秒可起动完毕，若超过这个时间电动机转不起来或达不到70%～80%额定转速时，应迅速切断电源，检查故障原因，切不可迟延，否则容易烧坏绕组。电动机起动不起来的原因可能是负载过大；电压较低；电动机绕组有问题等。

2. 运行过程中的维护

电动机带负载正常运转时转速均匀，声音适中，发热适当，如果发现电动机严重发热或其他不良症状必须拉闸停止运行。电网电压较低时经常出现发热严重的情况，虽然短时间内不会烧坏绕组，但将影响电动机的使用寿命。

电动机使用时，要保证防潮性能和通风性能良好，出线盒及电容器等处不能进水，也不能有机械损伤。风罩的避风口不能堵塞，电机外壳应接地良好。

6.3.4 单相异步电动机的拆卸

由于单相异步电动机结构较三相异步电动机简单，且重量轻、体积小，通常只要会拆卸三相电动机的，就会拆卸单相电动机。只有带启动开关的单相电动机在拆卸时，相对要复杂一些，因此在拆卸时，注意不要碰坏启动开关。

任务四　直流电动机基本知识

一、任务名称

直流电动机基本知识

二、任务内容

直流电动机也是实现机电能量转换的一种旋转电机。顾名思义，直流电动机作为电动机运行时，将直流电能转换为机械能；作为发电机运行时，则将机械能转换为直流电能。

与交流电动机相比，直流电动机具有优良的起动和调速性能；起动转矩较大，且能实现频繁的快速起动、反转和制动；能在较宽的范围内进行平滑的无级调速。因此，凡要求在宽广范围无级调速，或者要求较大起动转矩的机械都采用直流电动机作为动力。小容量的直流电动机广泛应用于自动控制系统中。

直流发电机用作直流电源，具有输出电压便于精确调节和控制的优点。常用来作为直流电动机的电源，化学工业中电解、电镀的低压大电流电源，中小型同步发电机的励磁电源等。

直流电动机的主要缺点是制造工艺复杂，成本较高，运行维护工作量较大等。

6.4.1 直流电动机的基本结构

直流电动机由定子和转子两部分组成，其间有一定的气隙，其结构示意图、剖面图分别如图6－25和图6－26所示。

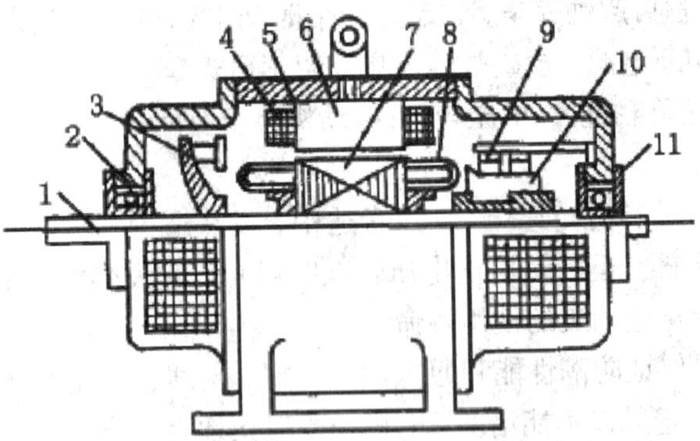

1. 转轴； 2. 端盖； 3. 风扇； 4. 励磁绕组；
5. 机座； 6. 主磁极； 7. 电枢铁芯；
8. 电枢绕组； 9. 电刷； 10. 换向器； 11. 轴承

图 6－25 直流电动机结构示意图

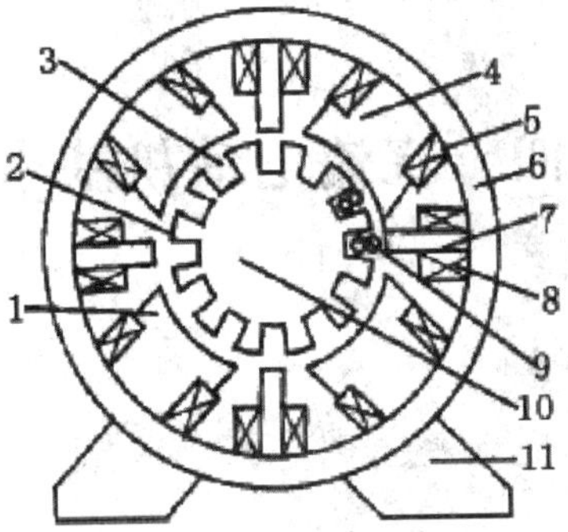

1. 极掌； 2. 电枢齿； 3. 电枢槽； 4. 极身；
5. 励磁绕组； 6. 定子铁轭； 7. 换向极；
8. 换向极绕组； 9. 电枢绕组； 10. 电枢铁芯； 11. 底座

图 6－26 直流电动机剖面图

直流电动机的定子由机座、主磁极、换向磁极、前后端盖和刷架等部件组成。其中主磁极是产生直流电机气隙磁场的主要部件，由永磁体或带有直流励磁绕组的叠片铁芯构成。

直流电动机的转子则由电枢、换向器（又称整流子）和转轴等部件构成。其中电枢由电枢铁芯和电枢绕组两部分组成。电枢铁芯由硅钢片叠成，在其外圆处均匀分布着齿槽，电枢绕组则嵌置于这些槽中。换向器是一种机械整流部件，由换向片叠成圆筒形后，以金属夹件或塑料成型为一个整体，各换向片间互相绝缘。换向器质量对运行可靠性有很大影响。

下面，对其中一些主要部件作简要说明。

（1）主磁极

主磁极由磁极铁芯和励磁绕组组成，如图 6－27 所示。

1. 铁芯； 2. 机座； 3. 励磁绕组

图 6－27 主磁极

磁极铁芯常用低碳薄钢板冲成一定形状，叠压后用铆钉紧固。磁极靠近电枢一端的伸展部分称为极靴，它对励磁绕组起支撑作用，且使气隙磁通有较好的分布。整个磁极用螺钉固定在机座上。

励磁绕组通常用圆形截面或矩形截面的绝缘导线绕制而成，套装在磁极铁芯上。各磁极的励磁绕组一般采用串联，并应使励磁绕组中通入励磁电流时，沿定子圆周排列的主磁极交替地出现 N 极性和 S 极性。

(2)换向磁级

换向磁极是安装在相邻两个主磁极之间的一个小磁极，它的作用是改善电流换向，使电机运行时电刷下不产生有害的火花。

换向磁极亦由磁极铁芯和套装在铁芯上的绕组构成。铁芯一般用整块钢或厚钢板制成。因换向磁极绕组总是与电枢绕组串联，需承受较大的电流，故需用截面较大的绝缘导线绕制，而且匝数不多，如图 6－28 所示。整个换向磁极用螺钉与机座固定。

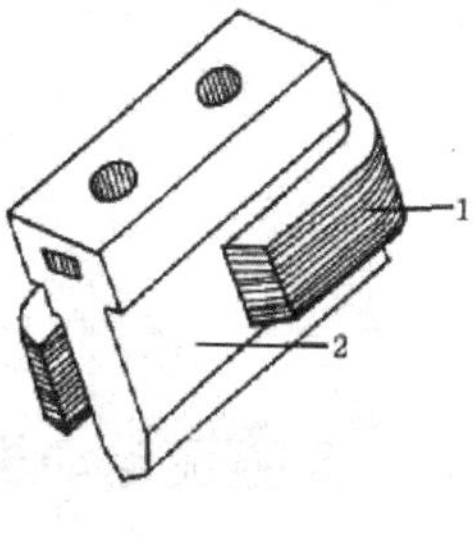

1. 绕组； 2. 铁芯

图 6－28 换向磁极

(3)机座

机座的作用是固定主磁极、换向磁极和端盖等部件，并作为电机磁路的一部分。用铸钢或厚钢板制成，要求有良好的导磁性能和足够的机械强度。

(4)电枢铁芯

电枢铁芯用以固定电枢绕组，同时又是电机磁路的一部分，通常用0.5mm 厚且冲有齿和槽的硅钢片叠成。中小型电机的铁芯直接压装在转轴上，大中型电机的铁芯则通过电枢支架固定在转轴上。

(5)电枢绕组

电枢绕组由圆形或矩形截面的绝缘铜线绕制而成，嵌放在电枢铁芯槽内，槽口用槽楔锁住，伸出槽外的绕组端部，用玻璃丝带或非磁性钢丝扎紧。每个绕组元件的首末端分别与换向片相接。绕组元件之间按一定规律连接组成电枢绕组。

(6)换向器

换向器是直流电机的特有部件，它的作用是把直流发电机电枢绕组中感应的交流电势转换为电刷间的直流电势；或把外加于直流电动机电刷间的直流电流转换成电枢绕组中的交变电流。

换向器外表呈圆筒形，由若干用硬质电解铜制作的带有鸠尾的换向片围成，如图 6－29 所示。相邻换向片之间均垫以云母绝缘片。换向片圆筒的一端固定在 V 形环轴套上，另一端用 V 形环压紧。换向片与 V 形环轴套和 V 形环之间均有云母绝缘。每个换向片一端的凸起部分开有槽口，用以焊接绕组元件的线端。

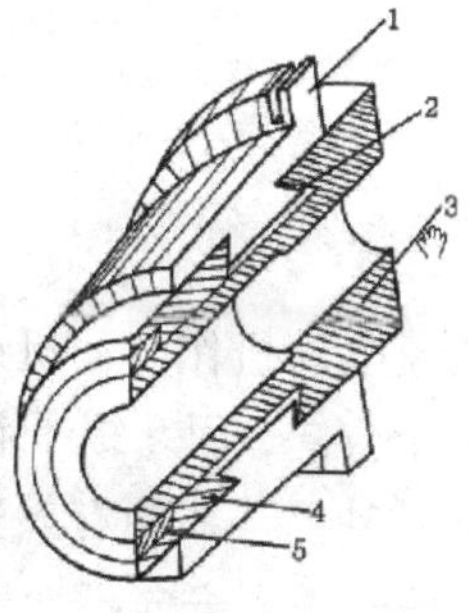

1. 换向片； 2. 云母环；
3. 轴套； 4. & 形环； 5. 压环

图 6－29 换向器

(7)电刷装置

电刷装置是将直流电引出或引入的装置，它由电刷、刷握、刷杆和刷杆座等零件组成。

电刷为石墨制成的导电块，置于刷握内，其上压以弹簧，以保证电刷与换向器表面有良好的接触。刷握固定在刷杆上，用铜辫线把电刷与刷杆相连，如图 6－30 所示。刷杆装在刷杆座上，彼此之间绝缘。刷杆座安装在端盖或机座上，它的位置可以移动，以便调整电刷。同极性的刷杆同汇流条连在一起并引到电机出线盒上。

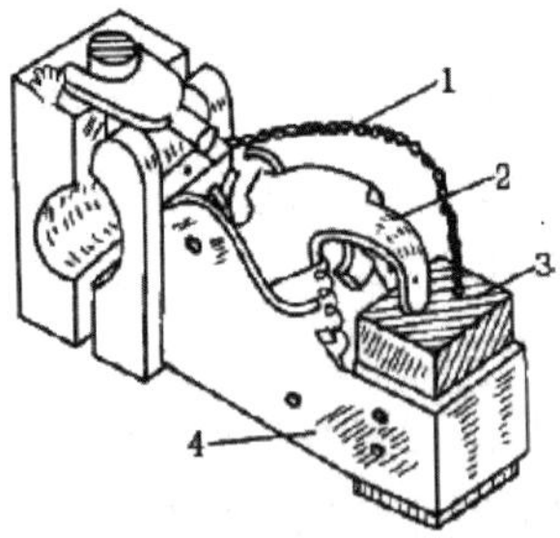

1. 铜辫线； 2. 压紧弹簧； 3. 电刷； 4. 刷握

图 6－30 电刷与刷握

6.4.2 直流电动机的基本工作原理

为了讨论直流电动机的工作原理，现把复杂的直流电动机工作原理简化为图 6－31 所示的工作原理图。电动机具有一对磁极，电枢绕组只是一个线圈，线圈两端分别连在两个换片上，换片上压的是电刷 A 和 B。

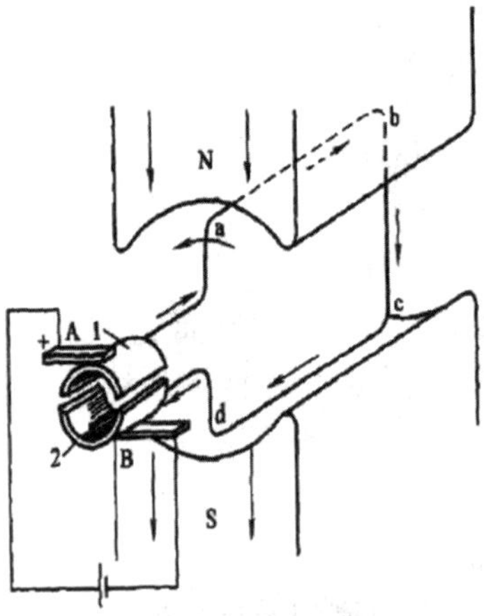

图 6－31 直流电动机工作原理

直流电动机作电动机运行时，将直流电源接在两刷之间，电流方向为：N 级下有效边电流总是一个方向，而 S 级下有效边中电流总是另一个方向，两边上受到的电磁力方向一致，电枢因而转动。当线圈有效边从 N(S)级下转到 S(N)级下时，其中电流方向由于换向片而同时改变，而电磁力方向不变，因而电机连续运行。

一台直流电动机原则上既可以作为电动机运行也可以作为发电机运行，这种原理在电动机理论中称为可逆原理。当原动机驱动电枢绕组在主磁极 N、S 之间旋转时，电枢绕组上感生出电动势，经电刷、换向器装置整流为直流后，引向外部负载(或电网)，对外供电，此时电动机作直流发电机运行。如用外部直流电源，经电刷换向器装置将直流电流引向电枢绕组，则此电流与主磁极 N、S 产生的磁场互相作用，产生转矩，驱动转子与连接于其上的机械负载工作，此时电动机作直流电动机运行。

6.4.3 直流电动机的分类

直流电动机按照励磁方式不同可分为他励电动机、并励电动机、串励电动机和复励电动机等。所谓励磁方式是指对励磁绕组如何供电，产生励磁磁通势而建立主磁场的方式。

1. 他励直流电动机

励磁绕组与电枢绕组无联接关系，而由其他直流电源对励磁绕组供电的直流电动机称为他励直流电动机，接线如图 6－32 所示。图中 M 表示电动机，若为发电机，则用 G 表示。永磁直流电动机也可看作他励直流电动机。

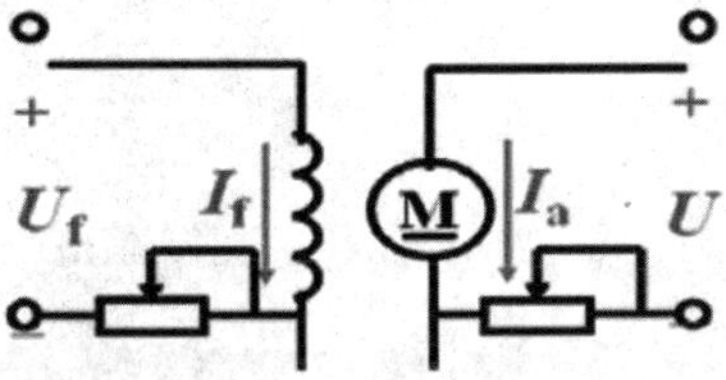

图 6－32　他励

2. 并励直流电动机

并励直流电动机的励磁绕组与电枢绕组相并联，接线如图 6－33 所示。作为并励发电机来说，是电机本身发出来的端电压为励磁绕组供电；作为并励电动机来说，励磁绕组与电枢共用同一电源，从性能上讲与他励直流电动机相同。

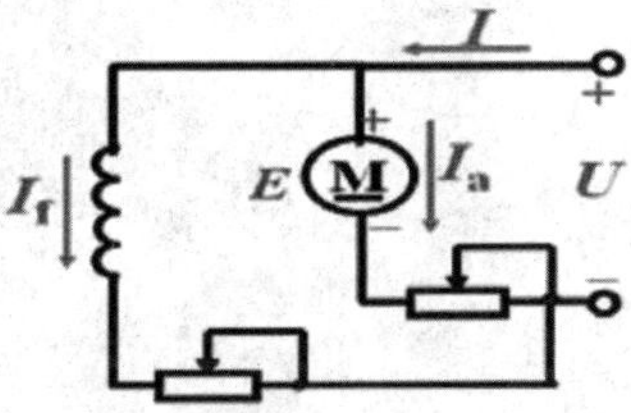

图 6－33　并励

3. 串励直流电动机

串励直流电机的励磁绕组与电枢绕组串联后，再接于直流电源，接线如图 6－34 所示。这种直流电机的励磁电流就是电枢电流。

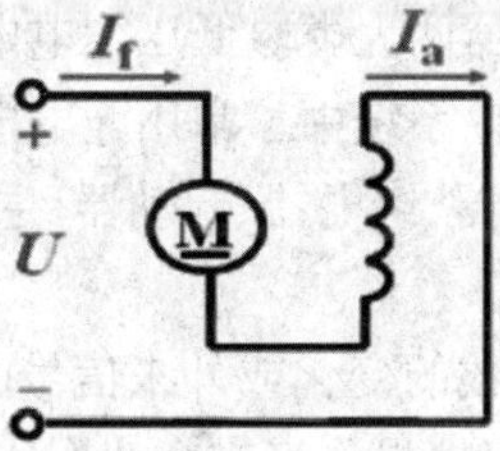

图 6－34　串励

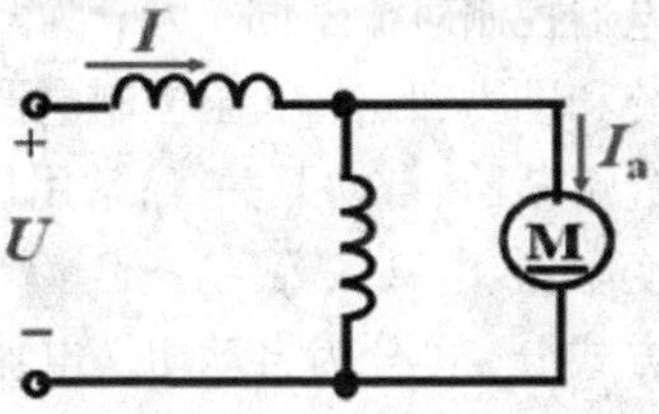

图 6－35　复励

4. 复励直流电动机

复励直流电机有并励和串励两个励磁绕组，接线如图 6－35 所示。若串励绕组产生的磁通势与并励绕组产生的磁通势方向相同称为积复励。若两个磁通势方向相反，则称为差复励。

不同励磁方式的直流电动机有着不同的特性。一般情况直流电动机的主要励磁方式是并励式、串励式和复励式，直流发电机的主要励磁方式是他励式、并励式和和复励式。

项目七

三相交流异步电动机基本控制电路的装调

任务一　常用低压电器的认识与选用

一、任务名称

常用低压电器的认识与选用

二、任务内容

按照我国现行规定，低压电器是指工作在交流1000V以下或直流1200V以下电路中的电器。它的作用是对供、用电系统进行开关、控制、保护和调节。

7.1.1 常用低压电器的分类

按低压电器控制对象不同，可分为配电电器和控制电器两大类。低压配电电器主要用于低压配电系统和动力回路，低压控制电器主要用于电力传输系统中。常用配电电器包括刀开关、转换开关、熔断器、自动开关等；常用控制电器包括接触器、继电器、起动器、主令电器、控制器、电阻器、变阻器、电磁铁等。

按动作方式分，可分为自动切换电器——依靠本身参数的变化或外来信号的作用，自动完成接能或分断等动作；非自动切换电器——主要是用手直接操作来进行切换。

按执行功能分，可分为有触点电器——有可分离的动触点和静触点，利用触点的接触和分离来实现电路的通断。无触点电器——没有触点，主要利用晶闸管的开关效应，即导通或截止来实现电路的通断。

7.1.2 低压开关

低压开关主要用作隔离、转换以及接通和分断电路用。一般为非自动切换电器，常用的主要类型有刀开关、转换开关和自动空气开关。

1. 胶盖瓷底闸刀开关(以下简称闸刀开关)

闸刀开关又称开启式负荷开关。这种开关结构简单，价格低廉，安装、使用、维修方便，主要用作电气照明线路、电热回路的控制开关，也可用作分支电路的配电开关，还可用作5.5KW及以下电动机的不频繁起动的控制开关。

闸刀开关安装时，瓷底与地面垂直，手柄向上推为合闸，不得倒装和平装。接线时，电源进线必须接闸刀上方的静触点接线桩，通往负载的引线接下方的接线桩。

选用闸刀开关时，应注意以下三点:第一，根据电压和极数选择:用于控制单相负载时，选用220V或250V二极开关;用于控制三相负载时，选用380V三极开关。第二，根据额定电流选择:用于控制照明电路或其他电阻性负载时，开关额定电流应等于或大于各负载额定电流之和;若用于控制电动机或其他电感性负载时，其开关额定电流是最大一台电动机额定电流的2.5倍。第三，选择开关时，应注意检查各刀片与对应夹座是否直线接触，有无歪扭，有无各刀片与夹座开合不同步的现象，夹座对刀片接触压力是否足够。如有问题，应修理或更换。

2. 铁壳开关

铁壳开关又叫封闭式负荷开关。它的优点是操作方便、使用安全、能断性能好，可用于不频繁地拉通和分断负荷电路，也可用作15KW以下电动机不频繁起动的控制开关。它的基本结构是在铸铁壳内装有刀片和夹座组成的触点系统、熔断器和速断弹簧，30A以上的还装有灭弧罩。

铁壳开关的选用可参照闸刀开关的选用原则进行。安装时，先预埋紧固件，并将木质配电板固定在墙壁或柱子上，再将铁壳开关固定在木质配电板上。铁壳开关也应垂直于地面安装，其安装高度以手动操作方便为宜，通常在1.3~1.5米左右。外壳上的接地螺栓应就近可靠接地。接线时，电源进、出线都应分别穿入铁壳上方进出线孔。操作时，不面对铁壳开关拉闸或合闸，一般用左手掌握手柄。若更换熔丝，必须在分闸时进行，而且只能换上同规格熔丝。

3. 自动开关

自动开关又叫空气自动开关或自动空气断路器。在低压电路中，用作分断和接通负荷电路，控制电动机运行和停止。当电路发生过载、短路、失压等故障时，它能自动切断故障电路，保护电路和用电设备的安全。它的保护动作参数可以根据用电设备的要求人为调整，使用方便可靠。常用自动开关因结构不同分为装置式、框架式等。

DZ20系列自动空气开关的工作原理如图7-1所示。

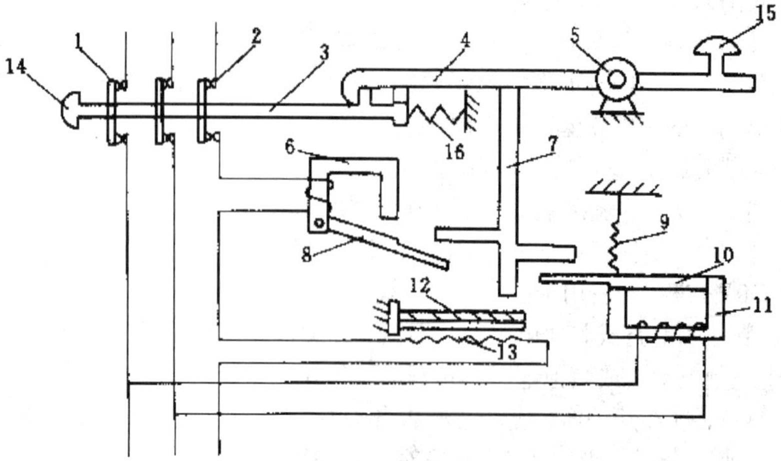

1. 动触头； 2. 静触头； 3. 锁扣； 4. 搭钩； 5. 转轴座；
6. 电磁脱扣器； 7. 杠杆； 8. 电磁脱扣器衔铁； 9. 拉力弹簧；
10. 欠压脱扣器衔铁； 11. 欠压脱扣器； 12. 热双金属片；
13. 热元件； 14. 接通按钮； 15. 停止按钮； 16. 压力弹簧

图 7－1 自动空气开关原理示意图

自动开关选用时，其额定电压应高于线路额定电压。用于控制照明电路时，电磁脱扣器的瞬时脱扣整定电流通常应为负载电流的 6 倍。用于电动机保护时，装置式自动开关电磁脱扣器的瞬时脱扣额定电流应为电动机起动电流的 1.7 倍；万能式自动开关的上述电流应为电动机起动电流的 1.35 倍。用于分断或接通电路时，其额定电流和热脱扣器额定电流均应等于或大于电路中负载的额定电流之和。

使用自动开关作多台电动机短路保护时，电磁脱扣器额定电流为容量最大的一台电动机起动电流的 1.3 倍加上其余电动机额定电流之和。

7.1.3 熔断器

熔断器是低压线路和电动机控制电路中最简单最常用的过载和短路保护电器。它的主要工作部分是熔体，串联在被保护电器或电路的前面，当电路或设备过载或短路时，大电流将熔体熔化，分断电路而起保护作用。

熔体的材料有两类：在小容量电路中，多用分断能力不高的低熔点材料。如铅—锡合金、铅等；在大容量电路中用分断能力较高的高熔点材料，如铜、银等。常用的熔断器有瓷插式、螺旋式、无填料封闭管式、有填料封闭管式等。

RC1 系列瓷插式熔断器一般适用于交流 50Hz、额定电压 380V、额定电流 200A 以下的低压线路末端或分支电路中，作为电气设备的短路保护及一定程度上的过载保护之用。

RL1 系列螺旋式熔断器主要由瓷帽、熔断管（熔管）、瓷套，上、下接线桩及底座等组成。主要适用于控制箱、配电屏、机床设备及震动较大的场所，作为短路保护元件。熔断管的上盖中心装有红色熔断指示器。接线时，电源进线必须与熔断器中心触片接线桩相连，与负载的连线应接在与螺口相连的上接线桩上。

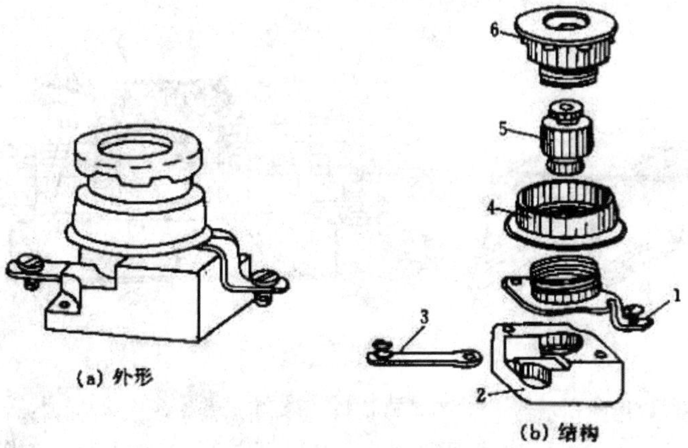

1. 上接线端； 2. 瓷底； 3. 下接线端； 4. 瓷套； 5. 熔断器； 6. 瓷帽

图 7-2　RL1 系列螺旋式熔断器

RM10 无填料封闭管式熔断器的外形及结构如图 7-3 所示。一般用于交流电压 380V，额定电流在 1000A 以内的低压线路及成套配电设备中，作为导线、电缆及较大容量电气设备的短路或连续过载保护用。

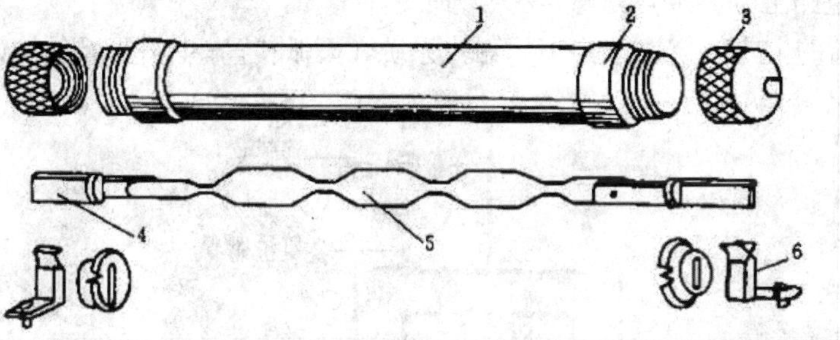

1. 钢纸管； 2. 黄铜管； 3. 黄铜帽子； 4. 插刀； 5. 熔体； 6. 夹座

图 7-3　RM10 系列无填料封闭管式熔断器

RT0 系列有填料封闭管式熔断器主要适用于交流电压 380V，额定电流在 1000A 以内的高短路电流的电力网络和配电装置中。

熔断器的选用。对保护照明电路和其他非电感设备的熔断器，其熔体额定电流应为电路工作电流的 1.1 倍；对保护单台电动机的熔断器，熔体额定电流可按 1.5 ~ 2.5 倍电动机额定电流来选择。对轻载电动机取较小值，重载电动机取较大值；对保护多台电动机的熔断器，熔体额定电流可根据最大一台电动机额定电流的 1.5 ~ 2.5 倍加上其余电动机额定电流之和来考虑；对保护配电变压器低压侧的熔断器，熔体额定电流可根据变压器低压侧输出额定电流的 1 ~ 1.2 倍选用。

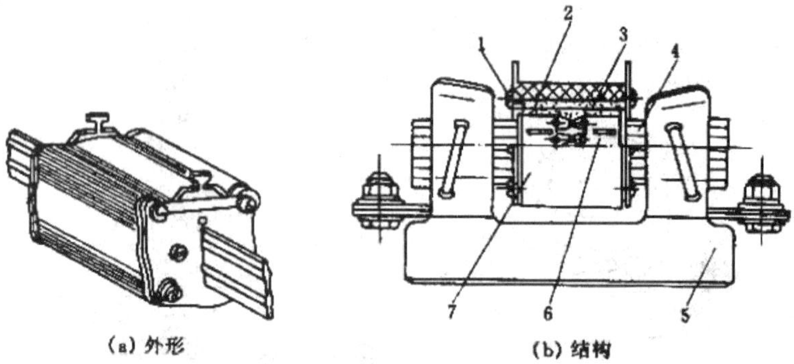

1. 熔断指示器； 2. 石英砂填料； 3. 指示器熔丝； 4. 插刀；
5. 底座； 6. 熔体； 7. 熔管

图 7－4 RT0 有填料封闭管熔断器

7.1.4 交流接触器

交流接触器是通过电磁机构动作，频繁地接通和分断主电路的远距离操纵电器。其优点是动作迅速、操作方便和便于远距离控制。所以广泛地应用于电动机电热设备、小型发电机、电焊机和机床电路上。其缺点是噪声大、寿命短。

交流接触器的主要部分是电磁系统、触点系统和灭弧装置，其外形及结构如图 7－5 所示。

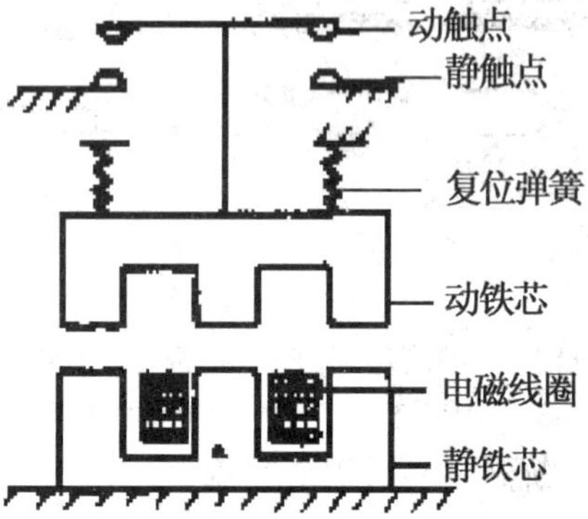

图 7－5 交流接触器结构示意图

电磁系统由电磁线圈、静铁芯、动铁芯（衔铁）等组成。其中动铁芯与触点支架相连。电磁线圈通电时产生磁场，使动、静铁芯磁化而互相吸引，当动铁芯被吸引向静铁芯时，与动铁芯相连的动触点也被拉向静触点，令其闭合接通电路。电磁线圈断电后，磁场消失，动铁芯在复位弹簧作用下，回到原位，牵动动触点与静触点分离，分断电路。交流接触器内部结构如图 7－5 所示。

触点系统按功能不同分为主触点和辅助触点两类。主触点用于接通和分断主电路；辅助触点用于接通和分断二次电路，还能起自锁和联锁作用。按触点按形状不同分为桥式触点和指形触点。点接触桥式触点适用于工作电流不大、接触电压较小的场合，如辅助触点。面接触桥式触点多用于小型交流接触器的主触点。指形触点适用于动作频繁，负荷电流大的场合。

灭弧装置可起到熄灭电弧的作用，容量在10A以上的接触器都有灭弧装置。对于小容量的，常采用双断口触点灭弧、电动力灭弧、相间弧板隔弧及陶土灭弧罩灭弧等，对于大容量的采用纵缝灭弧罩及栅片灭弧。

交流接触器的安装与选用。交流接触器的工作环境要求清洁，干燥。应将交流接触器垂直安装在底板上，注意安装位置不得受到剧烈震动。选用时，交流接触器工作电压不得低于被控制电路的最高电压，其主触点额定电流应大于被控制电路的最大工作电流。用交流接触器控制电动机时，电动机最大电流不得超过交流接触器额定电流允许值。用于控制可逆运转或频繁起动的电动机时，交流接触器要增大一至二级使用。交流接触器电磁线圈的额定电压应与被控制辅助电路电压一致。对于简单电路，多用380V或220V；在线路较复杂或有低压电源的场合或工作环境有特殊要求时，也可选用36V、127V等。

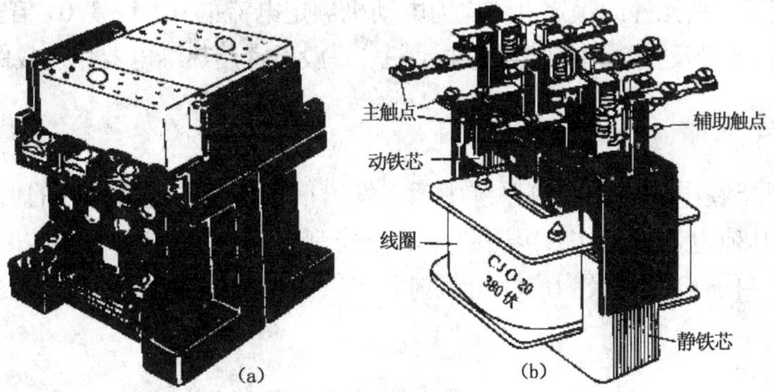

(a)外形　　　(b)结构

图7－6　交流接触器

7.1.5 继电器

继电器是一种小信号控制电器，它利用电流、电压、时间、速度、温度等来接通和分断小电流电路，广泛应用于电动机或线路的保护及各种生产机械的自动控制。具有体积小、重量轻、结构简单等优点，但对其动作的灵敏度和准确性要求较高。常用继电器有热继电器、中间继电器、时间继电器、速度继电器等。

1. 热继电器

热继电器主要适用于电动机的过载保护、断相保护、电流不平衡的保护及其他电气设备发热状态的控制。JR16系列热继电器的主要部分由热元件、双金属片、触点、动作机构、复位按钮和额定电流调节装置等组成。它的动作原理如图7－7所示。热继电器的热元件由电阻值不高的电热丝或电阻片绕成，靠近热元件的双金属片是用两种热膨胀系数差异较大的金属薄片叠压在一起。热元件串联在电动机或其他用电设备的主电路中，如果电路或设备工作正常，通过热元件的电流未超过允许值，则

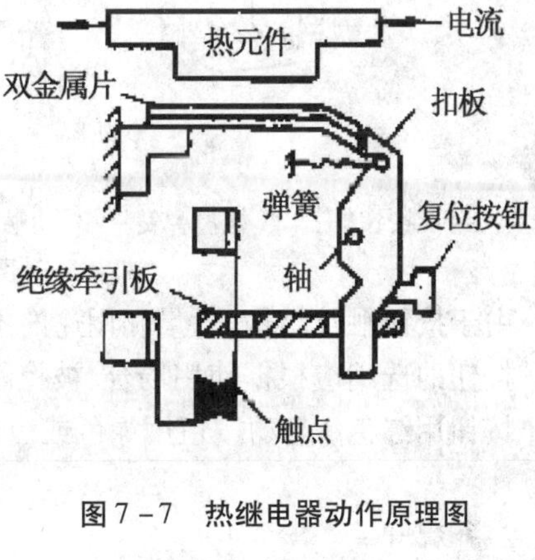

图7－7　热继电器动作原理图

热元件温度不高，不会使双金属片产生过大的弯曲，热继电器处于正常工作状态使线路导通。一旦电路过载，有较大电流通过热元件，热元件烤热双金属片，双金属片因上层膨胀系数小、下层膨胀系数大而向上弯曲，使扣板在弹簧拉力作用下带动绝缘牵引板，分断接入控制电路中的常闭触点，切断主电路，从而起过载保护作用。热继电器动作后，一般不能立即自动复位，待电流恢复正常、双金属片复原后，再按动复位按钮，才能使常闭触点回到闭合状态。JR16 系列热继电器分为带断相保护装置和不带断相保护装置两种。

热继电器选用其额定电流应接近或大于电动机或被保护电路的额定电流，约为 1.15 ~ 1.25 倍。对星形连接的电动机，可选用普通二相保护式或三相保护式热继电器。对三角形连接的电动机，普通热继电器不能起到断相保护作用，必须选用带断相保护装置的热继电器，这时热元件额定电流可以与电动机额定电流相等。若在电动机频繁起动，正反转、起动时间长或带有冲击性负载等情况下，热元件的额定电流应为电动机额定电流的 0.95 ~ 1.05 倍。对于点动、重载起动、频繁正反转及带反接制动等运行的电动机，一般不宜用热继电器作过载保护。

7.1.6 主令电器

主令电器是指在电气自动控制系统中用来发出信号指令的电器。它的信号指令将通过继电器、接触器和其他电器的动作，接通和分断被控制电路，以实现对电动机和其他生产机械的远距离控制。目前应用得最为广泛而结构又比较简单的主令电器有按钮、行程开关和万能转换开关。

1. 按钮

又叫控制按钮或按钮开关，是一种手动控制电器。它只能短时分断或分断 5A 以下的小电流电路，向其他电器发出指令性的电信号，控制其他电器动作。按钮主要由按钮帽、复位弹簧、常闭（动断）触点、常开（动合）触点、接线桩及外壳等组成。其种类很多，常用的有 LA2、LA18、LA19 和 LA20 等系列。其中 LA19 系列按钮结构和外形如图 7 – 8 所示。

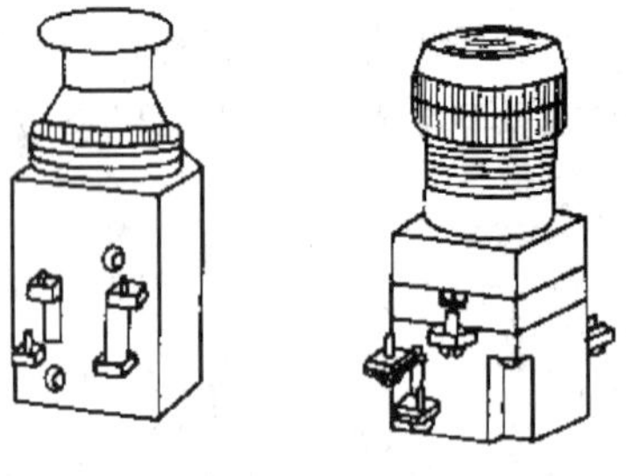

(a) 外形

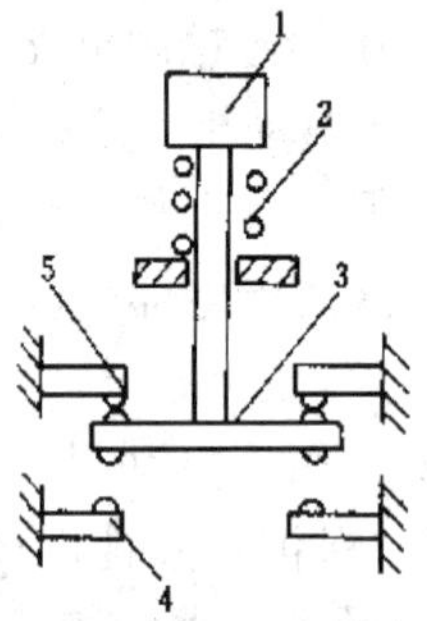

(b) 结构示意图

1. 按钮帽；2. 复位弹簧；3. 动触头；4. 常开触点的静触头；5. 常闭触点的静触头

图 7 – 8 按钮开关

由于按钮触点结构、数量和用途的不同，它又分为停止按钮、起动按钮和复合按钮。

按钮的选用应根据使用场合、被控制电路所需触点数目及按钮帽的颜色等方面综合考虑。停止按钮用红色，起动按钮用绿色或黑色。

2. 行程开关

又叫限位开关或位置开关。属于主令电器的另一种类型，其作用与按钮相同。不同的是按钮靠手动操作，行程开关则是靠生产机械的某些运动部件与它的传动部位发生碰撞，令其内部触点动作，分断或切换电路，从而限制生产机械行程、位置或改变其运动状态，指令生产机械停车、反转或变速等。根据机械运动部件的不同规律与要求，行程开关的形式很多，常用的有滚轮式(即旋转式)和按钮式(即直动式)。其中滚轮式又有单滚轮式和双滚轮式两种。

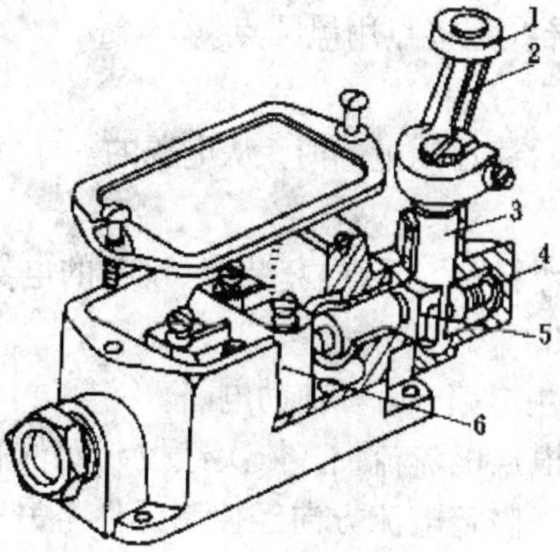

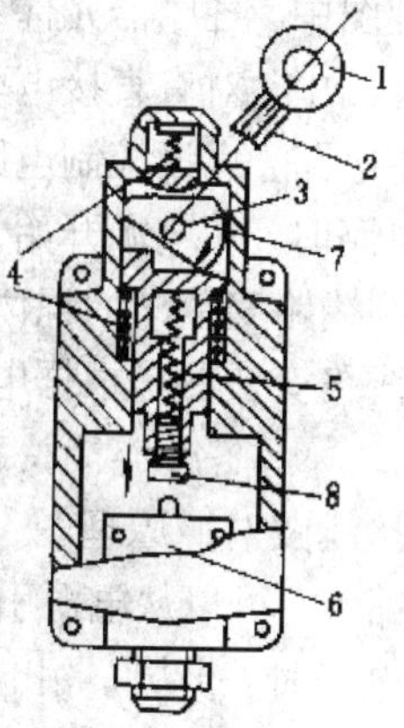

1. 滚轮； 2. 杠杆； 3. 转轴； 4. 复位弹簧；
5. 撞块； 6. 微动开关； 7. 凸轮； 8. 调节螺钉

图7－9　JLXK1 系列行程开关结构和动作原理

行程开关的选用，应根据被控制电路的特点、要求及生产现场条件和触点数量等因素考虑。

行程开关安装时，注意滚轮方向不能装反，与生产机械撞块碰撞位置应符合线路要求，滚轮固定应恰当，有利于生产机械经过预定位置或行程时能较准确地实现行程控制。

任务二　三相交流电动机单向连续运转控制电路的装调

一、任务名称

三相交流电动机单向连续运转控制电路的装调

二、任务内容

7.2.1 电气控制线路原理图、安装图的识读

1. 电气控制线路原理图

这是详细说明电气控制线路的工作原理以及各电器元件相互连接关系的略图。

2. 电气控制线路原理图的组成

(1)电源电路画成水平线，电源相序 L1、L2、L3 由上至下依次排列画出。直流电源则正端在上负端在下。

(2)主电路通过大电流的电路，垂直于电源电路，在原理图的左侧。

(3)控制电路通过小电流的电路，垂直于电源电路，依动作次序排在主电路的右侧。包括:控制电路，信号电路，照明电路，保护电路。

3. 识读电气控制线路原理图

(1)在原理图中，各电器的触点位置都按电路未通电或电器未受外力作用时的常态位置画出，分析原理图应从触点的常态位置出发。

(2)在原理图中，各电器元件不画实际的外形图，而采用国家标准规定的统一符号画出。

(3)在原理图中，对有直接电联系的交叉导线连接点用黑圆点。

(4)先读主电路，后读控制电路。从左到右。

(5)读主电路时，从电源开始，最后到负载;读控制电路时，从电源的一端到另一端。

4. 电气控制线路安装图的识读

电气控制线路安装图是根据电气原理图绘制的，表示成套装置、设备的电器元件的安装位置，及其内部、外部各种连接关系的一种简图。

识读安装接线图对照原理图，仍然应先看主电路，后看辅助电路。

分析主电路时，可以从电源引入处开始，根据电流流向，依次经控制元件和线路到用电设备。看辅助电路时，仍从一相电源出发，根据假定电流方向经控制元件至另一相电源。同时注意施工中所用器材(元件)的型号、规格、数量和布线方式、安装高度等重要资料。

7.2.2 基本控制线路的安装工艺

1. 电气控制线路的配线方式

一般采用以下三种:

板前配线用于电气系统比较简单、电器元件较少的情况下，对控制板或控制盘进行配线。直观，查找线路、维护检修方便。工艺较为复杂，走线占用面积大，导线需用量大。

板后交叉配线用于电气系统比较复杂、电器元件较多的情况下，对控制板或控制盘进行配线。美观且节省导线，走线占用面积小;结构紧凑，施工方便，工艺性好。须增加穿线板结构，仅适于小量生产。

行线槽配线,各种场合均适用。便于施工走线、查找线路，检修方便;工艺性好、配线操作容易;可使用软导线配线;适于大批量生产。增加行线槽结构;走线占地面积较大，导线需用量较多。

2. 电气控制线路的安装接线

(1)电器元件的安装

①按原理图要求，将动力、控制和信号电路分开布置;

②按原理图要求，将同一功能的电器元件固定在一起，并保持一定距离。

(2)配线(板前配线)

①先连接控制电路，后连接主电路。

②考虑好元器件之间连接线的走向、路径，导线应尽可能不重叠、不交叉。

③选取合适的导线。

④根据导线的走向和路径，量取连接点之间的长度，截取适当长度的导线并理直。

⑤所有导线连接后，进行整理。

⑥配线完毕后，根据原理图检查接线是否正确。

⑦通电验证。

3. 电气控制板安装检查

(1)清理电气控制板及周围环境;

(2)根据原理图检查各电器元件安装配线是否正确、可靠;

(3)用万用表检查主电路、控制电路是否存在短路、断路情况;

(4)检查电路正确无误后,经过教师批准,在教师监督下进行通电试验。

7.2.3 单向连续运转的控制电路

如图 7－10 所示,工作原理为:合上电源开关 QS,按下启动按钮 SB2,接触器 KM 线圈通电,常开触点闭合,电动机 M 接通电源全压启动。同时,与启动按钮并联的接触器常开触点也闭合,当松开 SB2 时,KM 线圈通过本身常开辅助触点继续保持通电,从而保证电动机连续运转。这种依靠接触器自身辅助触点保持线圈通电的电路,称为自锁或自保电路,辅助常开触点称为自锁触点或自保触点。

当需电动机停止时,按下 SB1,切断 KM 线圈电路,使 KM 线圈失电,KM 常开触点均断开,切断主电路和控制电路,电动机停转。

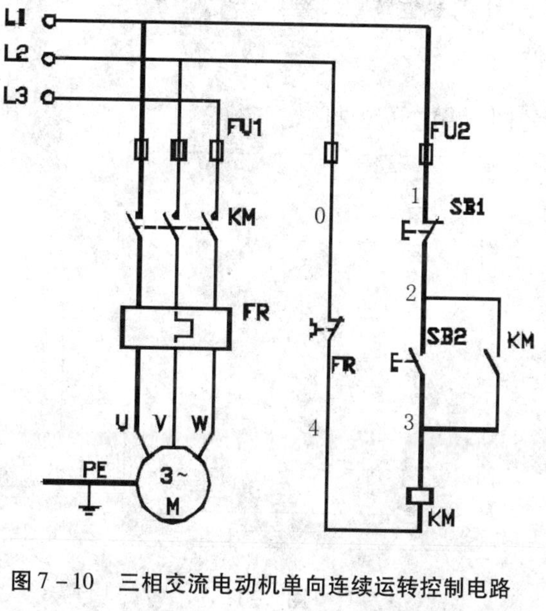

图 7－10　三相交流电动机单向连续运转控制电路

电路的保护环节如下:

(1)短路保护。由熔断器 FU1、FU2 分别实现主电路和控制电路的短路保护。

(2)过载保护。由热继电器 FR 实现电动机过载保护,当电动机出现过载时(经一定的时间),串联在主电路中的 FR 的双金属片因过热变形,致使 FR 和常闭触点打开,切断 KM 线圈回路,电动机停转,实现过载保护。

(3)欠压和失压保护。当电压由于某种原因降低或突变为零时,接触器电磁吸力急剧下降或消失,衔铁释放,KM 的常开触点断开,电动机停转。而当电压恢复正常时,电动机不会自行启动,避免事故发生。因此,具有自锁的控制电路具有欠压和失压保护。

本线路适用于远距离控制、单向频繁起动的三相异步电动机的控制。

三、任务完成

7.2.4 列出单向连续运转控制线路元件明细表

序号	电气符号	元件名称	型号与规格	数量	作用
1					
2					
3					
4					
5					
6					

7.2.5 检查电器元件

用万用表检查交流接触器的线圈、触点，热继电器的热元件、常闭触点，按钮的常开触点、常闭触点是否完好。目测电器元件的接线端子是否完好。

7.2.6 安装元器件

按电器元件安装布置图，将电器元件固定。

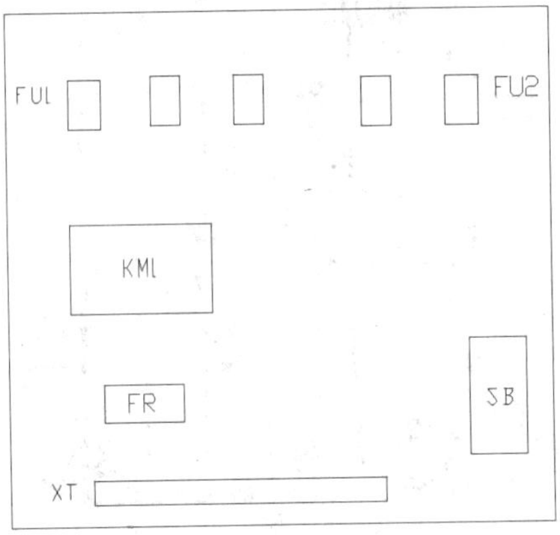

图 7－11

7.2.7 接线步骤

1. 先接控制电路，后接主电路。

2. 接控制电路时，先接控制板上电路(用硬线)，后接按钮电路(用软线)，然后再将它们通过接线端子连接。

3. 根据原理图考虑好元器件之间连接线的走向、路径，导线应尽可能不重叠、不交叉，导线走线成束。

4. 选取合适的导线。板面布线时控制板上电路用硬线，按钮电路用软线。

5. 根据导线的走向和路径，量取连接点之间的长度，截取适当长度的导线并理直。

6. 根据导线应走的方向和路径，用尖嘴钳将每个转角都弯成90°角(不能破坏导线绝缘层)，弯曲部分自然圆滑。

7. 用电工刀、尖嘴钳或剥线钳剥去两端的绝缘层，必要时用尖嘴钳将剥去绝缘的导线线头弯成圆圈，然后将线头与接线端子连接。

8. 所有导线连接后，进行整理。清理控制板及周围的环境。

9. 配线完毕后，根据原理图检查接线是否正确、可靠；用万用表检查主电路、控制电路是否存在短路、断路情况。如有，检查并排除。

10. 通电验证。接线时先接负载线后接电源线，拆线时先拆电源线后拆负载线。观察电路动作情况是否与原理图一致，一致则接线正确；否则接线错误，进行检查，纠正。

任务三　三相交流电动机正反转控制电路的装调

一、任务名称

三相交流电动机正反转控制电路的装调

二、任务描述

在生产实际中，有的生产机械需要两个方向的转动，这就要求电动机应具有正、反转功能。当三相异步电动机换接三根电源相线之间的任意两根(即改变电源相序)，它所拖动的转子也相反，即实现了电动机的反转。

三相异步电动机正反转控制电路如图7－12所示。图7－12接触器(单重)联锁的正反转控制电路工作原理如下：合上电源开关QS，按下启动按钮SB2，接触器KM1线圈通电，与接触器KM2线圈串联的接触器KM1常闭触点分断，切断反转控制电路；KM1主触点闭合，电动机M接通电源启动；同时，与启动按钮并联的接触器KM1常开触点也闭合，保证电动机连续正转，防止在电动机正转时，误按反转起动按钮SB3而造成短路。若要电动机M反转，必须先按停止按钮SB1，使正转接触器KM1断电，电动机M停止正转，起联锁作用的常闭触点KM1恢复闭合状态，这时再按反转启动按钮SB3，使反转接触器KM2线圈通电，其常闭触点分断，切断正转控制电路，KM2主触点闭合，电动机M反转，KM2常开触点闭合，保证电动机连续反转。KM1和KM2常闭触点起电气联锁作用，这种接法保证了只有在一个接触器释放后，另一个接触器才能通电动作。接触器辅助触点的这种互相制约的联接关系叫互锁。如果要使电动机停转，只需按下SB1，分断控制电路即可。该电路实现止转—停止—反转控制。

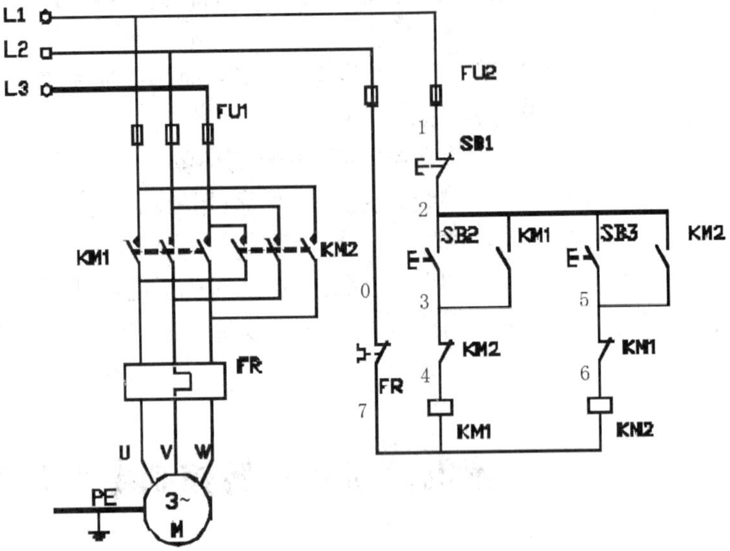

图7-12　三相交流电动机正反转控制电路

三、任务完成

7.3.1 列出接触器联锁正反转控制电路元件明细表

序号	电气符号	元件名称	型号与规格	数量	作用

7.3.2 检查电器元件

用万用表检查交流接触器的线圈、触点，热继电器的热元件、常闭触点，按钮的常开触点、常闭触点是否完好。目测电器元件的接线端子是否完好。

7.3.3 安装元器件

按电器元件布置图，将电器元件固定。

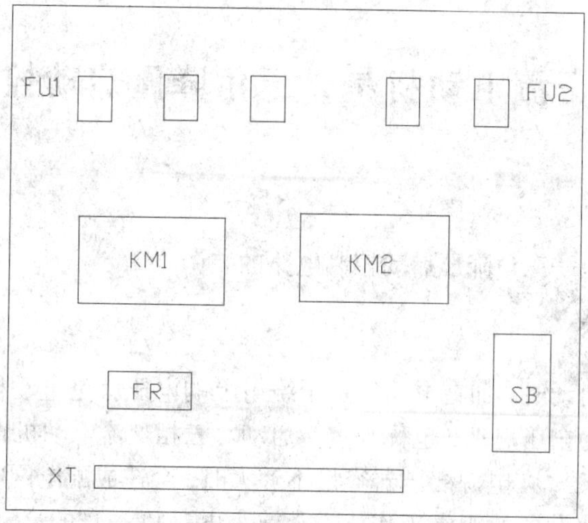

图 7－13

7.3.4 接线步骤

1. 先接控制电路，后接主电路。

2. 接控制电路时，先接控制板上电路(用硬线)，后接按钮电路(用软线)，然后再将它们通过接线端子连接。

3. 根据原理图考虑好元器件之间连接线的走向、路径，导线应尽可能不重叠、不交叉，导线走线成束。

4. 选取合适的导线。板面布线时控制板上电路用硬线，按钮电路用软线。

5. 根据导线的走向和路径，量取连接点之间的长度，截取适当长度的导线并理直。

6. 根据导线应走的方向和路径，用尖嘴钳将每个转角都弯成 90°角(不能破坏导线绝缘层)，弯曲部分自然圆滑。

7. 用电工刀、尖嘴钳或剥线钳剥去两端的绝缘层，必要时用尖嘴钳将剥去绝缘的导线线头弯成圆圈，然后将线头与接线端子连接。

8. 所有导线连接后，进行整理。清理控制板及周围的环境。

9. 配线完毕后，根据原理图检查接线是否正确、可靠；用万用表检查主电路、控制电路是否存在短路、断路情况。如有，检查并排除。

10. 通电验证。接线时先接负载线后接电源线，拆线时先拆电源线后拆负载线。观察电路动作情况是否与原理图一致，一致则接线正确；否则接线错误，进行检查，纠正。

任务四　三相交流电动机星—三角降压启动控制电路的装调

一、任务名称

三相交流电动机星—三角降压启动控制电路的装调

二、任务描述

三相交流电动机启动时，加在电动机定子绕组上的电压就是电动机的额定电压时，三相交流电动机的启动称为全压启动，也称为直接启动。三相交流电动机直接启动时其启动电流为其额定电流的4～8倍，在电源变压器容量不够大时，会造成配电网电压大幅度下降。不仅会影响同一电网中其他设备的正常工作，还会减小电动机本身的启动转矩。因此较大容量(7.5KW及以上)的电动机需要采取降压启动，启动时降低加在定子绕组上的电压，启动后将电压恢复到额定值，使之在正常电压下运行。

常见的降压启动方法有四种：定子电路串电阻降压启动；星—三角降压启动；自耦变压器降压启动；使用软启动器。

由于启动电流减小，导致电动机启动转矩下降，因而采用降压启动的电动机，只适合于空载或轻载启动的场合。实际应用中，星—三角降压启动是应用最广泛的，它具有启动设备成本低，使用方法简便，但启动转矩只有额定转矩的1/3的特点。

星—三角降压启动是指电动机启动时，使定子绕组接成星形，以降低启动电压，限制启动电流；电动机启动后，当转速上升到接近额定值时，再把定子绕组接成三角形，使电动机在全压运行。如图7－14所示。

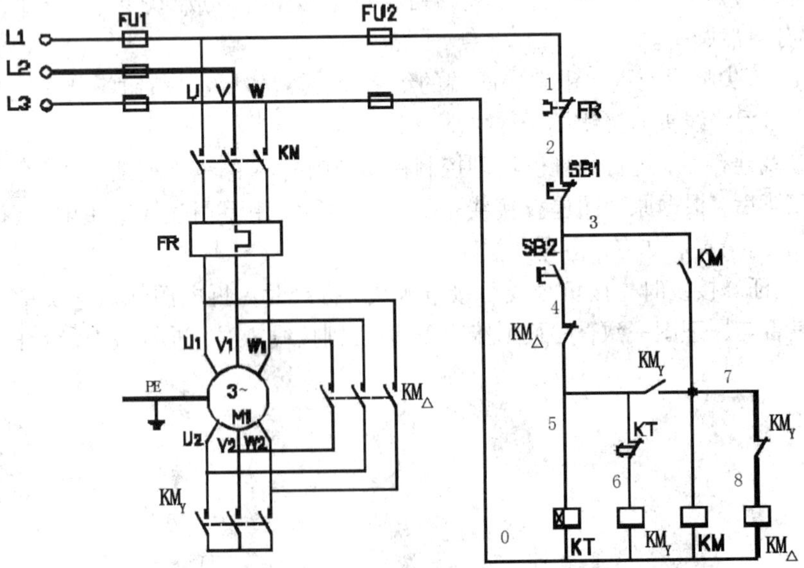

图7－14　三相交流电动机星—三角降压启动控制电路

电路工作原理如下：按下启动按钮 SB2，时间继电器 KT 和交流接触器 KM_Y 同时通电，KM_Y 的主触点将电动机定子绕组连接成星形，其辅助常开触点闭合，接通交流接触器 KM，KM 得电自锁，KM 的主触点将电动机 M 定子接入电源，电动机 M 在星连接下启动。KM_Y 的辅助常闭触点将交流接触器 KM_Δ 线圈电路断开，实现联锁。3～5 秒后，KT 的常闭触点断开，KM_Y 断电释放，KM_Δ 得电吸合，KM_Δ 主触点将定子绕组接成三角形，使电动机在额定电压下运行。按下停止按钮 SB1，交流接触器 KM 和 KM_Δ 同时断电释放，电动机停止转动。电动机 M 设有热继电器作过载保护，熔断器 FU1 作主电路的短路保护，熔断器 FU2 作控制电路的短路保护。

三、任务完成

7.4.1 列出三相交流电动机星—三角降压启动控制电路元件明细表

序号	电气符号	元件名称	型号与规格	数量	作用

7.4.2 检查电器元件

用万用表检查交流接触器的线圈、触点，热继电器的热元件、常闭触点，按钮的常开触点、常闭触点是否完好。目测电器元件的接线端子是否完好。

7.4.3 安装元器件

参照任务三，绘出电器元件布置图，将电器元件固定。

7.4.4 接线步骤

1. 先接控制电路，后接主电路。

2. 接控制电路时，先接控制板上电路（用硬线），后接按钮电路（用软线），然后再将它们通过接线端子连接。

3. 根据原理图考虑好元器件之间连接线的走向、路径，导线应尽可能不重叠、不交叉，导线走线成束。

4. 选取合适的导线。板面布线时控制板上电路用硬线，按钮电路用软线。

5. 根据导线的走向和路径，量取连接点之间的长度，截取适当长度的导线并理直。

6. 根据导线应走的方向和路径，用尖嘴钳将每个转角都弯成90°角（不能破坏导线绝缘层），弯曲部分自然圆滑。

7. 用电工刀、尖嘴钳或剥线钳剥去两端的绝缘层，必要时用尖嘴钳将剥去绝缘的导线线头弯成圆圈，然后将线头与接线端子连接。

8. 所有导线连接后，进行整理。清理控制板及周围的环境。

9. 配线完毕后，根据原理图检查接线是否正确可靠；用万用表检查主电路、控制电路是否存在短路、断路情况。如有，检查并排除。

10. 通电验证。接线时先接负载线后接电源线，拆线时先拆电源线后拆负载线。观察电路动作情况是否与原理图一致，一致则接线正确；否则接线错误，进行检查，纠正。

任务五　三相交流电动机能耗制动控制电路的装调

一、任务名称

三相交流电动机能耗制动控制电路的装调

二、任务描述

运行中的电动机在切断电源后，由于惯性的作用，要经过一定时间才能停止运转。这对于需要限制行程的生产机械是不适合的。如起吊重物的行车，机床上需要迅速停车、反转的机构等，都要求电动机切断电源后立即停转。技术上，让电动机断开电源后迅速停止的方法称为制动。

电动机制动方式有两大类：机械制动和电气制动。机械制动是利用机械或液压制动装置来实现制动的。电气制动是由电动机产生一个与原来旋转方向相反的力矩来实现制动。常用的电气制动方式有能耗制动和反接制动。

能耗制动的原理是：在切除三相交流电动机的三相电源后，立即往定子绕组中接入直流电源，转子切割恒定磁场产生的感应电流与恒定磁场作用产生制动力矩，使电动机高速旋转的动能消耗在转子电路中，当转速降为零时，切除直流电源，制动完成。能耗制动的优点是：制动准确、平稳，能量消耗小。其缺点是：制动力较小（低速时尤为突出），需要直流电源。能耗制动适用于要求制动准确、平稳的场合。

反接制动是利用改变三相交流电动机定子绕组上三相电源的相序，使定子产生反向旋转磁场作用于转子而产生强力制动力矩。反接制动时，旋转磁场的相对速度很大，定子电流也很大，制动迅速。但在制动过程中有较大冲击，对传动机构有害，能量消耗也较大，还有可能引起反向再启动。因而，反接制动常用于不频繁启动、制动时对停车要求无精度要求而传动机构能承受较大冲击的设备中，如铣床、镗床等的制动中。能耗制动电路如图7－15。

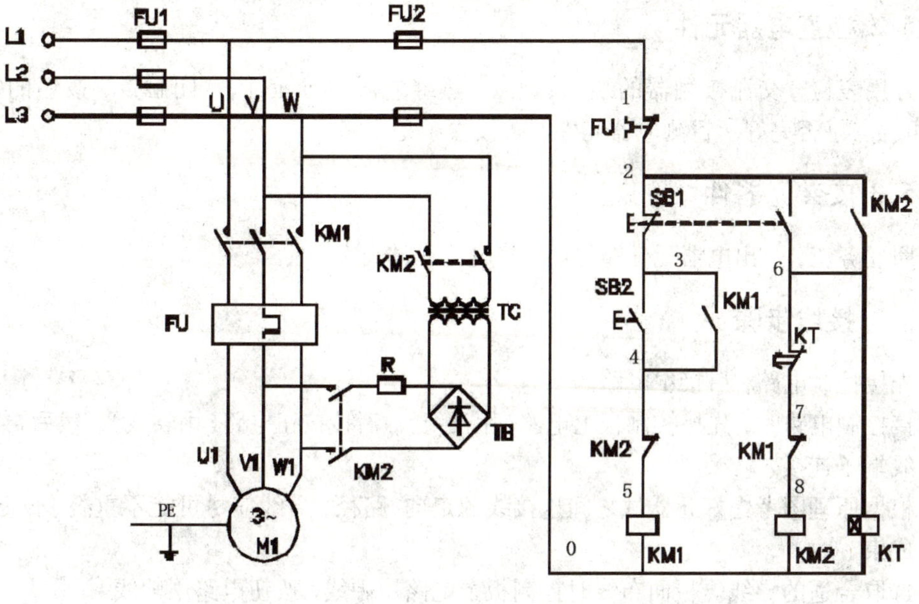

图 7-15　有变压器全波整流能耗制动控制电路

电路工作原理如下：按下 SB2，KM1 通电自锁，KM1 主触点闭合，电动机 M 启动运行，KM1 辅助常闭触点断开 KM2 线圈电路，实现联锁。按下 SB1，KM1 线圈断电释放，KM1 主触点分断，电动机 M 断电，KM1 辅助常闭触点闭合，KM2 线圈通电自锁，KM2 主触点闭合，电动机能耗制动，KM2 辅助常闭触点断开 KM1 线圈电路，实现联锁。按下 SB1 时，KT 线圈也得电，2～3 秒钟后 KT 常闭触点分断，KM2 线圈断电，KM2 主触点分断，电动机能耗制动结束。

三、任务完成

7.5.1 列出三相交流电动机能耗制动控制电路元件明细表

序号	电气符号	元件名称	型号与规格	数量	作用

7.5.2 检查电器元件

用万用表检查交流接触器的线圈、触点，热继电器的热元件、常闭触点，按钮的常开触点、常闭触点是否完好。目测电器元件的接线端子是否完好。

7.5.3 安装元器件

参照任务三，绘出电器元件布置图，将电器元件固定。

7.5.4 接线步骤

1. 先接控制电路，后接主电路。

2. 接控制电路时，先接控制板上电路(用硬线)，后接按钮电路(用软线)，然后再将它们通过接线端子连接。

3. 根据原理图考虑好元器件之间连接线的走向、路径，导线应尽可能不重叠、不交叉，导线走线成束。

4. 选取合适的导线。板面布线时控制板上电路用硬线，按钮电路用软线。

5. 根据导线的走向和路径，量取连接点之间的长度，截取适当长度的导线并理直。

6. 根据导线应走的方向和路径，用尖嘴钳将每个转角都弯成90°角(不能破坏导线绝缘层)，弯曲部分自然圆滑。

7. 用电工刀、尖嘴钳或剥线钳剥去两端的绝缘层，必要时用尖嘴钳将剥去绝缘的导线线头弯成圆圈，然后将线头与接线端子连接。

8. 所有导线连接后，进行整理。清理控制板及周围的环境。

9. 配线完毕后，根据原理图检查接线是否正确、可靠;用万用表检查主电路、控制电路是否存在短路、断路情况。如有，检查并排除。

10. 通电验证。接线时先接负载线后接电源线，拆线时先拆电源线后拆负载线。观察电路动作情况是否与原理图一致，一致则接线正确;否则接线错误，进行检查，纠正。

项目八

机床电气控制电路的维修

任务一　M7120 平面磨床电气控制电路的故障检修

一、任务名称

M7130 平面磨床电气控制电路的故障检修

二、任务描述

平面磨床是用砂轮的周边进行机械加工的精密机床。M7120 平面磨床是平面磨床中使用较为普遍的一种，它的磨削精度和光洁度都比较高，操作方便，适于磨削精密零件和各种工具，并可作镜面磨削。

8.1.1 主要结构及运动形式

M7120 平面磨床主要由床身、矩形工作台、电磁吸盘、砂轮箱、滑座、立柱和撞块等部件组成。见图 8－1。

它的主运动是砂轮的快速旋转，辅助运动是工作台纵向往复运动以及砂轮架的横向和垂直进给运动。

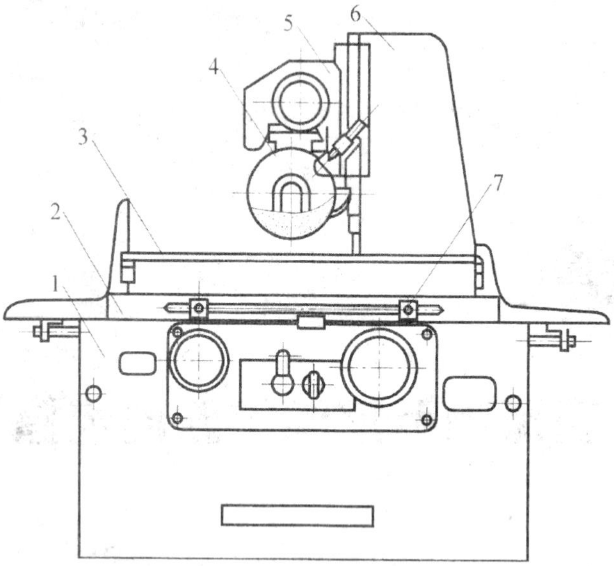

1. 床身； 2. 矩形工作台； 3. 电磁吸盘；
4. 砂轮箱； 5. 滑座； 6. 立柱； 7. 撞块
图 8－1 M7120 平面磨床结构示意图

8.1.2 电力拖动的特点及控制要求

1. 砂轮的旋转运动。砂轮电动机 M2 装在砂轮箱内，带动砂轮旋转，对工件进行磨削加工。由于砂轮的旋转一般不需要调速，所以用一台三相异步电动机直接拖动。

2. 工作台的往复运动。这是由液压传动完成的，因液压传动换向平稳，易于实现无级调速。液压泵电动机 M1 拖动液压泵，工作台在液压作用下作纵向往复运动。当装在工作台前的换向档铁碰撞床身上的液压换向开关时，工作台就自动改变了方向。

3. 砂轮架的横向进给。砂轮架上部有燕尾型导轨，可沿着拖板上的水平导轨作横向（前后）移动。在磨削的过程中，工作台换向时，砂轮架就横向进给一次。可由液压传动，也可用手轮来操作。

4. 砂轮架的升降运动。拖板可沿着立柱的导轨垂直上下移动，以调整砂轮架的上下位置。这一运动是通过砂轮升降电动机 M4 拖动拖板或横向进给手轮来实现。

5. 冷却泵。电动机 M3 带动冷却泵供给砂轮和工件冷却液，同时利用冷却液带走磨下的铁屑。

8.1.3 电气控制线路分析

表 8－1 是 M7120 平面磨床电器元件目录表。

表 8－1

符号	名称及用途	符号	名称及用途
QS	电源开关	SB1	液压泵电动机停止按钮
M1	液压泵电动机	SB2	液压泵电动机启动按钮
M2	砂轮电动机	SB3	砂轮电动机停止按钮
M3	冷却泵电动机	SB4	砂轮电动机启动按钮
M4	砂轮升降电动机	SB5	砂轮上升按钮
FU1 ~ FU3	熔断器，短路保护	SB6	砂轮下降按钮
KM1	交流接触器，控制 M1	SB7	电磁吸盘充磁停止按钮
KM2	交流接触器，控制 M2、M3	SB8	电磁吸盘充磁启动按钮
KM3	交流接触器，控制 M4 正转	SB9	电磁吸盘去磁按钮
KM4	交流接触器，控制 M4 反转	VC	整流器
FR1	液压泵电动机 M1 热继电器，过载保护	KV	零压继电器(电压继电器)
FR2	液压泵电动机 M2 热继电器，过载保护	YH	电磁吸盘
FR3	液压泵电动机 M3 热继电器，过载保护	R、C	放电电阻、电容
TC	控制变压器	XS1、XP1	电磁吸盘接插器
XS2、XP2	冷却泵接插器		

M7120 平面磨床电气控制线路如图 8－2 所示。电路分为主电路、控制电路、电磁吸盘控制及照明与指示灯电路四部分。

(一)主电路

主电路共有 4 台电动机，其中 M1 是液压泵电动机，实现工作台的往复运动；M2 是砂轮电动机，带动砂轮转动来完成磨削加工工件；M3 是冷却泵电动机，它们只要求单向旋转，分别用接触器 KM1、KM2 控制。冷却泵电动机 M3 与砂轮电动机 M2 同时运转，保证加工工件时能对工件进行冷却。M4 是砂轮升降电动机，用于磨削过程中调整砂轮与工件之间的位置。

M1、M2、M3 是长期连续工作性质，所以都装有过载保护。M4 为短时工作性质，不设过载保护。4 台电动机共用一组熔断器 FU1 作短路保护。

(二)控制电路

1. 液压泵电动机 M1 的控制

合上总开关 QS 后，控制变压器一个副边输出 127 伏交流电压，经桥式整流器 VC 整流后得到直流电压，使电压继电器 KV 得电动作，其常开触点(8 区)闭合，为启动电动机做好准备。若 KV 不能可靠动作，各电动机均无法运行。因为 M7120 平面磨床的工件靠直流电磁吸盘的吸力将工件吸牢在工作台上，只有具备可靠直流电压后，才允许启动砂轮和液压系统，以保证安全。

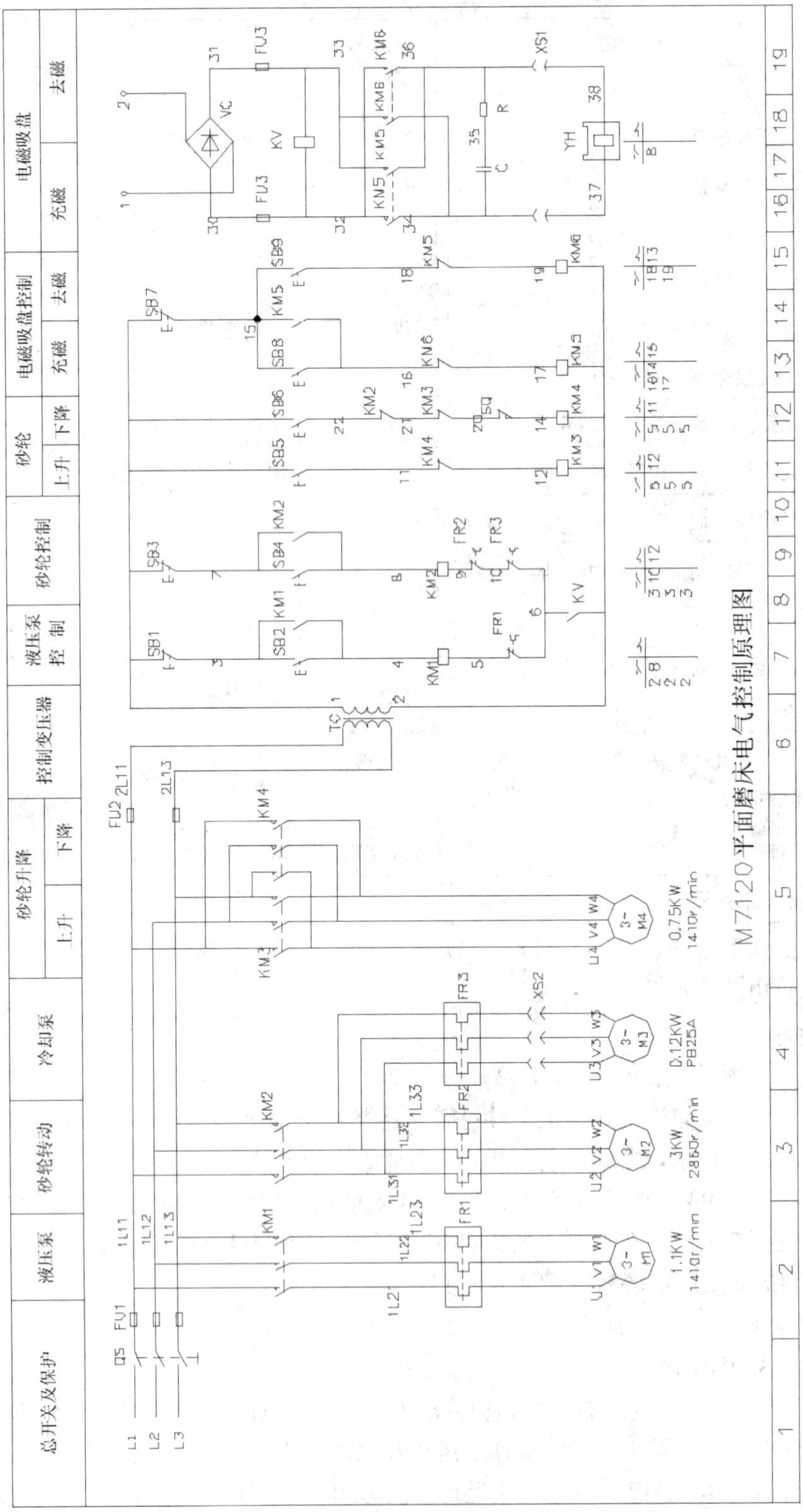

图 8－2 M7120 平面磨床电气控制线路

当KV吸牢后，按下启动按钮SB2，接触器KM1线圈得电，触点吸合并自锁，液压泵电动机M1启动运转。若按下停止按钮SB1，接触器KM1线圈断电释放，电动机M1断电停转。

2. 砂轮电动机M2及冷却泵电动机M3的控制

按下启动按钮SB4，接触器KM2线圈得电并动作，砂轮电动机M2启动运转。由于冷却泵电动机M3通过插件X1和M2联动控制。所以M2与M3同时启动运转。当不需要冷却时，可将插件XS2拉出。按下按钮SB3时，接触器KM2线圈失电释放，M2与M3同时断电停转。

两台电动机的热继电器FR2和FR3的常闭触点都串联在KM2线圈支路中，只要有一台电动机过载，就使KM2线圈失电。机器运行当中，冷却液循环使用，经常混有污垢杂质，很容易引起冷却泵电动机M3过载，所以要用热继电器FR3进行过载保护。

3. 砂轮升降电动机M4的控制

砂轮升降电动机只有在调整工件和砂轮之间的位置时使用，所以用点动控制。当按下点动按钮SB5，接触器KM3线圈得电动作，触点吸合，电动机M4启动正转，砂轮上升。到达所属位置时，松开SB5，接触器KM3线圈失电释放，电动机M4停转，砂轮停止上升。

按下启动按钮SB6，接触器KM4线圈得电，触点吸合，电动机M4反转，砂轮下降。到达合适位置时，松开SB6，接触器KM4线圈失电释放，电动机M4停转，砂轮停止下降。

为防止电动机M4的正反转线路同时接通，在双方线圈的支路中串入接触器KM3和KM4的常闭触点进行联锁控制。

（三）电磁吸盘控制电路

电磁吸盘（又称电磁工作台）在平面磨床上使用得十分广泛，是平面磨床的重要组成部分。它是固定加工工件的一种夹具。利用通电导体在铁芯中产生的磁场吸牢铁材料的工件，以便加工。它与机械夹具比较，具有夹紧迅速，不损伤工件，一次能吸牢若干个小工件，以及工件发热可以自由伸缩等优点。但它是依靠电磁吸力来工作的，所以电磁吸盘吸力不如机械夹紧力大，而且调节不方便。一旦电磁吸盘线圈断线或电源断电时，电磁力消失。同时必须要由直流电源供电，仅对于电磁材料的工件才有吸力等缺点。

平面磨床上使用的电磁吸盘有长方形和圆形两种。长方形的用于矩台平面磨床，圆形的用于圆台平面磨床。

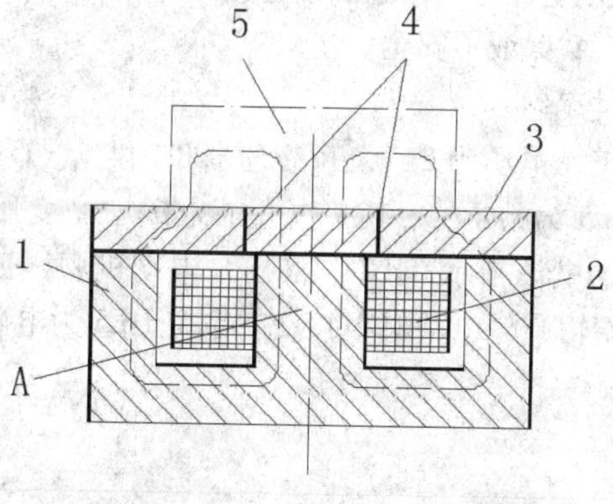

1. 吸盘体；　2. 线圈；　3. 盖板；　4. 绝缘层；　5. 工件

图8－3　电磁吸盘工作原理

电磁吸盘的工作原理如图 8－3 所示。图中为钢制吸盘体，在它的中部凸起的芯体 A 上绕有线圈 2；钢制盖板 3 被绝磁层面隔成一些小块。在线圈 2 中通以直流电时，芯体 A 将被磁化，磁力线由芯体以过盖板→工件→盖板→吸盘体→芯体而闭合（如图中虚线所示），工件 5 被吸住。绝磁层由铅、铜、黄铜及巴氏合金等非磁性材料制成，它的作用是使绝大多数磁力线都通过工件再回到吸盘体，而不致通过盖板直接回去。

电磁线圈不能通以交流电，交流电会使工件产生振动和涡流，造成吸不牢工件和使铁芯、线圈发热，甚至烧坏线圈。

电磁吸盘的控制电路包括整流装置、控制装置和保护装置三个部分。

整流装置由变压器 TC 和单相桥式全波整流器 VC 组成，供给 $0.9\times127V\approx110V$ 直流电源。

控制装置由按钮 SB7、SB8、SB9 和接触器 KM5、KM6 等组成。

充磁过程如下：

按下充磁按钮 SB8，接触器 KM5 线圈得电，触点吸合，KM5 主触点（16～19 区）闭合，电磁吸盘 YH 线圈得电，工作台充磁吸住工件。同时 KM5 自锁触点闭合，联锁触点断开。

磨削加工完毕，在取下加工好的工件时，先按下 SB7，切断电磁吸盘 YH 的直流电源，由于吸盘 YH 和工件都有剩磁，所以需要对吸盘和工件进行去磁。

去磁过程如下：

按下点动按钮 SB9，接触器 KM6 线圈得电，KM6 的两副主触点（18～19 区）闭合，电磁吸盘通入反向直流电，使工作台和工件去磁。去磁时，为防止因时间过长使工作台反向磁化。再次吸住工件，因而接触器 KM6 采用点动控制。

电磁吸盘的保护装置由熔断器 FU3、放电电阻 R 和电容 C 以及零压继电器 KV 组成。熔断器 FU3 在整流器 VC 的输出端作短路保护。电阻 R 和电容 C 的作用是：电磁吸盘线圈 YH 的过电压保护。电磁吸盘线圈是一个大电感，在充磁吸工件时，存储有大量磁场能量；当它脱离电源时的一瞬间，YH 的两端产生较大的自感电动势，会使线圈和其他电器损坏，故电阻 R 和电容 C 组成放电回路，利用电容 C 两端的电压不能突变的特点，使电磁吸盘线圈两端电压变化趋缓，利用电阻 R 消耗电磁能量。零压继电器 KV 的作用是：零压保护。在加工过程中，若电压不足，则电磁吸盘将吸不牢工件，会导致工件被砂轮打出，造成严重事故。因此，在电路中设置了零压继电器 KV，将其线圈并联在直流电源上，其常开触点（8 区）串联在液压泵电动机和砂轮电动机的控制电路中，若电磁吸盘吸不牢 KV 工件就会释放，使液压泵电动机 M1 和砂轮电动机 M2 停转，保证了安全。

（四）照明和指示灯电路

图中 EL 为照明灯，其工作电压为 24V。由变压器 TC 供给。QS 为照明隔离开关。

HL1、HL2、HL3、HL4、HL5 为指示灯，其工作电压为 6V，由变压器 TC 供给。5 个指示灯的作用是：HL1 为控制电路的电源指示；HL2 为液压泵电动机 M1 工作指示；HL3 为冷却泵电动机 M3 工作指示；HL4 为砂轮升降电动机 M4 工作指示；HL5 为电磁吸盘 YH 工作指示。

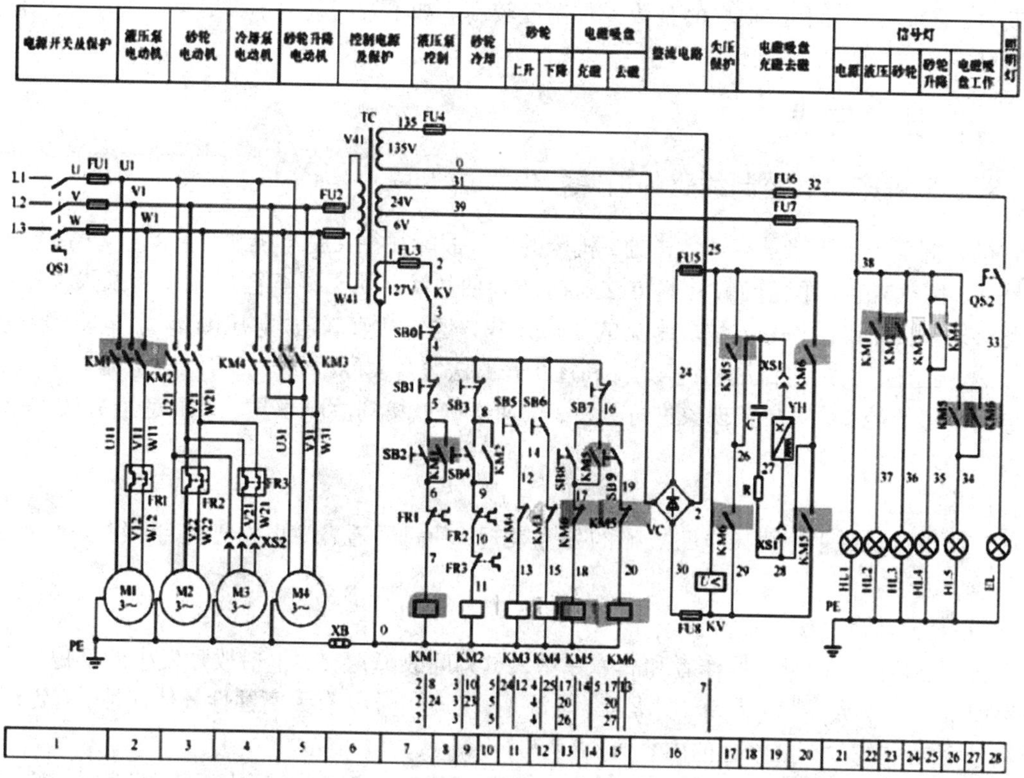

8.1.4 电气线路常见故障分析

本线路的特点是电磁吸盘，在此仅以电磁吸盘的常见故障来进行分析。

1. 电磁吸盘没有吸力

首先检查主电路熔断器 FU1、FU2 及电磁吸盘控制电路熔断器 FU3 是否熔断。再检查接插器 XS1、XP1 接触是否良好。

如上述检查均未发现故障，则可检查电磁吸盘线圈的两个出线头，有时由于吸盘密封不好，冷却液的浸蚀使绝缘损坏，造成两个出线线头间短路或断路，当线头间形成短路时，再不及时检修，就有可能使整流器和整流变压器烧毁，应在日常维护时引起注意。

2. 电磁吸盘吸力不足

原因之一是交流电源电压低，导致直流电压相应下降，以致吸力不足。整流桥空载直流输出电压 130 ~ 140V，接电磁吸盘后应为 110V，可用直流电压表测量其电压值。另外插器 XS1、XP1 触头接触也会造成吸力不足。

另一个原因是整流电路的故障。电路中整流器 VC 是由四个桥臂组成。若整流二极管损坏或接线断裂，造成某一臂开路，这里直流输出电压将要下降一半左右，吸盘电流也就相应减小，吸力降低。检修时可测量直流输出电压是否有下降一半的现象。用手触摸四个整流臂的温度也可判断是否有一臂断路，断路的一臂以及与它相对的另一臂由于没有电流通过，温度要比其余两臂低。

若有一臂的整流元件被击穿形成短路，此时与它相邻的另一桥臂的整流元件也会因过电流而很快损坏，整流变压器因外电路短路也会造成过电流。这种故障的表现为吸力很小或没有吸力，整流变压器和已损坏的整流元件温度较高。如不及时切断电源，整流变压器将有烧毁的可能。

三、任务完成

8.1.5 机床电气控制线路的故障检修方法

机床电气控制线路是多种多样的，机床的电气故障往往又是与机械、液压、气动系统交错在一起，比较复杂，不正确的检修方法有时还会使故障扩大，甚至会造成设备及人身事故，因此必须掌握正确的检修方法。常见的故障分析方法包括直观法、电压测量法、电阻测量法、短接法、强迫闭合法、对比法、置换元件和逐步开路法等。实际检修时，要综合运用以上方法，并根据积累的经验，对故障现象进行分析，快速准确地找到故障部位，采取适当方法加以排除。

1. 直接观察法

直接观察法是根据机床电路故障的外壳表现，通过眼看、鼻闻、耳听等手段，来检查、判断故障的方法。

(1)检查步骤

①调查情况。向机床操作者和故障在场人员询问故障情况，包括故障发生的部位，故障现象(如响声、冒火、冒烟、异味、明火等，热源是否靠近电器，有无腐蚀性气体侵蚀，有无漏水等)，是否有人修理过，修理的内容等。

②初步检查。根据调查的情况，看有关电器外部有无损坏，连线有无断路、松动，绝缘有无烧焦，螺旋熔断器的熔断指示器是否跳出，电器有无进水、油垢，开关位置是否正确等。

③试车。通过初步检查，确认不会使故障进一步扩大和不会发生人身、设备事故后，可进行试车检查。试车中要注意有无严重跳火、冒火、异常气味、异常声音等现象，一经发现应立即停车，切断电源。注意检查电机的温升及电器的动作程序是否符合电气原理图的要求，从而发现故障部位。

(2)检查方法

①用观察火花的方法检查故障。电器的触点在闭合、分断电路或导线线头松动时会产生火化，因此可以根据火花的有无、大小等现象来检查电器故障。②从电器的动作程序来检查故障。机床电器的工作程序应符合电器说明书和图纸的要求，如某一电路上的电器动作过早、过晚或不动作，说明该电路或电器有故障。还可以根据电器发出的声音、温度、压力、气味等分析判断故障。另外运用直观法，不但可以确定简单的故障，还可以把较复杂的故障缩小到较小的范围。

2. 电压测量法

①分阶测量法。电压的分阶测量法如图 8－4 所示。当电路中的中间继电器的常开触点 KA 闭合时，按起动按钮 SB2，接触器 KM1 不吸合，说明电路有故障。

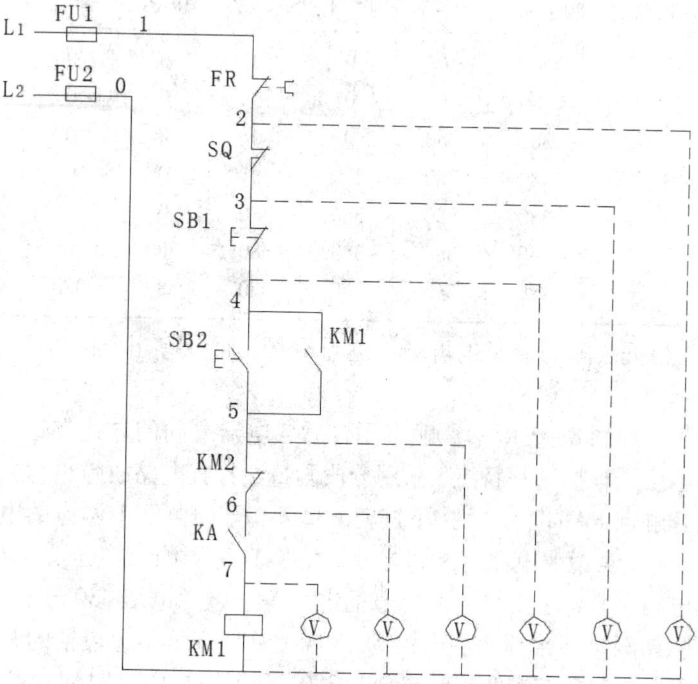

图8－4　电压的分阶测量法

检查时，需要两人配合进行。一人按下SB2不放，另一人把万用表拨到电压500V档位上，首先测量0、1两点之间的电压，若电压值为380V，说明控制电路和电源电压正常。然后，将黑色测试棒接到0点上，红色测试棒按线路标号依次向前移动，分别测量标号2、3、4、5、6、7各点的电压。电路正常的情况下，0与2～7各点电压均为380V。若0与7间无电压，说明是电路有故障。例如，测量0到2时，电压为0V，说明热继电器FR的常闭触点接触不良或触点两端接线柱所接导线断路。判断故障在常闭触点上还是连线断路，可先接牢所接导线，然后将红色测试棒接在FR常闭触点的接线柱2上，若电压仍为0V，则故障在FR常闭触点上。根据电压值来检查故障的具体方法如表8－2所示。

表 8－2　　分阶测量法所测电压值(单位 V)及故障原因

故障现象	测试状态	0－2	0－3	0－4	0－5	0－6	0－7	故障原因
KA 闭合，SB2 按下时，KM1 不吸合	SB2 按下	0	0	0	0	0	0	FR 接触不良
		380	0	0	0	0	0	QS 接触不良
		380	380	0	0	0	0	SB1 接触不良
		380	380	380	0	0	0	SB2 接触不良
		380	380	380	380	0	0	KM1 接触不良
		380	380	380	380	380	0	KA 接触不良
		380	380	380	380	380	380	KM1 本身有故障

维修实践中，根据故障的情况也可不必逐点测量，而多跨几个标号测试点，如 1 与 3、1 与 5 等。

②分段测量法。如图 8－5 所示。触点闭合后各电器之间的导线在通电时，其电压降等于或接近于外加电压。根据这一特点，采用分段测量法检查电路故障更为方便。当电路中的中间继电器的常开触点 KA 闭合时，按下按钮 SB2 不放，先测 0、1 两点的电源电压。电压在 380V，而接触器不吸合，说明电路有断路之处，可将红、黑两测试棒逐段或者重点测相邻两点标号的电压。如电路正常，除 0 与 7 两标号的电压等于电源电压 380V 外，其他相邻两点间的电压都应为零。如测量某相邻两点电压为 380V，说明该两点所包括的触点或连接导线接触不良或断路。例如标号 3 与 4 两点间电压为 380V，说明停止按钮接触不良。根据其测量结果可找出故障点，如表 8－3 所示。当测量电路电压无异常，而 0 与 7 间电压正好等于电源电压，接触器 KM1 仍不吸合，说明线圈断路或机械部分卡阻。

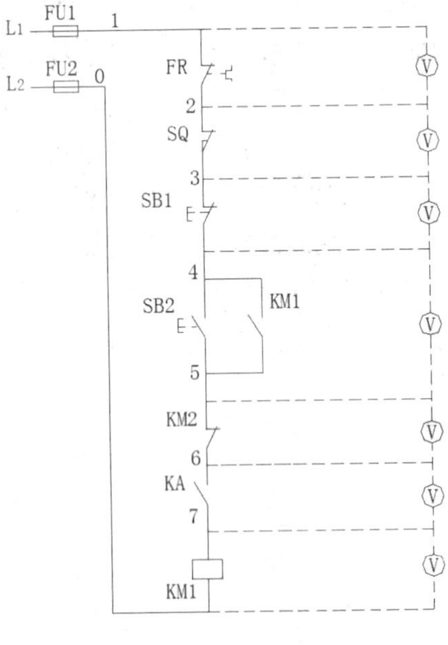

图 8－5　电压的分段测量法

表 8－3　　分段测量法所测电压值(单位 V)及故障原因

故障现象	测试状态	1－2	2－3	3－4	4－5	5－6	6－7	7－0	故障原因
KA 闭合，SB2 按下时，KM1 不吸合	SB2 按下		0	0	0	0	0	0	FR 接触不良
		0	380	0	0	0	0	0	QS 接触不良
		0	0	380	0	0	0	0	SB1 接触不良
		0	0	0	380	0	0	0	SB2 接触不良
		0	0	0	0	380	0	0	KM1 接触不良
		0	0	0	0	0	380	0	KA 接触不良
		0	0	0	0	0	0	380	KM1 本身有故障

对于机床电器开关及电器相互之间距离较大、分布较广的设备，由于万用表的测试棒连线长度有限，用分段测量检查故障比较方便。

3. 电阻测量法

(1)检查方法和步骤

①分阶测量法。电阻的分阶测量法如图 8－6 所示。当确定电路中的行程开关 SQ、中间继电器触点 KA 闭合时，按下起动按钮 SB2，接触器 KM1 不吸合，说明该电路有故障。检查时先将电源断开，把万用表拨到电阻档位上，测量 0、1 两点电阻(注意测量时，要一直按下按钮 SB2)。若两点电阻值接近接触器线圈电阻值，说明接触器线圈良好。如电阻为无穷大，说明电路断路。为了进一步检查故障点，将 0 点上的测试棒移至标号 2 上，如果电阻为零，说明热继电器触点接触良好。再将测试棒移至标号 3－7，逐步测量 1－3、1－4、1－5、1－6、1－7 各点的电阻值，当测量到某标号时电阻突然增大，则说明测试棒刚刚跨过的触点或导线断路；若电阻为零，说明各触点接触良好。根据其测量结果可找出故障点，如表 8－5 所示。

表 8－4　　电阻的分段测量法的测量结果及故障原因

故障现象	测试状态	1－2	1－3	1－4	1－5	1－6	1－7	1－0	故障原因
KA 闭合，SB2 按下时，KM1 不吸合	SB2 按下	∞	∞	∞	∞	∞	∞	∞	FR 接触不良
		0	∞	∞	∞	∞	∞	∞	QS 接触不良
		0	0	∞	∞	∞	∞	∞	SB1 接触不良
		0	0	0	∞	∞	∞	∞	SB2 接触不良
		0	0	0	0	∞	∞	∞	KM1 接触不良
		0	0	0	0	0	∞	∞	KA 接触不良
		0	0	0	0	0	0	∞	KM1 线圈断路

②分段测量法。电阻的分段测量法如图 8－7 所示。先切断电源，继电器触点 KA 闭合时，按起动按钮 SB2，两测试棒逐段或重点相邻两标号(除 0－7 两点外)的电阻。如两点间电阻很大，说明该触点接触不良或导线断路。例如当测得 2－3 两点间电阻很大时，说明行程开关触点接触不良。

这两种方法适用于开关、电器在机床上分布距离较大的电气设备。

(2)注意事项

电阻测量法的优点是安全，缺点是测量电阻值不准确时容易造成判断错误。为此应注意以下几点：①用电阻测量法检查故障时，一定要断开电源或接控制变压器次级绕组的一端。②如所测量的电路与其他电路并联，必须将该电路与其他电路断开，否则电阻不准确。③测量高电阻电器件，万用表要拨到适当的档位。在测量连接导线或触点时，万用表要拨到 R×1 档位上，以防仪表误差造成误判。

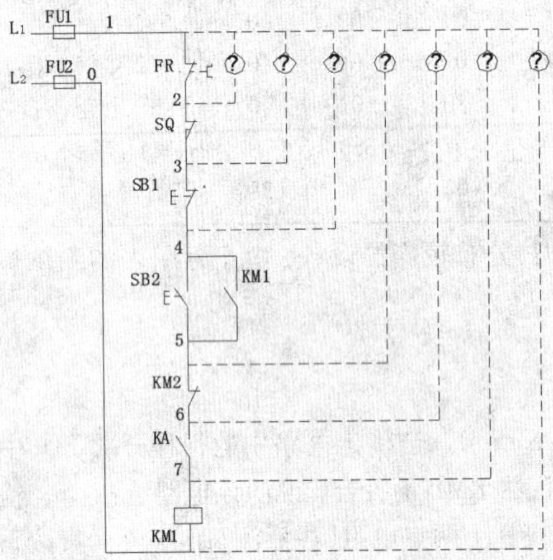

图 8－6　电阻的分阶测量法

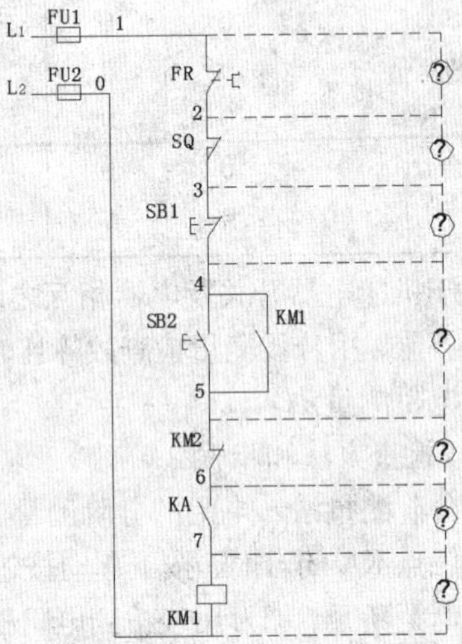

图 8－7　电阻的分段测量法

8.1.6 检修步骤

1. 通电前检查。通电前先检查控制柜中是否有接线松动的现象，检查外部机械，确保即使在通电后有异常动作，也不会伤及操作和维修人员。在保证人员安全的情况下，对控制柜通电。

2. 观察故障现象，对照电气控制电路原理图，分析故障原因，采用合适的检查方法找出故障位置。

3. 根据故障情况进行修理。

任务二　C6140 车床电气控制电路的故障检修

一、任务名称

C6140 车床电气控制电路的故障检修

二、任务描述

车床是金属切削机床中应用最为广泛的一种，能够车削外圆、内圆、端面、螺纹、螺杆以及车削定型表面等，约占机床总数的 25% ～50% 左右。在各种车床中，应用最多的是普通车床。

8.2.1 C6140 普通车床的主要结构及运动形式

C6140 普通车床主要由床身、主轴变速箱、进给溜板箱、溜板与刀架、尾架、主轴、丝杠与光杠等组成。其外形见图 8－8。

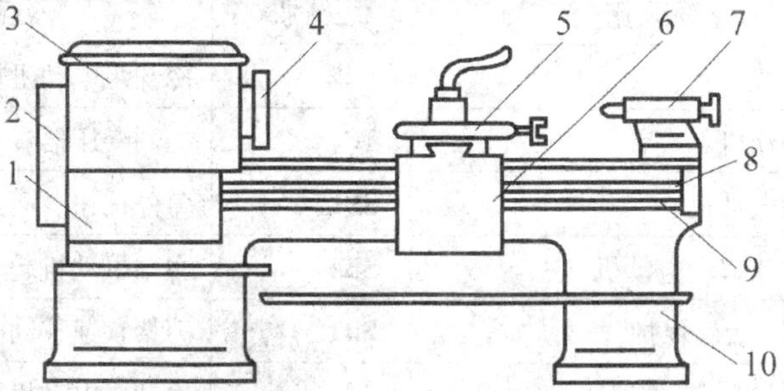

1. 进给箱；　2. 挂轮箱；　3. 主轴变速箱；
4. 主轴；　5. 溜板；　6. 溜板箱；　7. 尾架；
8. 丝杠；　9. 光杠；　10. 车床

图 8－8　C6140 普通车床结构示意图

为了实现加工各种旋转表面，车床必须具有切削运动与辅助运动。C6140 普通车床的切削运动主要分为两部分，主轴通过卡盘带动工件旋转的运动称为主运动；溜板带动刀架的纵向或横向往复直线运动称为进给运动。中小型机床的主运动和进给运动一般都是由一台电动机拖动。车床的辅助运动为机床上除切削运动以外的其他一切必需的运动。如刀架的快进与快退、尾架的移动与工件的夹紧与放松等。

8.2.2 C6140 普通车床电力拖动的特点及控制要求

(1)主轴电动机一般选用三相笼型异步电动机，不进行电气调速。

(2)采用齿轮变速箱进行机械有级调速。为减小振动，主轴电动机通过几条 V 型带将动力传递到主轴箱。

(3)为车削螺纹，主轴要求正、反转。其正、反转由机械方法来实现。

(4)要求对主轴电动机实现自动控制。

(5)在切削加工时，要求对刀具和工件用冷却液进行冷却，通常是选用三相笼型异步电动机，拖动冷却泵对刀具和工件进行冷却。

(6)采用顺序控制，主轴电动机起动后，冷却泵方可选择开动与否，且当主轴电动机停止时，冷却泵应立即停止。

(7)为提高工作效率，刀架需要快速移动，由一台三相笼型异步电动机拖动刀架快进与快退。

(8)主轴电动机、冷却泵电动机具有必要的短路保护和过载保护，当任何一台电动机过载时，三台电动机都不能工作。

(9)有过载、零压保护及安全的局部照明、指示装置。

8.2.3 电气控制线路分析

表 8－5 是 C6140 普通车床电器元件目录表。

表 8－5

符号	名称及用途	符号	名称及用途
QS	电源开关	FR2	冷却泵电动机热继电器
M1	主轴电动机	TC	控制变压器
M2	冷却泵电动机	SB1	急停按钮
M3	刀架快速移动电动机	SB2	主轴电动机起动按钮
FU1～FU4	熔断器，短路保护	SB3	刀架快速移动电动机起动按钮
KM1	交流接触器，控制 M1	SA1	冷却泵电动机控制开关
KM2	交流接触器，控制 M2	SA2	机床工作灯开关
KM3	交流接触器，控制 M3	HL	电源信号灯
FR1	主轴电动机热继电器	EL	机床工作灯

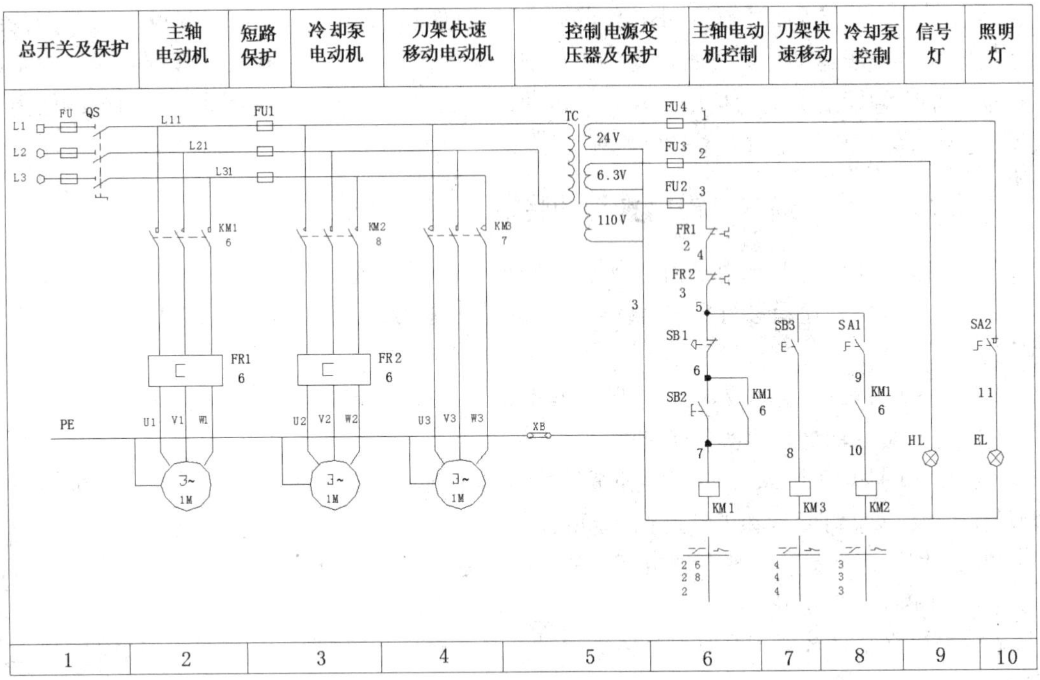

图 8－9　C6140 车床电气控制原理图

（一）主电路

机床电源采用三相 380V 交流电源—— 由电源开关 QS（低压断路器）引入，总电源短路保护为 FU。主轴电动机 M1 的短路保护由低压断路器 QS 的电磁脱扣器来实现，而 M2、M3 的短路保护由 FU1 来实现，M1T 和 M2 的过载保护是由各自的热继电器 FR1 和 FR2 来实现的；由于M3是短时工作（点动），不设过载保护。三台电动机分别采用接触器控制。

（二）控制电路

控制电路由控制变压器TC供电，控制电源电压为110V，熔断器FU2做短路保护。

主轴电动机M1起动由按钮SB2控制，按下SB2，接触器KM1线圈通电吸合，其常开主触点闭合，主轴电动机M1起动运转，并通过其辅助触点自锁，同时接通接触器KM2线圈电路。闭合开关SA1，冷却泵电动机M2起动加切削液。停车时按下SB1，KM1失电释放，M1断电停转并断开自锁。

冷却泵电动机M2与主轴M1J是联锁控制的，只有当M1起动并闭合开关SA1时，M2才能起动；M1停止后，M2也立即停止，以满足车工工艺的要求。

从安全需要考虑，快速进给电动机采用点动控制，按下SB3，刀架就可以快速进给。

当电动机M1或M2过载时，热继电器FR1或FR2动作，其常闭触点断开控制电路电源，接触器KM1或KM2断电释放，电动机M1或M2停转，从而起到过载保护作用。

（三）照明、指示电路

当车床主电源接通后，由控制变压器6V绕组供电的指示灯亮，表示车床已接通电源，可以开始工作。若闭合SA2，由控制变压器24V绕组供电的车床工作灯EL亮。

（四）电气线路常见故障分析

C6140普通车床电气控制线路的常见故障有：

1. 主轴电动机M1不能起动

主轴电动机M1不能起动有如下几种情况：

（1）按下起动按钮SB2不能起动；

（2）运行中突然自行停车，并且不能再起动；

（3）按下起动按钮SB2，熔断器FU2熔断；

（4）按下起动按钮SB2，电动机M1不转，仅发出嗡嗡声；

（5）当按下停止按钮SB1，再按下起动按钮SB2，M1不能再起动。

发生这类故障，首先应重点检查主电路的断路器、熔断器FU1及控制电路熔断器FU2是否熔断。其次，应检查热继电器FR1或FR2是否动作，这类故障排除非常简单，但更为重要的是必须找出引起热继电器动作的根本原因。热继电器的动作，有的是由于热继电器的规格选配不当，有的是由于机械部分过载或转动被卡住。或者由于电动机频繁起动而造成电动机过载，使热继电器脱扣，这时，待热继电器复位后，将额定电流适当调大些，使它稍大于电动机的额定电流。

此外，检查接触器KM1线圈引线7#、0#线头是否松动，三对主触头接触是否良好。

若以上元件及接线头都无问题，则进一步检查控制电路，如按钮SB1、SB2触头如何，连接导线有无断线，直至排除故障。

2. 主轴电动机M1断相运行

按下起动按钮SB2，电动机M1不能起动，或转动很慢，且发出嗡嗡声，或原来电动机在运行中突然发出嗡嗡声。这都是电动机断相的症状，发生这类故障时，应立即切断电源，否则长期断相运行将烧毁电动机。产生这类故障的原因是由于电动机M1的三相有一相断路。如三相电流开关QS一相接触不良。接触器KM1的三个主触头有一个未闭合或接触不良，电动机定子接线端一相断线或接触不良等。

3. 主轴电动机能起动但不能自锁

当按下起动按钮 SB2，M1 能起动运转，但放开 SB2 时，M1 也随之停止。这是由于自锁触头闭合不上或自锁电路断开。

4. 主轴电动机一旦起动后，不能停车

当主轴电动机 M1 起动运转后，按下 SB1，不能停止。其因在于 KM1 接触器三对主触头熔焊造成的。这时只有切断电流开关 QS，更换 KM1 主触头或接触器。

5. 机床工作灯不亮

合上开关 SA2，EH 不亮。这时可从照明电路中查找，先检查控制变压器 TC 副边有无 24V 电压。

三、任务完成

8.2.4 检修步骤

1. 通电前检查。通电前先检查控制柜中是否有接线松动的现象，检查外部机械，确保即使在通电后有异常动作，也不会伤及操作和维修人员。在保证人员安全的情况下，对控制柜通电。

2. 观察故障现象，对照电气控制电路原理图，分析故障原因，采用合适的检查方法找出故障位置。

3. 根据故障情况进行修理。

任务三　X62W 万能铣床电气控制电路的故障检修

一、任务名称

X62W 万能铣床电气控制电路的故障检修

二、任务描述

在金属切削机床中，铣床在数量上占第二位，仅次于车床。铣削加工是一种高效率的加工方式。铣床按照结构型式和加工性能的不同，可分为立式铣床、卧式铣床、龙门铣床及仿形铣床和各种专用铣床等。它可用来加工平面，斜面，沟槽等。装上分度头，还可以铣切直齿轮和螺旋面。如果装上圆工作台可以铣切凸轮和弧形槽。铣削加工一般有顺铣和逆铣两种形式，分别使用顺铣刀和逆铣刀。

X62W 万能升降铣床，适用于各种机械类企业。它除了能加工平面、斜面、齿轮外，还可以加装万能铣头和圆工作台来扩大加工范围。同时，万能铣床的机械操纵与电气控制的配合十分紧密，是电气与机械结构联合动作的典型控制。

8.3.1 主要结构及运动形式

X62W 万能升降铣床主要由床身、悬梁及刀杆支架、工作台、横向溜板和升降台等几部分组成，其外形结构示意图如图 8－10 所示。

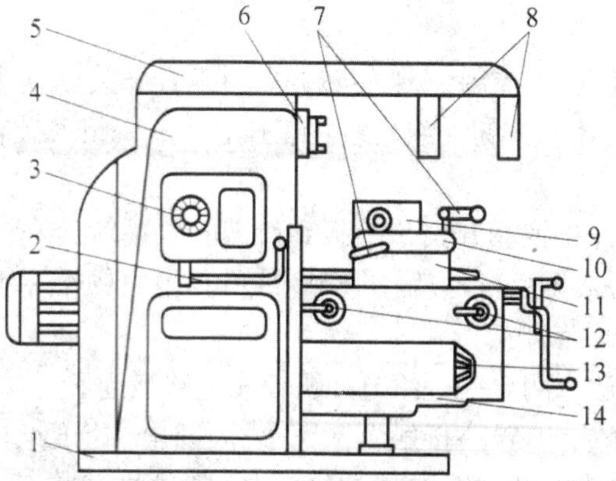

1. 底座； 2. 主轴变速手柄； 3. 主轴变速盘； 4. 床身； 5. 悬梁；
6. 主轴； 7. 纵向操纵手柄； 8. 刀杆支架； 9. 工作台； 10. 回转盘；
11. 横向溜板； 12. 十字手柄； 13. 进给变速盘； 14. 升降台

图 8－10　X62W 万能升降铣床

8.3.2 电力拖动的特点及控制要求

1. 中小型铣床一般均采用三相笼型异步电动机拖动。主运动是铣刀(主轴)的旋转运动，进给运动是工件相对于铣刀的运动。由于主轴的旋转运动和进给运动之间没有内在联系的要求，分别用一台电动机拖动。为了适应顺铣和逆铣两种铣削方式的需要，主轴电动机应能正转和反转，但旋转方向是在加工前预先选择的，在工作过程中并不要求改变旋转方向，所以是不频繁地进行正、反转；为防止刀具的损坏，要求主轴转动后才允许有进给运动，进给运动停止后，主轴才能停止或同时停止；为了缩短停车时间，主轴停车时，采用了具有速度继电器控制的反接制动。

2. 工作台的进给运动有六个方向的运动，即上下、左右和前后运动，因此进给电动机应能正、反转。为了提高生产效率，要求六个方向都能实现空行程的快速移动，从安全角度考虑，同样时间内只允许有一个方向的进给运动。圆工作台工作时，不允许有工作台任何方向的进给运动。

3. 在主轴变速和进给变速的过程中，为了使变速滑移齿轮容易啮合，变速时电动机稍微转动一下，即点动一下，这个动作称为变速冲动。

8.3.3 电气控制线路分析

(一)主电路

M1 是主轴电动机，拖动主轴带动铣刀进行铣削加工，因为主轴电动机正、反转不频繁，所以用 SA5 转换开关控制相序转换(简称倒相)。进给电动机 M2 的正、反转频繁，因而需要用接触器 KM4、KM5 进行倒相。用熔断器 FU1、FU2 作短路保护。每台电动机均有热继电器作过载保护。

（二）控制电路

1. 主轴电动机 M1 的控制

主轴电动机由接触器 KM1 控制，M1 旋转方向由组合开关 SA5 预先选择。M1 的启动、停止采用两处控制的方式。控制按钮一组安装在工作台上，一组安装在床身上，可在此两处操作。

M1 的启动和停转。先将换相开关 SA5 扳到所需的位置（正转或反转）。

启动控制：按下 SB1（或 SB2）→接触器 KM3 线圈得电自锁┬→KM3 主触点闭合→M1 启动→速度继电器 KS 常开触点闭合。

└→KM3 辅助常开触点闭合→进给电动机控制电路接通。

停止控制：按下 SB3（或 SB4）→接触器 KM3 线圈断电（速度继电器 KS 正转常开触点闭合）→KM2 得电自锁→电动机 M1 串入电阻 R 实现反接制动→当 $n \approx 0$ 时，速度继电器 KS 常开触点复位→KM2 线圈断电→M1 停转，进给控制电路电源切断，反接制动结束。

主轴变速冲动。主轴变速可在主轴不动时进行，也可在主轴旋转时进行，无需先按停止按钮，利用变速手柄与限位开关 SQ7 的联动机构进行控制。变速时，先把变速手柄下压，使它从第一道槽内拔出，再转动变速盘，选择所需速度，然后慢慢拉向第二道槽，通过手柄压下开关 SQ7┬→其常开触点先断开→KM3 线圈断电→M1 失电└→其常闭触点闭合→KM2 线圈得电→M1 反向冲动变速手柄迅速推回原位，使限位开关 SQ7 复位，接触器 KM2 断电，电动机 M1 停转，变速冲动过程结束。

2. 进给电动机 M2 的控制

工作台进给方向有左、右的纵向运动，前、后的横向运动和上、下的垂直运动，是依靠进给电动机 M2 的正、反转来实现的。正、反转接触器 KM4、KM5 是由两个机械操作控制的。其中一个是纵向操作手柄，另一个是垂直与横向机械操作手柄。这两个手柄各有两套，分别设在铣床的工作台正面与侧面，实现两地操作。

SQ1、SQ2 为纵向进给，SQ3、SQ4 为垂直和横向进给行程开关。SA1 为圆形工作台选择开关，设有“接通”与“分断”两个位置，当不需要圆形工作台运动时，将 SA1 置于“分断”位置，此时触点 SA1－1、SA1－3 闭合 SA1－2 断开。然后启动主轴电动机，KM3 得电并自锁，为进给电动机启动作准备。下面对各种进给运动的电气控制进行简要分析。

①工作台纵向左右运动的控制。工作台左右运动由工作台纵向操作手柄控制，有三个位置：左、中、右。当操作手柄扳向右位置时，通过其联动机构将纵向进给机械离合器挂上，同时压下右进给的行程开关 SQ1－1→接触器 KM4 得电→进给电动机 M2 正转，工作台向右进给。向左进给时将手柄扳向左→压下 SQ2 －1→KM5 得电→M2 反转→工作台向左进给。当需要停止时，将手柄扳回中间位置，纵向进给结束，工作台停止运动。

②工作台垂直上下运动和前后运功的控制。

向上进给时将手柄扳向上→挂上垂直运动的离合器→压下 SQ4，SQ4 －1 闭合→KM5 得电吸合→M2 反转→工作台向上进给。

向下进给时将手柄扳向下→压下 SQ3，SQ3 －1 闭合→SQ3 －2 断开→KM4 得电→M2 正转→工作台向下进给。

向前进给时将手柄扳向前→挂上横向运动离合器→压下 SQ3，SQ3 －1 闭合→SQ3 －2 断开→KM4 得电→M2 正转→工作台向前进给。

向后进给时将手柄扳向后→压下 SQ4，SQ4 -1 闭合→KM5 得电吸合→M2 反转→工作台向后进给。

③工作台的快速移动。工作台三个方向的快速移动也是由进给电动机拖动的，当工作台已经进行工作时，如果按下快速移动按钮 SB5 或 SB6 使 KM6 得电，接通快速移动电磁铁 YA，衔铁吸上，经杠杆将进给传动链中的摩擦离合器合上，减少中间传动装置，工作台按原运动方向实现快速移动。SB5 或 SB6 松开时，KM5、YA 相继失电衔铁释放，摩擦离合器脱开，快速移动结束，工作台仍按原进给速度运动。所以快速移动是点动控制。

④进给变速时的"冲动"控制。在进给变速时，为使齿轮易于啮合，电路中设有变速"冲动"控制环节。进给变速冲动是由进给变速手柄配合进给变速冲动开关 SQ6 实现的。压合 SQ6 触点，SQ6 -2 先断开，SQ6 -1 后闭合→电流经 SA1 -3、SQ2 -2、SQ1 -2→SQ3 -2、SQ4 -2→SQ6 -1→KM3 得电→M2 正转→完成变速"冲动"。

3. 圆工作台进给控制

圆工作台的回转不需要调速，也不要求反转，因此仅由 KM4 控制即可。操作时，首先将 SA1 扳到"接通"位置，这时触点 SA1 -2 闭合，SA1 -3 断开，按下主轴启动按钮 SB1 或 SB2，主轴电动机 M1 启动后 KM3 即得电吸合，于是 M2 拖动圆工作台做单向旋转运动。

4. 冷却泵电动机的控制与机床照明电路

在主轴起动以后，将转换开关 SA3 闭合，接触器 KM1，使冷却泵电动机 M3 旋转，将冷却液输送到机床切削部分，进行冷却。

机床局部照明由变压器 TC 供给 36V 的安全电压，用用转换开关 SA4 来控制。

X62W 万能升降铣床电器元件目录表见表 8 -7。

表 8 -7

符号	名称及用途	符号	名称及用途
QS	电源开关	R	反接制动限流电阻
M1	主轴电动机	KS	速度继电器
M2	进给电动机	YA	快速进给电磁铁
M3	冷却泵电动机	TC	控制变压器
FU1 ~ FU3	熔断器，短路保护	SA1	圆形工作台开关
KM1	交流接触器，控制 M3	SA3	冷却泵控制开关
KM2	交流接触器，控制 M1 反接制动	SB1、SB2	主轴电动机起动按钮
KM3	交流接触器，控制 M1	SB3、SB4	主轴电动机停止按钮
KM4	交流接触器，控制 M2 正转	SB5、SB6	工作台快速进给按钮
KM5	交流接触器，控制 M2 反转	SQ1	工作台纵向进给行程开关（向右）
KM6	交流接触器，控制 YA	SQ2	工作台纵向进给行程开关（向左）

续表

符号	名称及用途	符号	名称及用途
SA5	转换开关(换相开关)	SQ3	工作台横向和垂直进给行程开关(向前、下)
FR1	主轴电动机 M1 热继电器，过载保护	SQ4	工作台横向和垂直进给行程开关(向后、上)
FR2	快速移动电动机 M2 热继电器，过载保护	SQ6	进给变速冲动行程开关
FR3	液压泵电动机 M3 热继电器，过载保护	SQ7	主轴变速冲动行程开关

(三)控制线路的联锁与保护

X62W 万能升降铣床运动比较多，电气线路比较复杂，为使其安全工作，电气控制线路具有完善的联锁与保护。

1. 进给运动与主轴运动的联锁

进给拖动的控制电路接在 KM3 常开触头之后，所以工作台的进给运动应在主轴开动后才能进行。主轴电动机停止时，进给也自动停止。

2. 工作台六个运动方向的联锁

铣床工作时，工作台的各向进给是不允许同时进行的，因此各方向的进给运动必须互相联锁。实际上，由于纵向操纵手柄以及横向—垂直进给的操纵手柄都只能扳向一种操作位置，即接通一种进给，为此，在 X62W 万能升降铣床上采用了更为简单的电气联锁方案，即当两个操纵手柄同时扳动时，进给电路就立即中断。在控制线路中，接线点 26 与 16 以及 21 与 16 之间的两条并联支路(一条为 SQ4－2 与 SQ3－2 串联，另一条为 SQ2－2 与 SQ1－2 串联)即用于进给的联锁控制。它们串接于接触器 KM4、KM5 的控制电路中。它的作用如下:当纵向进给手柄扳动时，则 SQ1 或 SQ2 被压下，将 21－16 支路切断，这时 KM4 或 KM5 就只能由另一条支路(13－26－16)供电。如果再扳动横向与垂直进给操作手柄而使 SQ3 或 SQ4 动作时，则该条支路也被切断。因此 KM4 或 KM5 断电释放，使进给自动停止。

3. 工作台进给与圆工作台工作的联锁

使用圆工作台时，必须将进给操纵手柄置于中间位置(零位)。这就保证了圆工作台与工作台的联锁。

4. 具有完善的保护

在主电路、控制电路和照明电路中，都装有熔断器进行短路保护。主轴电动机、进给电动机和冷却泵电动机分别由热继电器 FR1、FR2、FR3 进行过载保护。当主轴电动或冷却泵电动机有一个过载时，所有控制电路都被全部切断。但进给电动机过载时，则只切断进给控制电路。工作台上、下、左、右、前、后六个方向的运动都具有限位保护。它们是由各自的限位档铁来碰撞操作手柄，使其返回中间位置来实现的。

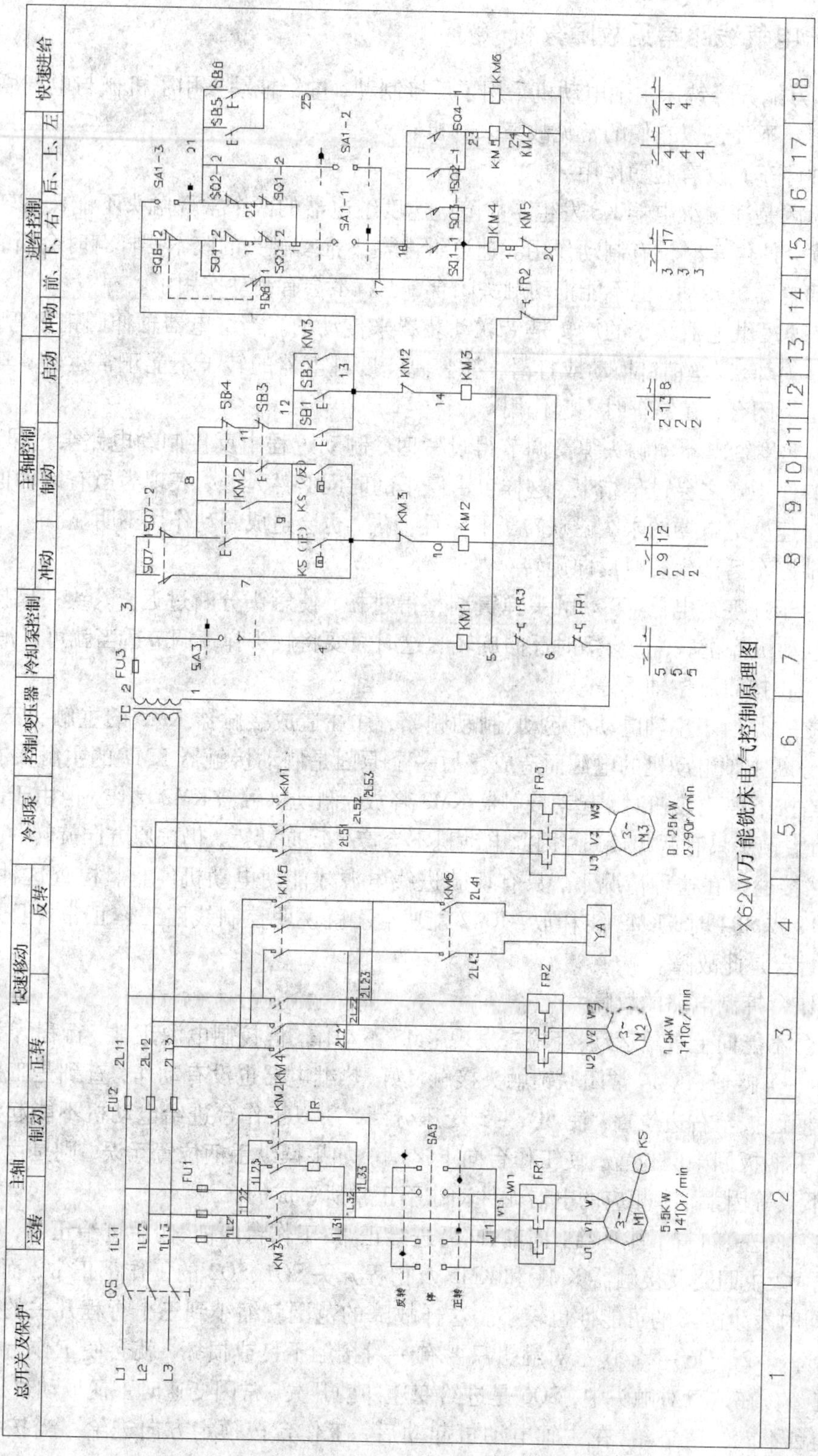

图 8－11 X62W 万能铣床电气控制原理图

8.3.4 电气线路常见故障分析

X62W 万能升降铣床主轴电动机采用了反接制动，进给拖动采用了机械与电气联合动作的典型控制。下面仅以它们的常见故障来分析。

1. 主轴停车时没有制动作用

主要原因是速度继电器 KS 发生了故障。速度继电器的两个常开触头不能按旋转方向正常闭合，就会使停车时没有制动作用。速度继电器中推动触头的胶木摆杆有时会断裂，这时其转子虽随电动机转动，但不能推动触头闭合，也就不会有制动作用了。

此外，速度继电器转子的旋转是借联动装置来传动的。当继电器轴伸圆销扭弯、磨损或弹性连接件损坏、螺丝销钉松动或打滑，都会使速度继电器的转子不能正常运转，其常开触头也不能正常闭合，在停车时不起作用。

还有，速度继电器动触头弹簧调节得过紧时，制动过程中反接制动电路会过早被切断，强制停车的作用随之会过早结束，这样自由停车的时间必然延长，表现为虽有制动但制动效果不显著。速度继电器的永久磁铁转子的磁性消失，也会造成制动作用不明显。

2. 主轴停车后产生短时反向旋转

这是由于速度继电器 KS 动触头弹簧调整得过松，使触头分断过迟，以致在反接的惯性作用下，电动机停止后，仍会短时反向旋转。这时只要将触头弹簧调节适当就可以消除。

3. 按停止按钮后主轴不停

原因之一是由于主轴电动机起动、制动频繁，往往造成接触器 KM2 的主触头产生熔焊，以致无法分断主轴电动机的电源而造成。另一个原因是制动接触器 KM2 的主触头有一相接触不良，当按下停止按钮时，起动接触器 KM3 释放，制动接触器 KM2 动作，但由于制动接触器 KM2 的主触头只有两相接通，因此电动机不会产生反向转矩，仍按原方向旋转，速度继电器 KS 仍然接通。在这种情况下，只有切断进线电源才能使电动机停止。检查这种故障时，当按下 SB3 或 SB4 时，KM3 能释放，KM2 能吸合，就说明控制线路工作正常，但无反接制动，即可断定是此故障。

4. 工作台控制电路的故障

工作台不能向上进给运动：经检查发现 KM5 不动作，但控制电源正常，行程开关 SQ4 已压合，SQ4－1 接通，KM4 常闭联锁触头接触良好、热继电器也没有动作，查到是工作台的纵向操作手柄已扳至右边位置，使 SQ1－2 受压分断，所以工作台进给电动机不能起动。若将纵向操纵手柄扳回中间位置，使工作台向上运动。如果操纵手柄位置无误，则是由于机械磨损、操纵不灵等因素，和相应的电器元件动作不正常所造成的。

工作台向左、向右不能进给，向前、向后进给正常：工作台向前、向后进给正常，则证明进给电动机 M2 主回路及接触器 KM4 和 KM5 及行程开关 SQ1、SQ2 的工作都正常，而 SQ1－1、SQ2－1 同时发生故障的可能性也较小。这样故障的范围就缩小到三个行程开关的三对触头 SQ3－2、SQ4－2、SQ6－2。这三对触头只要有一对接触不良或损坏，就会使工作台向左或向右不能进给。在这三对触头中，SQ6 是进给变速冲动开关，常因变速时手柄扳动过猛而损坏。

工作台不能快速进给：在主轴电动机起动后，工作台按预定方向进给。当按下 SB5 或 SB6 时，接触器 KM6 吸合，电磁铁 YA 接通，工作台应按预定方向快速移动。若不能快速移动，常见的故障是电磁铁电路不通、线圈损坏或机械卡死。

三、任务完成

8.3.5 检修步骤

1. 通电前检查。通电前先检查控制柜中是否有接线松动的现象，检查外部机械，确保即使在通电后有异常动作，也不会伤及操作和维修人员。在保证人员安全的情况下，对控制柜通电。

2. 观察故障现象，对照电气控制电路原理图，分析故障原因，采用合适的检查方法找出故障位置。

3. 根据故障情况进行修理。

项目九

传感器的装调

任务一　光电开关、接近开关、磁性开关的识别和装调

一、任务名称

光电开关、接近开关、磁性开关的识别和装调

二、任务描述

光电开关、接近开关和磁性开关广泛应用在自动控制系统中，作为系统中的检测元件，其测量的精度对系统的影响较大。通过完成光电开关、接近开关和磁性开关的安装和调试，识别和掌握这几种传感器，减少人为的测量误差。

9.1.1 基本结构

1. 光电开关

光电传感器是将光信号转换为电信号的一种传感器。其中输出形式为开关量的传感器为光电式接近开关。按照接收器接收光的方式的不同，光电式接近开关可分为对射式、镜反射式和漫射式等。

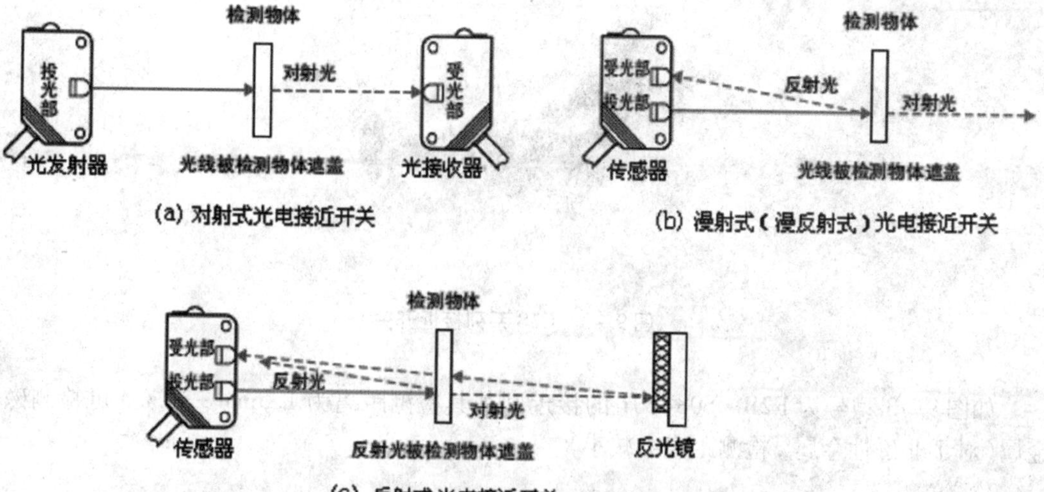

图 9－1　光电开关的类型和检测原理

光电开关主要由光的发射器和接收器构成。其中接收器包含了光敏器件及辅助电路，用于放大光通量，使得微弱的光通量转换成电路中的电流或电压，从而实现光电转换。

如图 9－2 所示为某型号的光电开关，其检测距离为 90 ± 30mm，可检测的最小物体为直径 φ0.1mm。

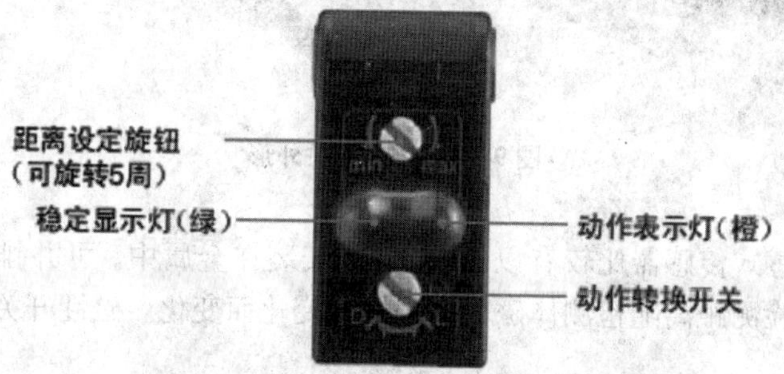

图 9－2　E3Z－L61 光电开关的外形和调节旋钮、显示灯

2. 接近开关

接近传感器是一种具有感知物体接近能力的器件。它利用位移传感器对接近的物体具有敏感特性来识别物体，并输出相应开关信号。因此，通常把接近传感器称为接近开关。常见的接近传感器有电容式、电涡流式、光电式、多普勒式和霍尔式等。不同种类的接近开关其组成不尽相同，但基本都包含放大电路和整形电路。如电感式接近开关根据电涡流原理制作而成，由电感线圈、振荡电路、检波电路、放大电路、整形电路和输出电路构成。

图9－3　E2B系列接近开关

如图9－3型号为E2B－S08□S01的接近开关其检测距离为1.5mm±10%，可检测磁性金属(对于非磁性金属，检测距离会减小)。

3.磁性开关

磁性开关是一种利用磁场信号来控制的线路开关器件，也叫磁控开关。

磁性开关又称舌簧传感器，适用于气动、液动、气缸和活塞泵的位置测定，亦可作限位开关用。当磁性目标接近时，舌簧闭合经放大输出开关信号。

图9－4　磁性开关外形

磁性开关与电感式传感器比较有以下优点：能安装在金属中，可并排紧密安装，可穿过金属进行检测。其检测距离随检测体磁场的强弱的变化而变化。磁性开关不适用于强烈震动的场合。

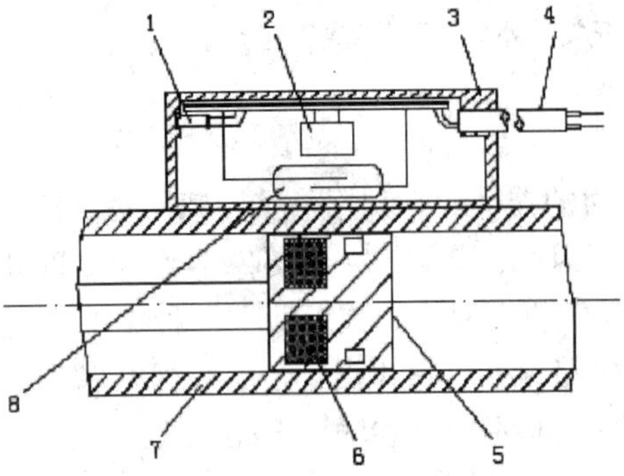

1.动作指示灯；　2.保护电路；
3.开关外壳；　4.导线；
5.活塞；　6.磁环（永久磁铁）；
7.缸筒；　8.舌簧开关

图9－5　带磁性开关气缸的工作原理图

9.1.2 电路原理

1. 光电开关

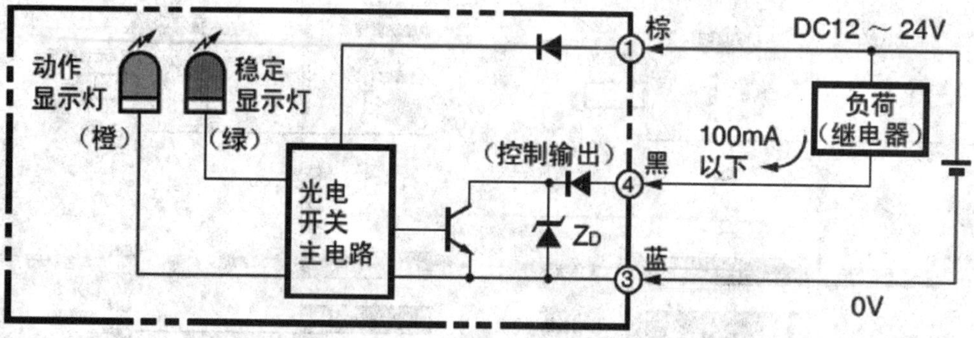

图 9－6　E3Z－L61 光电开关电路原理图(NPN 输出)

E3Z－L61 光电开关具有动作转换开关，可以选择该器件为入光时动作或者遮光时动作。如果选择 D，则为遮光时动作，即当有物体遮住光电开关发射器发出的光时，如图 9－7(b)所示，其输出晶体管为 ON，负荷间为高电平。反之，如果选择 L，则为入光时动作，如图 9－7(a)所示。

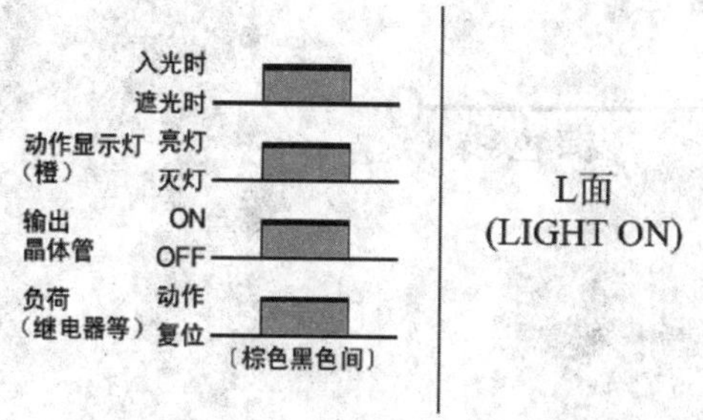

图 9－7(a)　E3Z－L61 光电开关入光时 ON

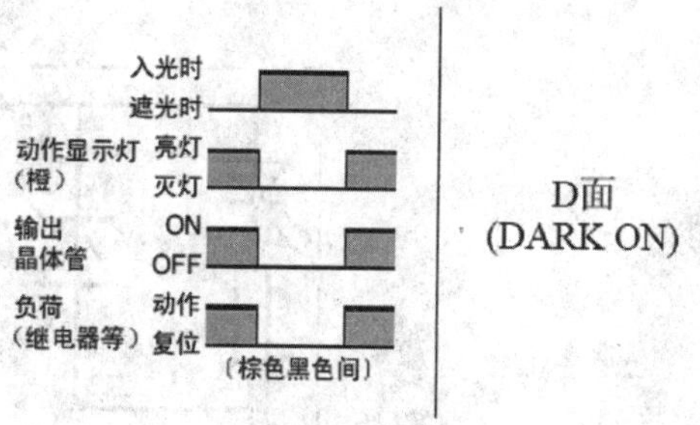

图 9－7(b)　E3Z－L61 光电开关遮光时 ON

2. 接近开关

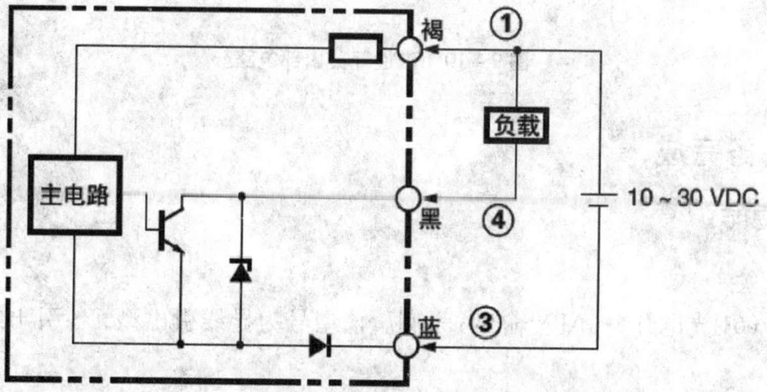

图 9－8　E2B 系列接近开关电路原理图(NPN 输出)

E2B 型接近开关具有两种动作模式可选:NO 和 NC。在所选器件为 NO 动作模式时，当有被测物体进入检测区域，则控制输出高电平，同时黄色指示灯亮，如图 9－9(a)所示。NC 动作模式如图 9－9(b)所示。

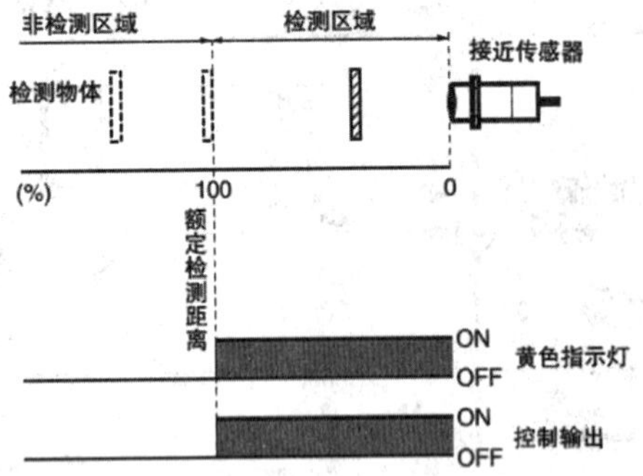

图 9－9(a)　动作模式 NO

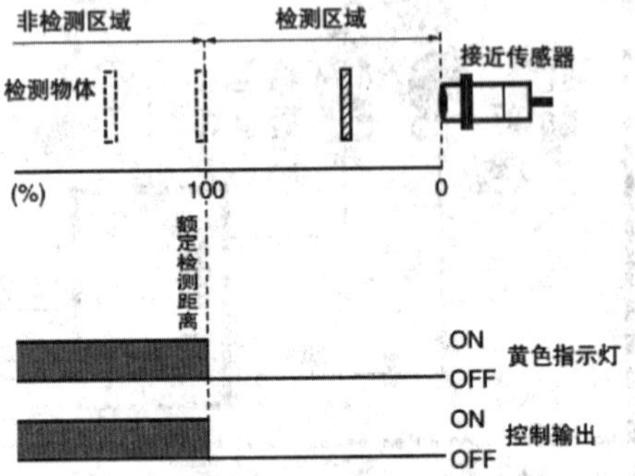

图 9－9(b)　动作模式 NC

3. 磁性开关

如图 9－10 所示，磁性开关检测到有磁场在靠近，当磁场进入磁性开关的检测范围时，舌簧开关闭合，指示灯亮。

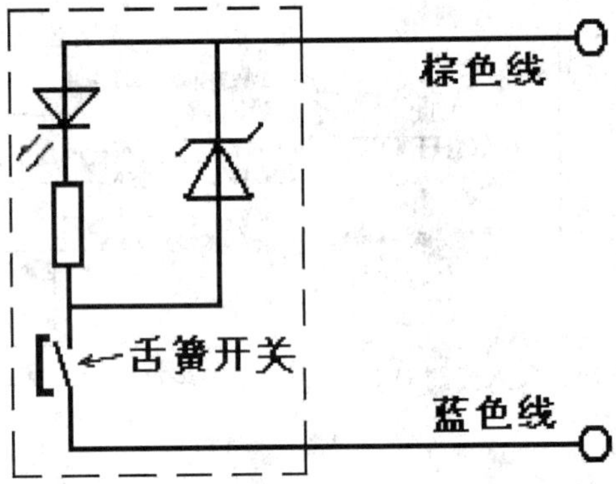

图 9－10　磁性开关内部电路

三、任务完成

9.1.3 安装

1. 光电开关

以 E3Z－L61 光电开关(NPN 输出)为例。该型号为导线引出型，各引出线的定义如图 9－11所示。

区分	芯线外被颜色	连接插针No.	适用
DC用	棕色	①	电源(+V)
	白色	②	——
	蓝色	③	电源(0V)
	黑色	④	输出

注. ②插针是空端子。

图9-11　光电开关引出线的定义

由上图可知，当光电开关与 PLC 连接时，应当将棕色线、蓝色线分别与 PLC 的输入端电源正、负端连接，将黑色线连接到 PLC 的输入点。

2. 接近开关

以 E2B 系列接近开关(NPN 输出、接插件型)为例。如图 9-8 所示，褐色线、蓝色线分别与 PLC 的输入端电源正、负端连接，将黑色线连接到 PLC 的输入点。

3. 磁性开关

以应用于气缸的磁性开关为例。磁性开关可以采用以下几种安装方式：A. 用钢带固定；B. 固定在导轨上；C. 卡固在拉杆上；D. 直接安装。

磁性开关有蓝色和棕色 2 根引出线，使用时蓝色引出线应连接到 PLC 输入公共端，棕色引出线应连接到 PLC 输入端。

9.1.4 调试

1. 光电开关

调试光电开关时，应先设定其动作模式，预先设定为“遮光时动作”，即动作选择开关打向 D。在安装完毕，固定光电开关后，进行检测距离的设定。调整的方法是，首先按逆时针方向将距离调节器充分旋到最小检测距离(E3Z-L61 约 20mm)，然后根据要求距离放置检测物体，按顺时针方向逐步旋转距离调节器，找到传感器进入检测条件的点；拉开检测物体距离，按顺时针方向进一步旋转距离调节器，找到传感器后再次进入检测状态，一旦进入，向后旋转距离调节器直到传感器回到非检测状态的点。两点之间的中点为稳定检测物体的最佳位置。

2. 接近开关

以 E2B 系列接近开关为例。若已选定设备型号，则不能再通过现场调试来调节检测距离。如果选定的设备其检测距离为 1.5 mm ±10%，且其对应的设定距离为 0～1.2mm，则表示被检测物体在距离接近开关 0～1.2mm 的范围内出现其检测效果最佳。

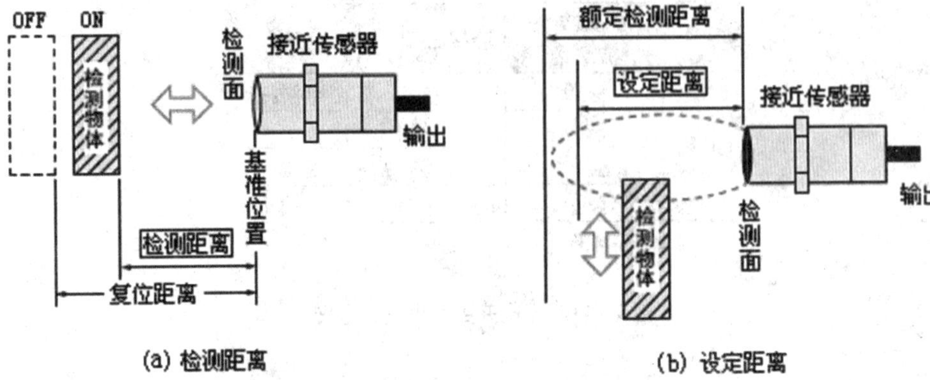

图 9－12　安装距离注意说明

3. 磁性开关

磁性开关与气缸配合使用时，如果安装不合理，可能使气缸动作不正确。当气缸活塞移向磁性开关，并接近一定距离时，磁性开关才有“感知”，开关才会动作，且磁性开关在活塞的某一段行程内动作。因此，磁性开关需要在控制系统中根据实际控制要求进行适当的调整。

任务二　增量型光电编码器的识别和装调

一、任务名称

增量型光电编码器的识别和装调

二、任务描述

增量型光电编码器常用于测量电机转速，通过完成增量型光电编码器的安装和调试，进而识别增量型光电编码器。

9.2.1 基本结构

光电编码器将位移转换成周期性的电信号，再把这个电信号转变成计数脉冲，用脉冲的个数表示位移的大小。光电编码器可以分为增量型、绝对型和混合型 3 种。

增量型光电编码器的特点是每产生一个输出脉冲信号就对应于一个增量位移，但是不能通过输出脉冲区别出是在哪个位置上的增量。

增量型光电编码器主要由光源、码盘、检测光栅、光电检测器件和转换电路组成，如图 9－13所示。

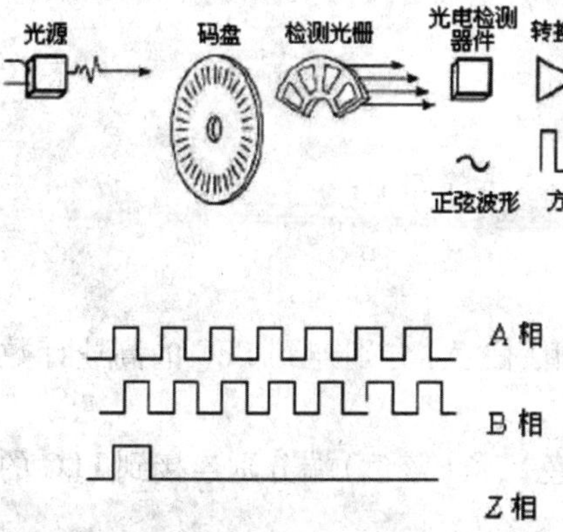

图 9－13(a)　光电编码器的构成

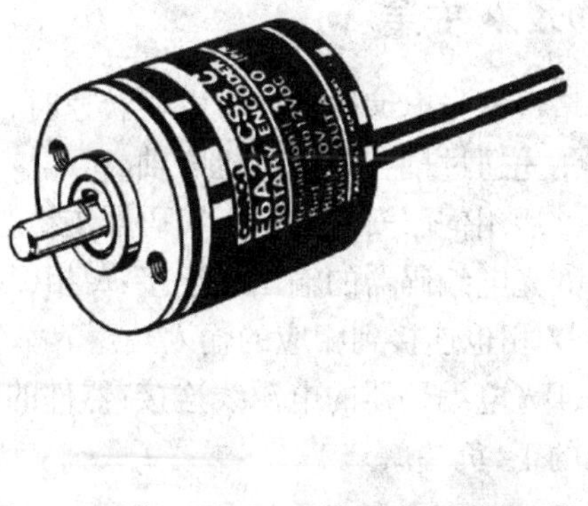

图 9－13(b)　E6A2－C 增量型光电编码器

9.2.2 电路原理

以 E6A2－CW3E 光电编码器为例。图 9－14 为该光电编码器的输出电路图，由图可知其输出有 A、B、Z 三相。其中 A、B 相为所产生脉冲，且相位差为 90°。若假定 A 相超前 B 相 90°时，电机为正转；则 B 相超前 A 相 90°时，电机为反转。即用 A、B 相的相位关系来表示电机的正、反转。而 Z 相则是每转过一周输出一个脉冲。当电机转过一周，A 相或 B 相都产生 500 个脉冲（不同型号的编码器分辨率也不同，所产生脉冲数也不相同）。

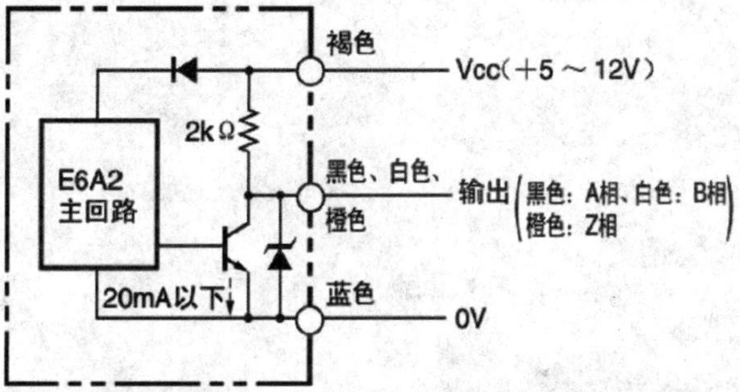

图 9－14　E6A2－CW3E 光电编码器电路原理图

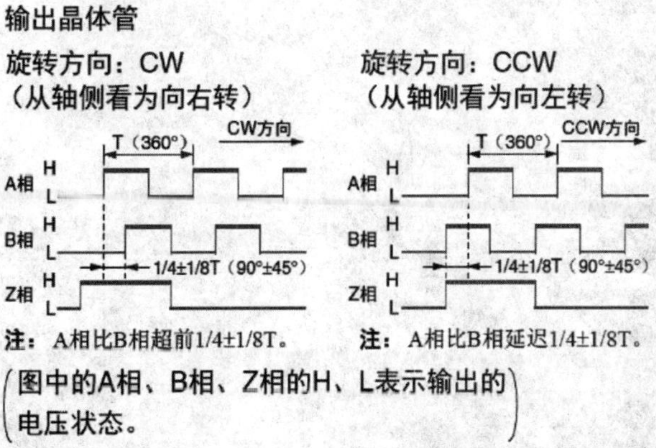

图 9－15　E6A2－CW3E 光电编码器输出模式

三、完成任务

9.2.3 安装

增量型光电编码器测量电机转速时，其安装的基本步骤如下：

①先通过耦合器与电机联轴。

②后用伺服安装支架把编码器支撑起来。

③光电编码器的输出线连接：A 相(黑线)和 B 相(白色)分别连到 PLC 的高速计数器输入端；Z 相也连接到相应的输入端。

④光电编码器的电源线连接：器件的电源正(褐色)、负(蓝色)端分别连接到 PLC 的输入电源的正、负端。

9.2.4 调试

在安装完毕后，需要检查光电编码器能否正常工作，以下几个因素可能会对其产生不利影响。

①光电编码器的转轴与电机转轴的连接不紧密。

②光电编码器的转轴与电机转轴的连接不在同一水平线上。

③光电编码器和电机的固定螺栓不牢固。

以上几个因素可能会造成机械振动，进而影响最终的测量结果。

项目十

可编程控制器（PLC）控制电路的装调

任务一　可编程控制器基本知识

一、任务名称

可编程控制器基本知识

二、任务内容

可编程控制器（简称 PLC）是 20 世纪 70 年代发展起来的新一代工业自动化控制装置。它克服了传统的继电—接触器控制系统故障率高、接线复杂、通用性低、灵活性差等缺点，把自动化技术、计算机技术、通信技术融为一体，不仅能实现各种自动控制，而且具有算术逻辑运算、数据处理、联网通信等功能，是现代工业自动化领域（PLC、CAD/CAM、机器人）三大技术支柱之一，应用越来越广泛。下面将介绍 PLC 的结构、原理、编程语言及程序设计等内容。

10.1.1 概述

1. 可编程控制器的定义

“可编程控制器是一种数字运算操作的电子系统，专为在工业环境下应用而设计。它采用可编程序的存储器，在其内部存储和执行逻辑运算、顺序控制、定时、计数和算术运算等操作的指令，并通过数字式和模拟式的输入和输出，控制各种类型的机械或生产过程。可编程控制器及其有关设备，都应按易于与工业系统联成一个整体和易于扩充其功能的原则设计。”这是国际电工委员会（IEC）于 1987 年对可编程控制器（Programmable Controller 简称 PC）的定义。为了避免与个人计算机 PC（Personal Computer 的简称）相混淆，所以仍沿用可编程控制器的前一代产品可编程逻辑控制器“PLC”（Programmable Logic Controller 的简称）这个老名字，但是从功能上讲，现在的 PLC 早已不是原来意义上的“PLC”了。

自从 1969 年美国数字设备公司（DEC）研制第一台 PLC，并成功地应用于美国通用汽车公司的汽车装配流水线上，PLC 技术从此迅速发展起来。

2. 可编程控制器的特点

(1)可靠性高

由于 PLC 的工作方式采用“循环扫描、顺序执行”，在软件上具有故障自诊断和处理的功能，在硬件上采取屏蔽、滤波、光电隔离、模块结构等措施，大大提高抗干扰能力，增强可靠性。一般 PLC 的平均无故障工作时间可达 3 ~5 万小时。

(2)编程简单

PLC 大多数采用“梯形图”语言，沿用了继电器控制线路的符号、定义，直观形象、易于掌握，现场修改程序，方便灵活。

(3)通用性强

PLC 用程序代替硬件布线逻辑，用修改程序的方法满足各种控制方案、工艺流程变化的要求。同时，PLC 的 I/O 接口可直接与现场强电相连接，产品系列化、标准化，可按要求进行选配。

(4)功能完善

PLC 不仅有数字量和模拟量的输入/输出功能，还具有逻辑运算、算术运算、定时、计数、顺序控制、自检、通信等功能。

3. 可编程控制器的分类

(1)按 I/O 点数可分为小型、中型、大型 PLC：

①小型 PLC(I/O 点数小于 256 点，其中小于 64 点为微型 PLC)。

②中型 PLC(I/O 点数在 256 ~2048 点之间)。

③大型 PLC(I/O 点数在 2048 点以上)。

这种分类不是固定的，它会随 PLC 发展而改变。

(2)按功能不同可分为低档机、中档机、高档机三类。

(3)按结构特点可分为整体式、模块式和叠装式 PLC。

PLC 因为功能强、可靠性高而广泛应用于各个领域中，未来 PLC 向高速度、大容量、小体积、强功能方向发展。

10.1.2 PLC 的结构及工作原理

从 PLC 的定义可知，它实际上就是一种工业控制专用计算机，是由硬件和软件两大部分组成的。

1. PLC 的硬件

PLC 的硬件包括主机、I/O 扩展机和外围设备三大部分，如图 10 -1 所示。主机由中央处理器 CPU、存储器、输入/输出接口、电源等组成。

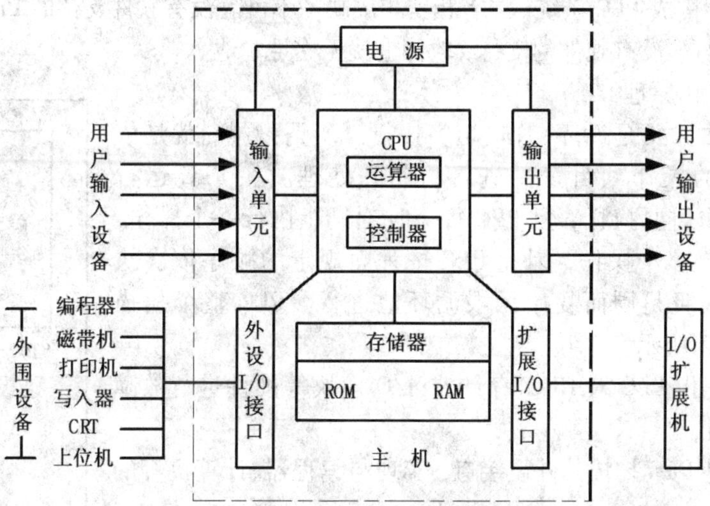

图 10－1

(1)CPU

CPU 是 PLC 的运算、控制中心，类似于人体的中枢神经。它用来实现逻辑运算、算术运算，并对整机进行协调、管理控制，依据系统程序赋予的功能完成各项任务。

(2)存储器

存储器是存储程序和数据的物理实体，有两种形式，一种是可进行读写操作的随机存储器 RAM，另一种是只读存储器 ROM、PROM、EPROM、EEPROM 等。存储器用作存放 PLC 的系统程序、用户程序、逻辑变量、输入/输出状态映像以及各种数据信息。

(3)输入/输出接口

输入/输出(I/O)接口包括输入/输出单元、外设 I/O 接口和扩展 I/O 接口，其中输入/输出单元是 PLC 的重要特征，是 PLC 与工业现场被控对象(机械设备、生产过程)联系的桥梁。输入/输出单元有数字量和模拟量两种形式。外设 I/O 接口和扩展 I/O 接口，也称为通信接口，实现与编程器、打印机、计算机、PLC 扩展机的连接和通信要求。

(4)电源

电源是整机工作的能源供给中心。有外部电源、内部电源和备用电池之分。

(5)编程器

编程器是 PLC 最主要的外围设备之一，用于输入、编辑、调试用户程序，也可以对 PLC 的运行状态、参数进行监视。有简易型和智能型两类。

2. PLC 的软件

PLC 的软件是指 PLC 工作所使用的各种程序的集合，它包括系统程序和用户程序两大部分。

系统程序是由 PLC 生产厂家编制，用来管理、协调 PLC 的各部分工作，充分发挥 PLC 硬件功能，方便用户使用的通用程序，它一般包括管理程序(含自诊断程序)、用户指令解释程序和标准程序模块等。

用户程序是用户根据不同控制要求，利用 PLC 编程语言编制的控制程序。该程序通过编程器送入 PLC 内部存储器中。

硬件和软件构成 PLC 系统，二者相辅相成缺一不可。没有软件支持的 PLC 称为“裸机”，无任何用处；同样，没有硬件的支持，软件也就无立足之地。

3. PLC 的工作原理

PLC 的工作方式是循环扫描、顺序执行。所谓扫描，就是依次对各种规定的操作项目全部进行访问和处理。在 PLC 运行时，有众多操作需要执行，但 PLC 每一时刻只能执行一个操作，而不能同时执行多个操作，因此 PLC 按程序规定的顺序依次执行各个操作，而且是周而复始无限循环地进行。PLC 整个扫描过程如图 10－2 所示。

内部处理是指 PLC 对 CPU、存储器、I/O 模块等硬件进行故障诊断并进行处理。

通信服务是 PLC 扫描其外设接口，实现与编程器、计算机等的通信。

在 PLC 处于 STOP 状态时，扫描过程只包括内部处理和通信服务两个阶段。当 PLC 处于 RUN 状态时，扫描过程除内部处理、通信服务外，还要完成执行程序的三个阶段，即输入采样阶段、程序执行阶段和输出刷新阶段。其工作过程如图 10－3 所示。

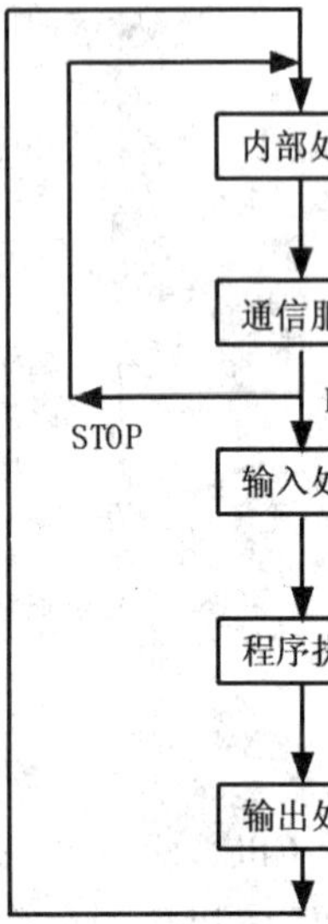

图 10－2　扫描过程示意图

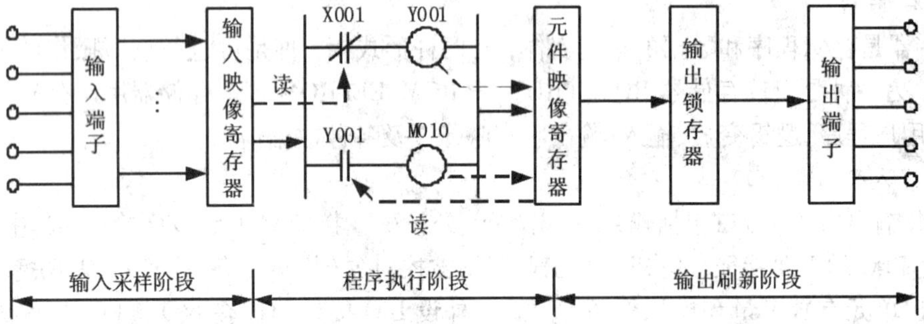

图 10－3　PLC 执行程序的过程

（1）输入采样阶段

PLC 在此阶段，扫描采集各输入端的状态，并存入输入映像寄存器，此时输入映像寄存器被刷新，接着转入程序执行阶段。在程序执行阶段和输出刷新阶段，即使输入状态发生变化，输入映像寄存器的状态也不会改变，而只有等到下一个扫描周期的输入采样阶段才被采集。

（2）程序执行阶段

此阶段 PLC 对用户程序按顺序逐个扫描、执行。若用户程序用梯形图来表示，则总是按先左后右、从上到下的顺序进行，或按程序要求跳转。当指令涉及到输入输出状态时，PLC 从输入映像寄存器和元件映像寄存器中读取数据，根据用户程序进行运算，运算结果存入元件映像寄存器中。对于元件映像寄存器来说，其内容会随程序执行的过程而变化。

（3）输出刷新阶段

在所有指令执行完毕后，将元件映像寄存器所有输出继电器的状态转存到输出锁存器中，通过一定方式输出，驱动外部负载。

由上述可知，PLC 的扫描工作方式，实现了集中采样与集中输出，从而保证程序执行时状态的相对稳定，提高系统的抗干扰能力，系统可靠性增强。但是，在一定程度上降低了系统的响应速度。

10.1.3 PLC 基本指令

PLC 最为用户推崇的优点之一就是编程简单，使用方便。这是因为 PLC 是专门为工业自动扩展而设计的计算机。它具有面向控制对象、面向使用者的 PLC 编程语言，如梯形图、语句表、控制系统流程图和逻辑表达公式等。下面以日本三菱公司 FX 系列 PLC 为例介绍 PLC 的基本指令。

三菱 FX 系列 PLC 有基本逻辑指令 20 或 27 条、步进指令 2 条、功能指令 100 多条(不同系列有所不同)。以 FX2N 为例，介绍其基本逻辑指令和步进指令及其应用。

1. 三菱 FX 系列 PLC 的基本逻辑指令

三菱 FX2N 共有 27 条基本逻辑指令，其中包含了有些子系列 PLC 的 20 条基本逻辑指令。

(1)取指令与输出指令(LD/LDI/LDP/LDF/OUT)

①LD(取指令)。一个常开触点与左母线连接的指令，每一个以常开触点开始的逻辑行都用此指令。

②LDI(取反指令)。一个常闭触点与左母线连接的指令，每一个以常闭触点开始的逻辑行都用此指令。

③LDP(取上升沿指令)。与左母线连接的常开触点的上升沿检测指令，仅在指定位元件的上升沿(由 OFF→ON)时接通一个扫描周期。

④LDF(取下降沿指令)。与左母线连接的常闭触点的下降沿检测指令。

⑤OUT(输出指令)。对线圈进行驱动的指令，也称为输出指令。

取指令与输出指令的使用如图 10－4 所示。

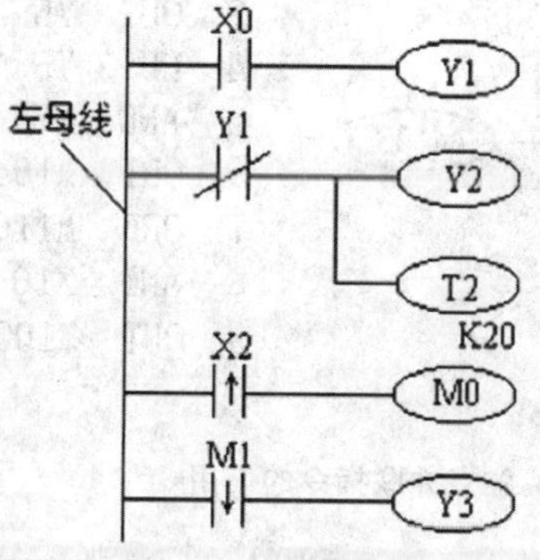

0	LD	X0
1	OUT	Y1
2	LDI	Y1
3	OUT	Y2
4	OUT	T2
		K20
7	LDP	X2
8	OUT	M0
9	LDF	M1
10	OUT	Y3

图 10－4　取指令与输出指令的使用

取指令与输出指令的使用说明：

Ⅰ. LD、LDI 指令既可用于输入左母线相连的触点，也可与 ANB、ORB 指令配合实现块逻辑运算。

Ⅱ. LDP、LDF 指令仅在对应元件有效时维持一个扫描周期的接通。

Ⅲ. LD、LDI、LDP、LDF 指令的目标元件为 X 、Y 、M 、T、C、S。

IV. OUT 指令可以连续使用若干次(相当于线圈并联),对于定时器和计数器,在 OUT 指令之后应设置常数 K 或数据寄存器。

V. OUT 指令目标元件为 Y、M、T、C 和 S,但不能用于 X。

(2)触点串联指令(AND/ANI/ANDP/ANDF)

①AND(与指令)。一个常开触点串联连接的指令,完成逻辑"与"运算。

②ANI(与反指令)。一个常闭触点串联连接的指令,完成逻辑"与非"运算。

③ANDP。上升沿检测串联连接指令。

④ANDF。下降沿检测串联连接指令。

触点串联指令的使用如图 10-5 所示。

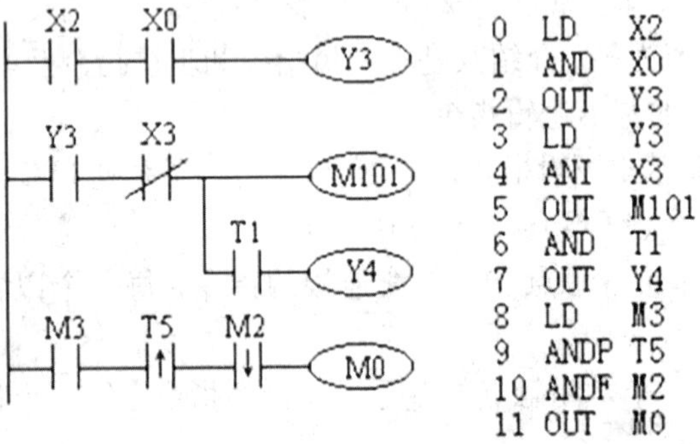

图 10-5　触点串联指令的使用

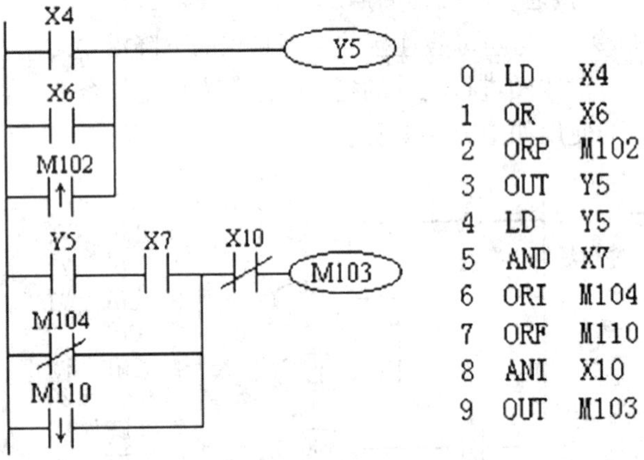

图 10-6　触点并联指令的使用

触点串联指令的使用说明:

I. AND、ANI、ANDP、ANDF 都指是单个触点串联连接的指令,串联次数没有限制,可反复使用。

II. AND、ANI、ANDP、ANDF 的目标元件为 X、Y、M、T、C 和 S。

(3)触点并联指令(OR/ORI/ORP/ORF)

①OR(或指令)。用于单个常开触点的并联,实现逻辑"或"运算。

②ORI(或非指令)。用于单个常闭触点的并联,实现逻辑"或非"运算。

③ORP。上升沿检测并联连接指令。

④ORF。下降沿检测并联连接指令。

触点并联指令的使用如图 10 - 6 所示。

触点并联指令的使用说明：

Ⅰ. OR、ORI、ORP、ORF 指令都是指单个触点的并联，并联触点的左端接到 LD、LDI、LDP 或 LPF 处，右端与前一条指令对应触点的右端相连。触点并联指令连续使用的次数不限。

Ⅱ. OR、ORI、ORP、ORF 指令的目标元件为 X、Y、M、T、C、S。

(4)块操作指令(ORB / ANB)

①ORB(块或指令)。用于两个或两个以上的触点串联连接的电路之间的并联。ORB 指令的使用如图 10 - 7 所示。

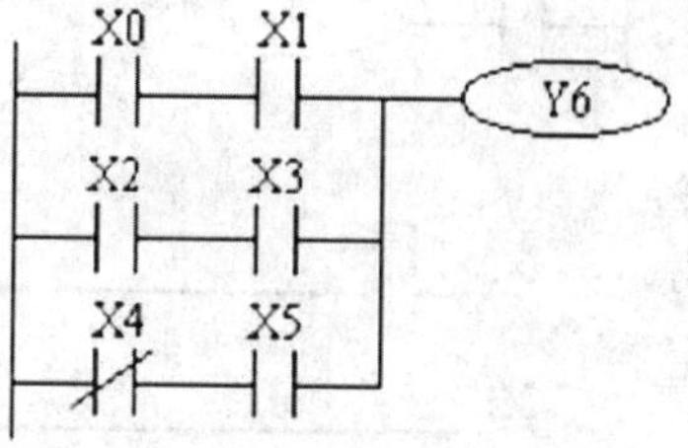

推荐使用					
0	LD	X0	0	LD	X0
1	AND	X1	1	AND	X1
2	LD	X2	2	LD	X2
3	AND	X3	3	AND	X3
4	ORB		4	LDI	X4
5	LDI	X4	5	AND	X5
6	AND	X5	6	ORB	
7	ORB		7	ORB	
8	OUT	Y6	8	OUT	Y6

图 10 - 7　ORB 指令的使用

ORB 指令的使用说明：

Ⅰ. 几个串联电路块并联连接时，每个串联电路块开始时应该用 LD 或 LDI 指令。

Ⅱ. 有多个电路块并联回路，如对每个电路块使用 ORB 指令，则并联的电路块数量没有限制。

Ⅲ. ORB 指令也可以连续使用，但这种程序写法不推荐使用，LD 或 LDI 指令的使用次数不得超过 8 次，也就是 ORB 只能连续使用 8 次以下。

②ANB(块与指令)。用于两个或两个以上触点并联连接的电路之间的串联。ANB 指令的使用如图 10 - 8 所示。

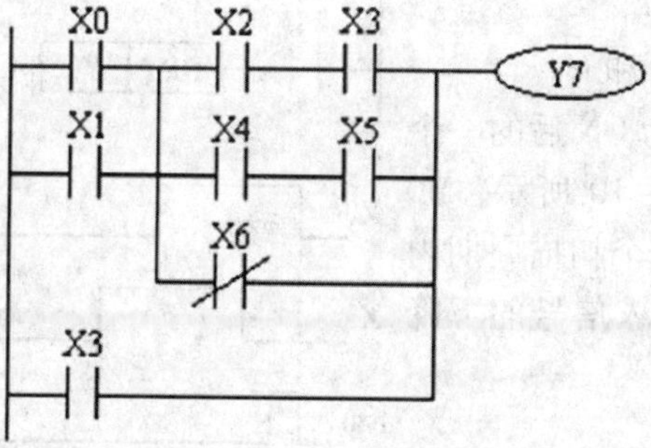

0	LD	X0
1	OR	X1
2	LD	X2
3	AND	X3
4	LD	X4
5	AND	X5
6	ORI	X6
7	ORB	
8	ANB	
9	OR	X3
10	OUT	Y7

图 10 - 8　ANB 指令的使用

ANB 指令的使用说明：

Ⅰ. 并联电路块串联连接时，并联电路块的开始均用 LD 或 LDI 指令。

Ⅱ. 多个并联回路块连接按顺序和前面的回路串联时，ANB 指令的使用次数没有限制。

也可连续使用 ANB，但与 ORB 一样，使用次数在 8 次以下。

(5) 置位与复位指令(SET/RST)

①SET(置位指令)。它的作用是使被操作的目标元件置位并保持。

②RST(复位指令)。使被操作的目标元件复位并保持清零状态。

SET、RST 指令的使用如图 10－9 所示。当 X0 常开接通时，Y0 变为 ON 状态并一直保持该状态，即使 X0 断开 Y0 的 ON 状态仍维持不变；只有当 X1 的常开闭合时，Y0 才变为 OFF 状态并保持，即使 X1 常开断开，Y0 也仍为 OFF 状态。

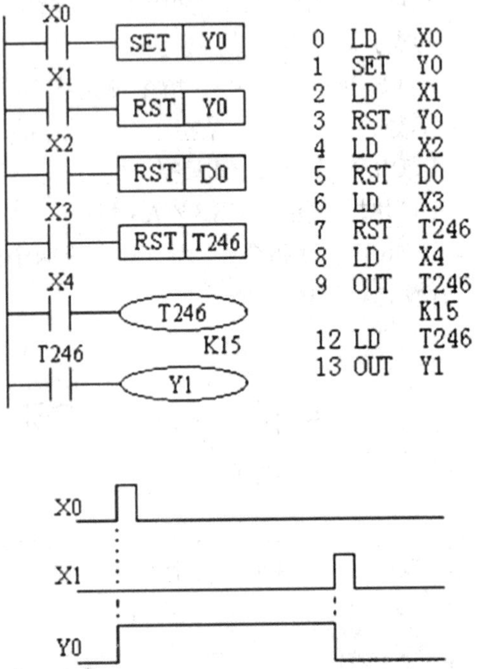

图 10－9　置位与复位指令的使用

SET 、RST 指令的使用说明：

I. SET 指令的目标元件为 Y、M、S，RST 指令的目标元件为 Y、M、S、T、C、D、V、Z。RST 指令常被用来对 D、Z、V 的内容清零，还用来复位积算定时器和计数器。

II. 对于同一目标元件，SET、RST 可多次使用，顺序也可随意，但最后执行者有效。

(6) 微分指令(PLS/PLF)

①PLS(上升沿微分指令)。在输入信号上升沿产生一个扫描周期的脉冲输出。

②PLF(下降沿微分指令)。在输入信号下降沿产生一个扫描周期的脉冲输出。

微分指令的使用如图 10－10 所示，利用微分指令检测到信号的边沿，通过置位和复位命令控制 Y0 的状态。

PLS、PLF 指令的使用说明：

I. PLS、PLF 指令的目标元件为 Y 和 M。

II. 使用 PLS 时，仅在驱动输入为 ON 后的一个扫描周期内目标元件 ON，如图 10－10 所示，M0 仅在 X0 的常开触点由断到通时的一个扫描周期内为 ON；使用 PLF 指令时只是利用输入信号的下降沿驱动，其他与 PLS 相同。

(7) 主控指令(MC/MCR)

①MC(主控指令)。用于公共串联触点的连接。执行 MC 后，左母线移到 MC 触点的后面。

②MCR(主控复位指令)。它是 MC 指令的复位指令，即利用 MCR 指令恢复原左母线的位置。

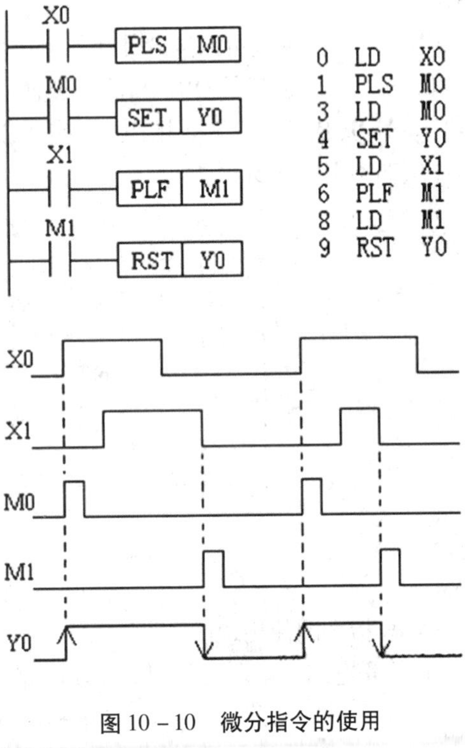

图 10－10　微分指令的使用

在编程时常会出现这样的情况，多个线圈同时受一个或一组触点控制，如果在每个线圈的控制电路中都串入同样的触点，将占用很多存储单元，使用主控指令就可以解决这一问题。MC、MCR 指令的使用如图 10－11 所示，利用 MC N0 M100 实现左母线右移，使 Y0、Y1 都在 X0 的控制之下，其中 N0 表示嵌套等级，在无嵌套结构中 N0 的使用次数无限制；利用 MCR N0 恢复到原左母线状态。如果 X0 断开则会跳过 MC、MCR 之间的指令向下执行。

MC、MCR 指令的使用说明：

I. MC、MCR 指令的目标元件为 Y 和 M，但不能用特殊辅助继电器。MC 占 3 个程序步，MCR 占 2 个程序步。

II. 主控触点在梯形图中与一般触点垂直（如图 10－11 中的 M100）。主控触点是与左母线相连的常开触点，是控制一组电路的总开关。与主控触点相连的触点必须用 LD 或 LDI 指令。

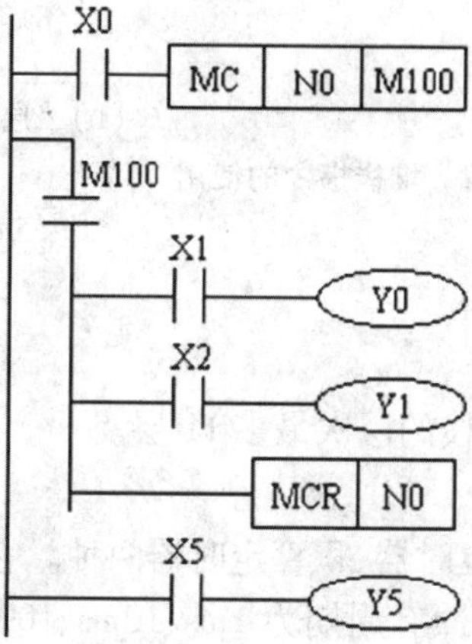


```
0  LD   X0
1  MC   N0
        M100
4  LD   X1
5  OUT  Y0
6  LD   X2
7  OUT  Y1
8  MCR  N0
10 LD   X5
11 OUT  Y5
```

图 10－11　主控指令的使用

III. MC 指令的输入触点断开时，在 MC 和 MCR 之内的积算定时器、计数器、用复位/置位指令驱动的元件保持其之前的状态不变。非积算定时器和计数器，用 OUT 指令驱动的元件将复位。

IV. 在一个 MC 指令区内若再使用 MC 指令则称为嵌套。嵌套级数最多为 8 级，编号按 N0→N1→N2→N3→N4→N5→N6→N7 顺序增大，每级的返回用对应的 MCR 指令，从编号大的嵌套级开始复位。

(8) 堆栈指令（MPS/MRD/MPP）

堆栈指令是 FX 系列中新增的基本指令，用于多重输出电路，为编程带来便利。在 FX 系列 PLC 中有 11 个存储单元，它们专门用来存储程序运算的中间结果，被称为栈存储器。

①MPS（进栈指令）。将运算结果送入栈存储器的第一段，同时将先前送入的数据依次移到栈的下一段。

②MRD（读栈指令）。将栈存储器的第一段数据（最后进栈的数据）读出且该数据继续保存在栈存储器的第一段，栈内的数据不发生移动。

③MPP（出栈指令）。将栈存储器的第一段数据（最后进栈的数据）读出且该数据从栈中消失，同时将栈中其他数据依次上移。

堆栈指令的使用如图 10－12 所示，其中图 10－12(a) 为一层栈，进栈后的信息可无限使用，最后一次使用 MPP 指令弹出信号；图 10－12(b)为二层栈，它用了二个栈单元。

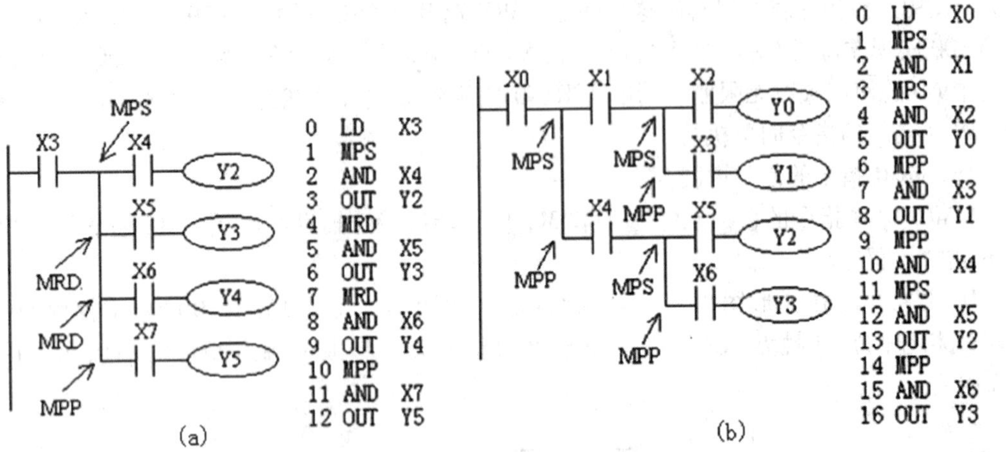

(a)一层栈　　　　(b)二层栈

图 10－12　堆栈指令的使用

堆栈指令的使用说明：

I. 堆栈指令没有目标元件。

II. MPS 和 MPP 必须配对使用。

III. 由于栈存储单元只有 11 个，所以栈的层次最多 11 层。

2. 三菱 FX 系列 PLC 的定时器指令

FX2N 系列中定时器(T)可分为通用定时器、积算定时器两种。它们是通过对一定周期的时钟脉冲进行累计而实现定时的，时钟脉冲有周期为 1ms、10ms、100ms 三种，当所计数达到设定值时触点动作。设定值可用常数 K 或数据寄存器 D 的内容来设置。

(1)通用定时器

通用定时器的特点是不具备断电的保持功能，即当输入电路断开或停电时定时器复位。通用定时器有 100ms 和 10ms 通用定时器两种。

①100ms 通用定时器(T0～T199)

共 200 点，其中 T192～T199 为子程序和中断服务程序专用定时器。这类定时器是对 100ms 时钟累积计数，设定值为 1～32767，所以其定时范围为 0.1～3276.7s。

②10ms 通用定时器(T200～T245)

共 46 点。这类定时器是对 10ms 时钟累积计数，设定值为 1～32767，所以其定时范围为 0.01～327.67s。

通用定时器的使用如图 10－13 所示，当输入 X0 接通时，定时器 T200 从 0 开始对 10ms 时钟脉冲进行累积计数，当计数值与设定值 K123 相等时，定时器的常开接通 Y0，经过的时间为 123×0.01s＝1.23s。当 X0 断开后定时器复位，计数值变为 0，其常开触点断开，Y0 也随之 OFF。若外部电源断电，定时器也将复位。

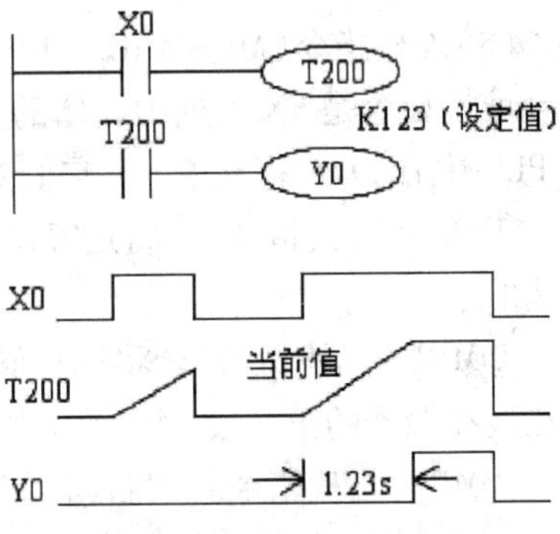

图 10－13　通用定时器工作原理

(2)积算定时器

积算定时器具有计数累积的功能。在定时过程中如果断电或定时器线圈 OFF，积算定时器将保持当前的计数值(当前值)，通电或定时器线圈 ON 后继续累积，即其当前值具有保持功能，只有将积算定时器复位，当前值才变为 0。

①1ms 积算定时器(T246 ~ T249)

共 4 点，是对 1ms 时钟脉冲进行累积计数的，定时的时间范围为 0.001 ~ 32.767s。

②100ms 积算定时器(T250 ~ T255)

共 6 点，是对 100ms 时钟脉冲进行累积计数的，定时的时间范围为 0.1 ~ 3276.7s。

积算定时器的使用如图 10－14 所示，当 X0 接通时，T253 当前值计数，计数器开始累积 100ms 的时钟脉冲的个数。当 X0 经 t0 后断开，而 T253 尚未计数到设定值 K345，其计数的当前值保留。当 X0 再次接通，T253 从保留的当前值开始继续累积，经过 t1 时间，当前值达到 K345 时，定时器的触点动作。累积的时间为 t0 + t1 = 0.1 × 345 = 34.5s。当复位输入 X1 接通时，定时器才复位，当前值变为 0，触点也跟随复位。

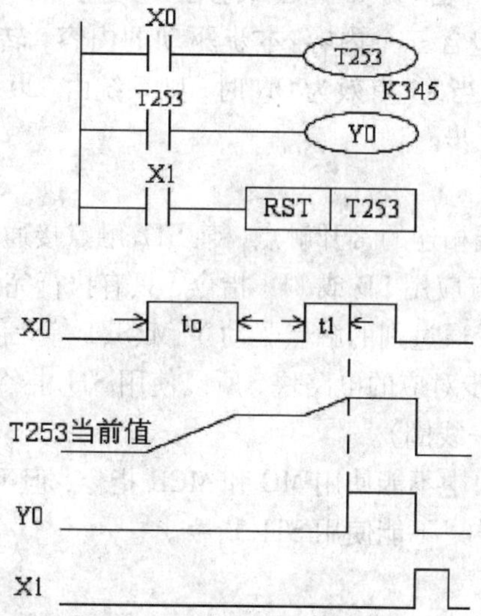

图 10－14　积算定时器工作原理

3. 三菱 FX 系列 PLC 的步进指令

(1)步进指令(STL/RET)

步进指令是专为顺序控制而设计的指令。在工业控制领域许多的控制过程都可用顺序控制的方式来实现，使用步进指令实现顺序控制既方便实现又便于阅读修改。

FX2N 中有两条步进指令:STL(步进触点指令)和 RET(步进返回指令)。

STL 和 RET 指令只有与状态器 S 配合才能具有步进功能。如 STL S200 表示状态常开触点，称为 STL 触点，它在梯形图中的符号为┤├，它没有常闭触点。我们用每个状态器 S 记录一个工步，例 STL S200 有效(为 ON)，则进入 S200 表示的一步(类似于本步的总开关)，开始执行本阶段该做的工作，并判断进入下一步的条件是否满足。一旦结束本步信号为 ON，则关断 S200 进入下一步，如 S201 步。RET 指令是用来复位 STL 指令的。执行 RET 后将重回母线，退出步进状态。

(2)状态转移图

一个顺序控制过程可分为若干个阶段，也称为步或状态，每个状态都有不同的动作。当相邻两状态之间的转换条件得到满足时，就将实现转换，即由上一个状态转换到下一个状态执行。我们常用状态转移图(功能表图)描述这种顺序控制过程。如图 10－15 所示，用状态器 S 记录每个状态，X 为转换条件。

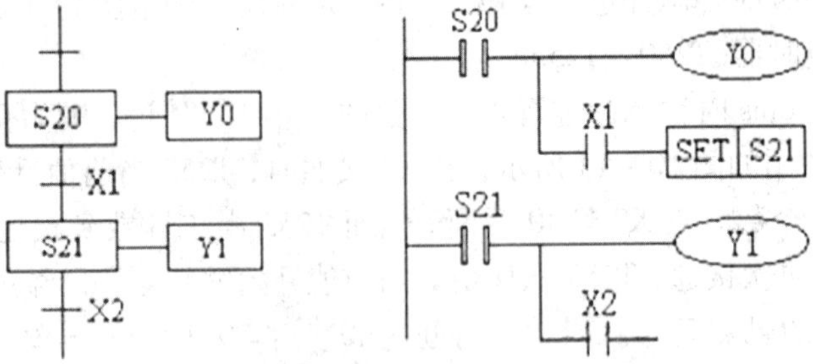

图 10－15　状态转移图与步进指令

状态转移图中的每一步包含三个内容：本步驱动的内容，转移条件及指令的转换目标。图 10－15 中 S20 步驱动 Y0，当 X1 有效为 ON 时，则系统由 S20 状态转为 S21 状态，X1 即为转换条件，转换的目标为 S21 步。

(3)步进指令的使用说明

①STL 触点是与左侧母线相连的常开触点，某 STL 触点接通，则对应的状态为活动步。

②与 STL 触点相连的触点应用 LD 或 LDI 指令，只有执行完 RET 后才返回左侧母线。

③STL 触点可直接驱动或通过别的触点驱动 Y、M、S、T 等元件的线圈。

④由于 PLC 只执行活动步对应的电路块，所以使用 STL 指令时允许双线圈输出(顺控程序在不同的步可多次驱动同一线圈)。

⑤STL 触点驱动的电路块中不能使用 MC 和 MCR 指令，但可以用 CJ 指令。

⑥在中断程序和子程序内，不能使用 STL 指令。

任务二　可编程控制器控制两台三相交流异步电动机顺序控制电路的装调

一、任务名称

可编程控制器控制两台三相交流异步电动顺序控制电路的装调

二、任务描述

按照电气安装规范，依据图 10－16 电路图，绘制可编程控制器的 I/O 接线图，完成可编程控制器控制两台三相交流电动机顺序控制电路的安装、接线和调试。

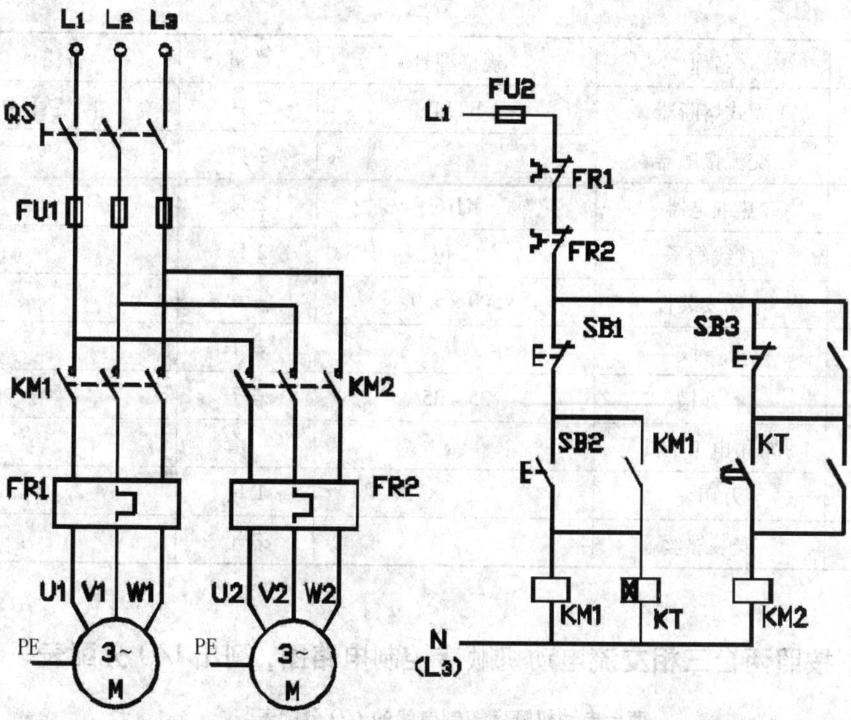

图 10－16　两台三相交流电动机顺序控制电路

图 10－16 为继电器控制的两台三相交流异步电动机顺序启停电路。按下启动按钮 SB2，交流接触器 KM1 得电自锁，时间继电器 KT 同时得电，电动机 M1 得电启动连续运行，KM1 的另一对辅助常开触点将电动机 M2 的停止按钮 SB3 常闭触点短接。当延时 5 秒后，KT 常开触点闭合，交流接触器 KM2 得电自锁，电动机 M2 得电启动连续运行。按下停止按钮 SB1，交流接触器 KM1 和时间继电器 KT 同时断电释放，电动机 M1 停止运行；按下停止按钮 SB3，交流接触器 KM2 断电释放，电动机 M2 停止运行。M1、M2 两台电动机分别设有一只热继电器作它们的过载保护。熔断器 FU1 作主电路的短路保护，熔断器 FU2 作控制电路的短路保护。

三、任务完成

10.2.1 所需设备、器件、材料、工具见表 10－1

表 10－1　所需设备、器件、材料、工具表

序号	名称	规格型号	数量	备注
1	可编程控制器	FX2N－48MR	1 台	
2	计算机		1 台	
3	编程电缆		1 根	
4	按钮		1 组	
5	三极自动开关	DZ47	1 只	
6	螺旋式熔断器	RL1－15	3 只	配熔管

续表

序号	名称	规格型号	数量	备注
7	管式熔断器	RT14	2 只	配熔管
8	交流接触器		2 只	
9	热继电器	RJ16	2 只	
10	接线端子	12 位	2 只	
11	电路安装板	500×500	一块	
12	软导线		若干	
13	行线槽	35×35	若干	
14	常用电工工具		一套	
15	万用表		1 只	
16	安装螺丝		若干	

10.2.2 按照两台三相交流电动机顺序控制电路图，列出 I/O 分配表

表 10-2　两台电动机顺序控制电路的 I/O 分配表

输入设备	输入端口编号	输出设备	输出端口编号
停止按钮 SB1	X0	交流接触器 KM1	Y0
启动按钮 SB2	X1	交流接触器 KM2	Y1
停止按钮 SB3	X2		
热继电器 FR1、FR2	X3		

10.2.3 按照 I/O 分配表画出两台电动机顺序控制的 PLC 接线图(见图 10-17)

10.2.4 电路安装

1. 用万用表检查所有元器件，确认完好。
2. 按照布置图安装元器件。
3. 按照线路图、电气安装规范用软导线接线，导线进行线槽。
4. 检查电路，确认正确。

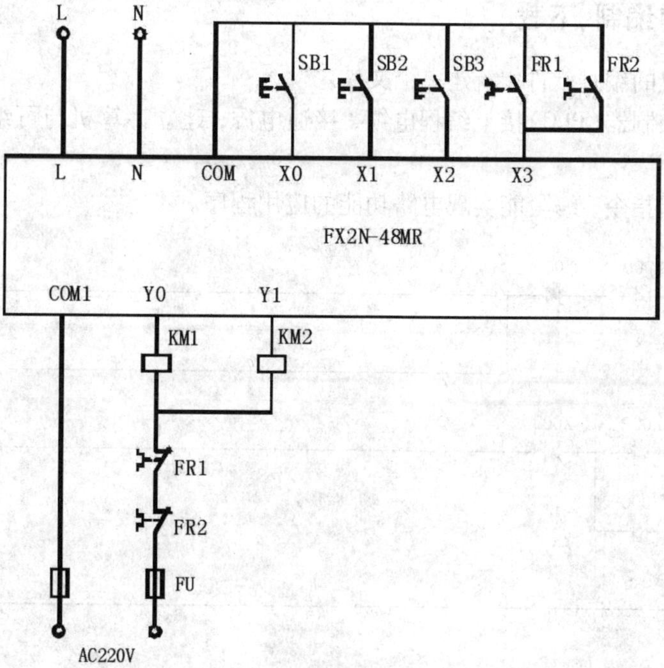

图 10－17　两台三相交流电动机顺序控制电路的 PLC 接线图

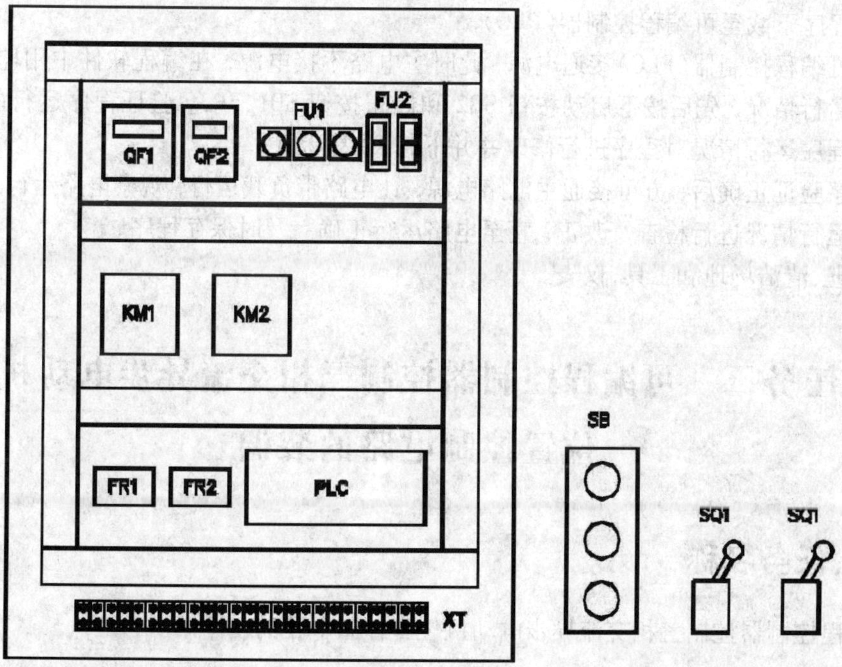

图 10－18　布置图

10.2.5 程序编制、下载

1. 启动计算机的编程软件，新建一个文件。

2. 给可编程控制器（PLC）接上编程电缆，接通电源，建立计算机与可编程控制器（PLC）的通信连接。

3. 用基本逻辑指令，编写能实现电路功能的应用程序。

图 10－19　两台电动机顺序控制电路的 PLC 梯形图

4. 先在计算机上用仿真软件将程序运行并监控，检查程序运行的正确性。根据程序运行情况对程序进行修改，重复运行。

5. 将程序下载至可编程控制器（PLC）。

6. 给可编程控制器（PLC）接通电源，此时主电路不接电源，在编程软件中用监控方式观察程序的运行情况，先后按下启动按钮 SB2 和停止按钮 SB1、SB3，验证程序运行的正确性。再次根据程序运行情况对程序进行修改并并下载、重复运行。

7. 程序验证正确后，方可接通主电路电源，让电路带负载运行，观察电路运行是否正确。根据电路运行情况进行检查及改正，直至电路运行正确。及时保存程序。

8. 整理、清洁场地和工具、仪表。

任务三　可编程控制器控制三相交流异步电动机位置控制电路的装调

一、任务名称

可编程控制器控制三相交流异步电动机位置控制电路的装调

二、任务描述

按照电气安装规范，依据图 10－20 电路图，绘制可编程控制器的 I/O 接线图，完成可编程控制器控制三相交流异步电动机位置控制电路的安装、接线和调试。

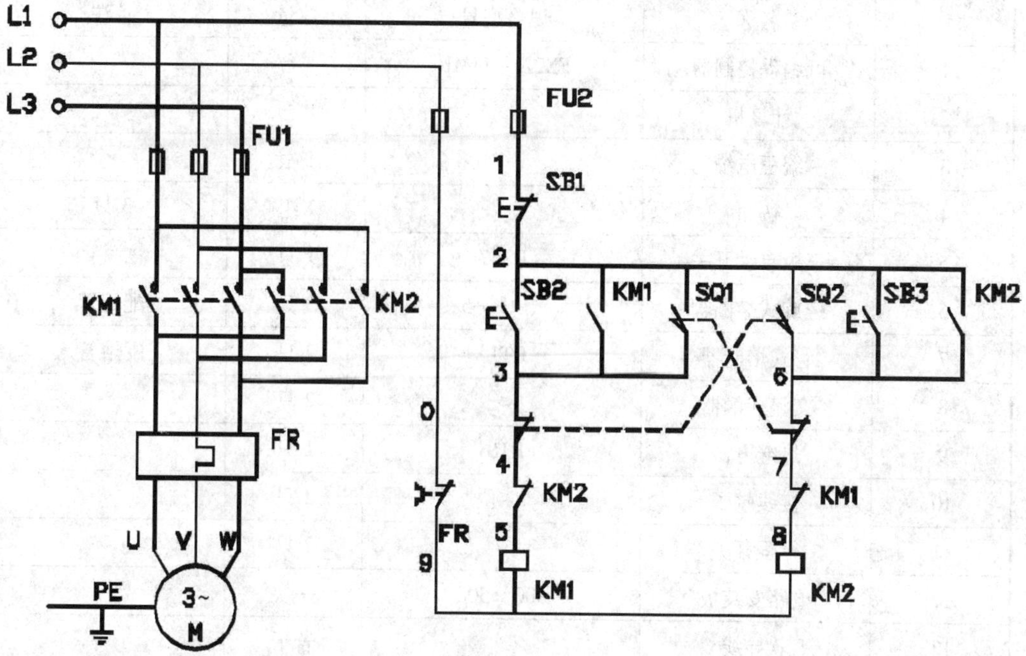

图 10 - 20　三相交流电动机位置控制电路

图 10 - 20 为继电器控制的三相交流异步电动机位置控制电路。按下启动按钮 SB2，交流接触器 KM1 得电自锁，电动机 M 得电正转连续运行，带动工作台前进；当工作台运行到指定位置，触碰行程开关 SQ2；SQ2 动作，其常闭触点断开接触器 KM1 线圈电路，接触器 KM1 断电，电动机 M 停止正转；SQ2 常开触点闭合，接通接触器 KM2 线圈电路，交流接触器 KM2 得电自锁，电动机 M 得电反向连续运行，带动工作台后退；当工作台离开 SQ2 时，SQ2 恢复原态。当工作台运行到指定位置，触碰行程开关 SQ1；SQ1 动作，其常闭触点断开接触器 KM2 线圈电路，接触器 KM2 断电，电动机 M 停止反转；SQ1 常开触点闭合，接通接触器 KM1 线圈电路，交流接触器 KM1 得电自锁，电动机 M 得电正向连续运行，带动工作台前进；当工作台离开 SQ1 时，SQ1 恢复原态。电动机 M 带动工作台在 SQ1、SQ2 控制的位置间做往复运动。按下停止按钮 SB1，交流接触器 KM1(或 KM2)断电释放，电动机 M 停止运行。电动机 M 设有热继电器作过载保护。熔断器 FU1 作主电路的短路保护，熔断器 FU2 作控制电路的短路保护。

三、任务完成

10.3.1 所需设备、器件、材料、工具见表 10 - 3

表 10－3　　所需设备、器件、材料、工具表

序号	名称	规格型号	数量	备注
1	可编程控制器	FX2N－48MR	1 台	
2	计算机		1 台	
3	编程电缆		1 根	
4	按钮		1 组	3 只
5	三极自动开关	DZ47	1 只	
6	螺旋式熔断器	RL1－15	3 只	配熔管
7	管式熔断器	RT14	2 只	配熔管
8	交流接触器		2 只	
9	热继电器	RJ16	1 只	
10	接线端子	12 位	2 只	
11	行程开关		2 只	
12	电路安装板	500×500	一块	
13	软导线		若干	
14	行线槽	35×35	若干	
15	常用电工工具		一套	
16	万用表		1 只	
17	安装螺丝		若干	

10.3.2 按照三相交流电动机位置控制电路图，列出 I/O 分配表

表 10－4　　三相交流电动机位置控制电路的 I/O 分配表

输入设备	输入端口编号	输出设备	输出端口编号
停止按钮 SB1	X0	交流接触器 KM1	Y0
启动按钮 SB2	X1	交流接触器 KM2	Y1
停止按钮 SB3	X2		
热继电器 FR	X3		
行程开关 SQ1	X4		
行程开关 SQ2	X5		

10.3.3 按照 I/O 分配表画出三相交流电动机位置控制电路的 PLC 接线图（如图 10－21）

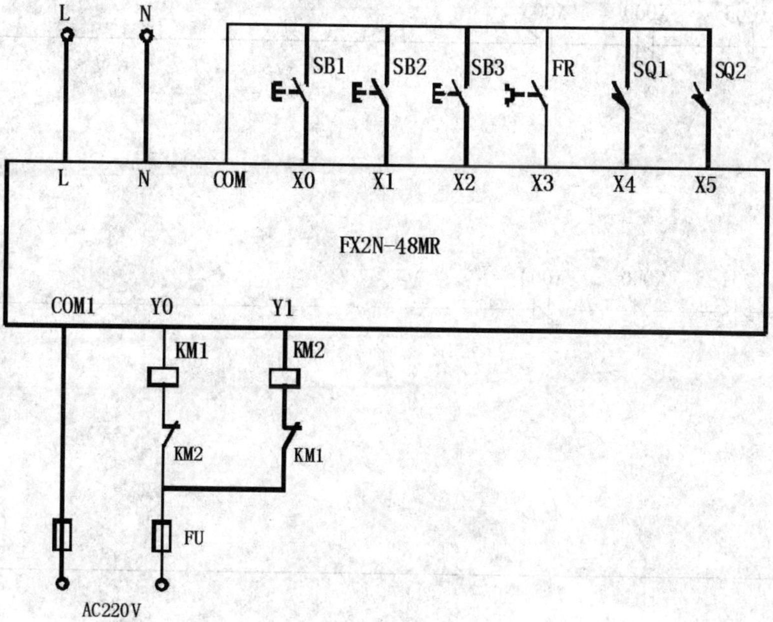

图 10－21　三相交流电动机位置控制电路的 PLC 接线图

10.3.4 电路安装

1. 用万用表检查所有元器件，确认完好。

2. 按照布置图安装元器件。

3. 按照线路图、电气安装规范用软导线接线，导线进行线槽。

4. 检查电路，确认正确。

10.3.5 程序编制、下载

1. 启动计算机的编程软件，新建一个文件。

2. 给可编程控制器(PLC)接上编程电缆，接通电源，建立计算机与可编程控制器(PLC)的通信连接。

3. 用基本逻辑指令，编写能实现电路功能的应用程序，如图 10－22。

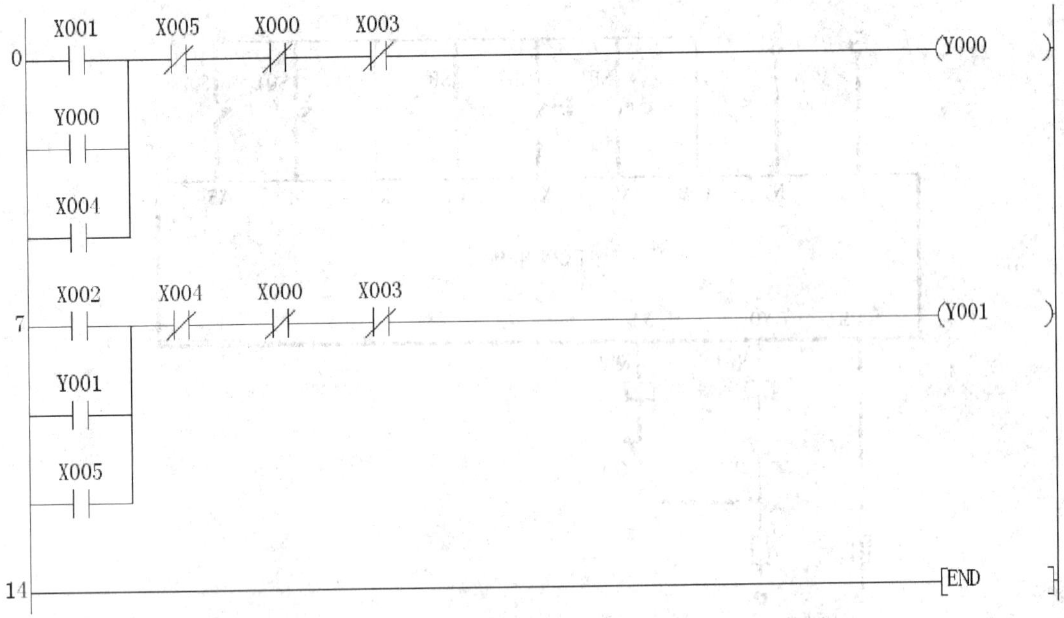

图 10－22　三相交流电动机位置控制电路的 PLC 梯形图

4. 先在计算机上用仿真软件将程序运行并监控，检查程序运行的正确性。根据程序运行情况对程序进行修改，重复运行。

5. 将程序下载至可编程控制器(PLC)。

6. 给可编程控制器(PLC)接通电源，此时主电路不接电源，在编程软件中用监控方式观察程序的运行情况，先后按下启动按钮 SB2 和停止按钮 SB1、SB3，验证程序运行的正确性。再次根据程序运行情况对程序进行修改并并下载、重复运行。

7. 程序验证正确后，方可接通主电路电源，让电路带负载运行，观察电路运行是否正确。根据电路运行情况进行检查及改正，直到至电路运行正确。及时保存程序。

8. 整理、清洁场地和工具、仪表。

项目十一

变频器、软启动器的认识和使用

任务一　变频器的认识和使用

一、任务名称

三菱 FR－A740 变频器多段速自动门调速系统设计

二、任务描述

用 PLC、变频器设计一个电动机的 7 速运行的自动门调速系统，门的打开和关闭通过变频器控制电机 M 实现，电机 M 正转为开门，电机 M 反转为关门，通过变频器调节开关门的速度。本系统主要由控制信号、控制台、PLC、变频器、三相电动机组成，通过 PLC 控制变频器达到变频调速的目的，从而实现交流电机的正转、起停、加速、减速控制以及速度的调节，并且能够在控制台上进行操作，控制电机调速。其控制要求如下：

按下起动按钮，电动机以 15Hz 速度正传，按下功能 2 速键后转为 20Hz 速度运行，按下功能 3 速键转为 35Hz 速度运行，按下 4 速键转为 40Hz 速度运行，按下 5 速键变为 55Hz 速度运行，按下 6 速键变为 60Hz 速度运行，按下 7 速键以频率为 75Hz 速度运行，也可进行减速调节，按停止按钮，电动机即停止。

11.1.1 变频器基本知识

1. 变频器的结构与型号

变频调速技术是电力拖动控制系统的换代技术，它在提高产品产量和质量、节约电能、实现自动化以及改善工作环境等方面，可以发挥很大作用。上世纪 90 年代以来，变频调速器在我国的应用也相当广泛，不仅在新设备、家电中，就是对老设备（如风机、水泵、轧钢机、造纸机、化纤机械以及机床、电梯、起重机等等）的技术改造中也大量使用变频器。本任务中使用的三菱FR－A740变频器是日本三菱公司生产的一款高性能矢量变频器，其基本结构和型号说明如图 11－1、图 11－2 所示。

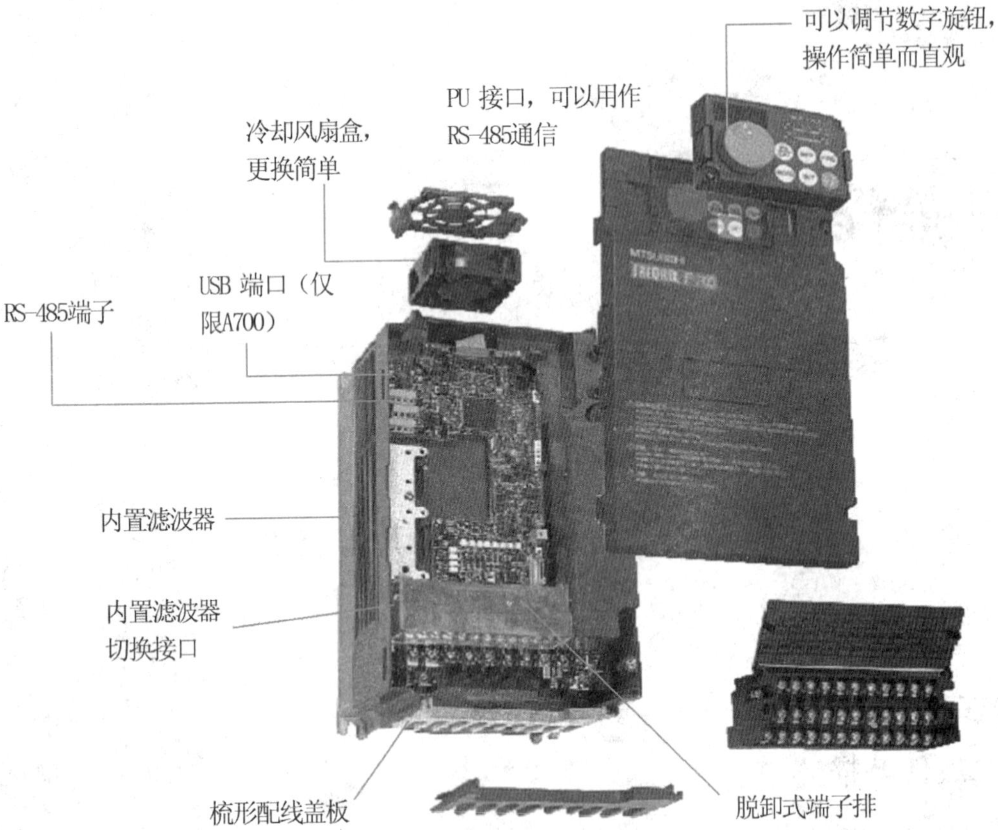

图 11－1　三菱 FR－A740 变频器的结构

FR－A740(L)－0.4K－(CH)

记号	电压等级
2	200V级
4	400V级

记号	容量
无	中小容量
L	大容量

记号	变频器容量
0.4K～500K	容量（kW）

记号	INV区域码
无	日本版
CH	中国版
EC	欧洲版
UL	美国版

图 11－2　三菱变频器的型号说明

2. 变频器的接线

(1) 主回路端子的端子排与电源、电机的接线

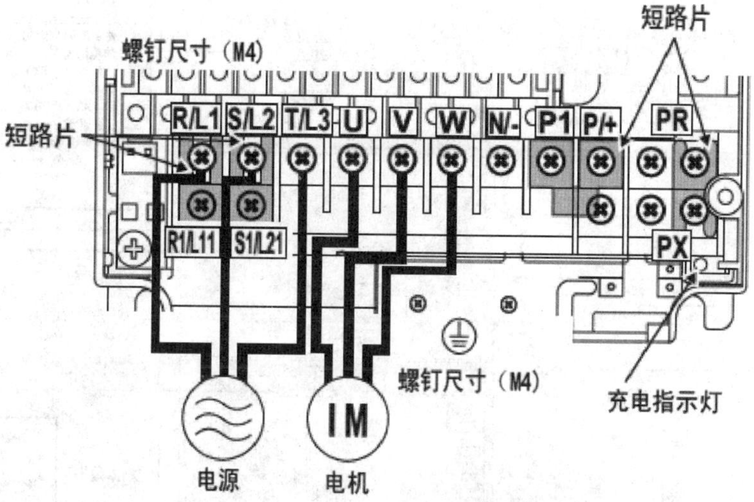

图 11－3　端子排与电源及电机的接线

(2)接地注意事项

· 由于在变频器内有漏电流，为了防止触电，变频器和电机必须接地。

· 接地电缆尽量用粗的线径，接地点尽量靠近变频器，接地线越短越好。

(3)控制回路用电源的电线尺寸(端子 R1/L11，S1/L21)

· 端子螺丝尺寸：M4

· 电线尺寸：0.75～2mm^2

(4)控制回路端子的端子排

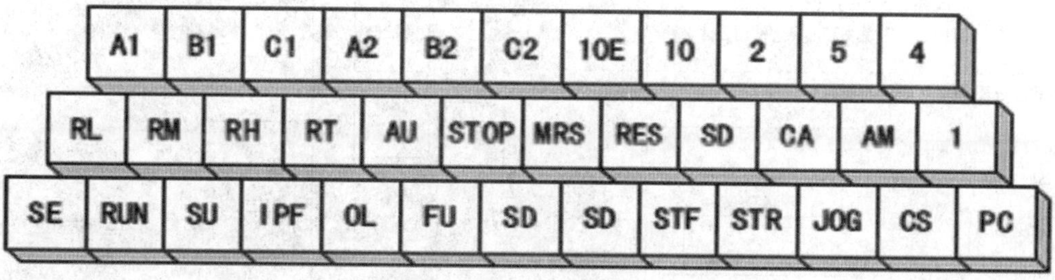

图 11－4　变频器端子排

· 端子 SD，SE 和 5 为 I/O 信号的公共端子，相互隔离。

· 控制回路端子的接线应使用屏蔽线或双绞线，而且必须与主回路、强电回路(含 200V 继电器控制回路)分开布线。

· 连接控制电路端子的电线建议使用 0.75mm^2 尺寸的电线。使用 1.25mm^2 以上尺寸的电线的话，在配线数量多时或者由于配线方法，会发生表面护盖松动、操作面板接触不良的情况。

· 接线长度不要超过 30m。

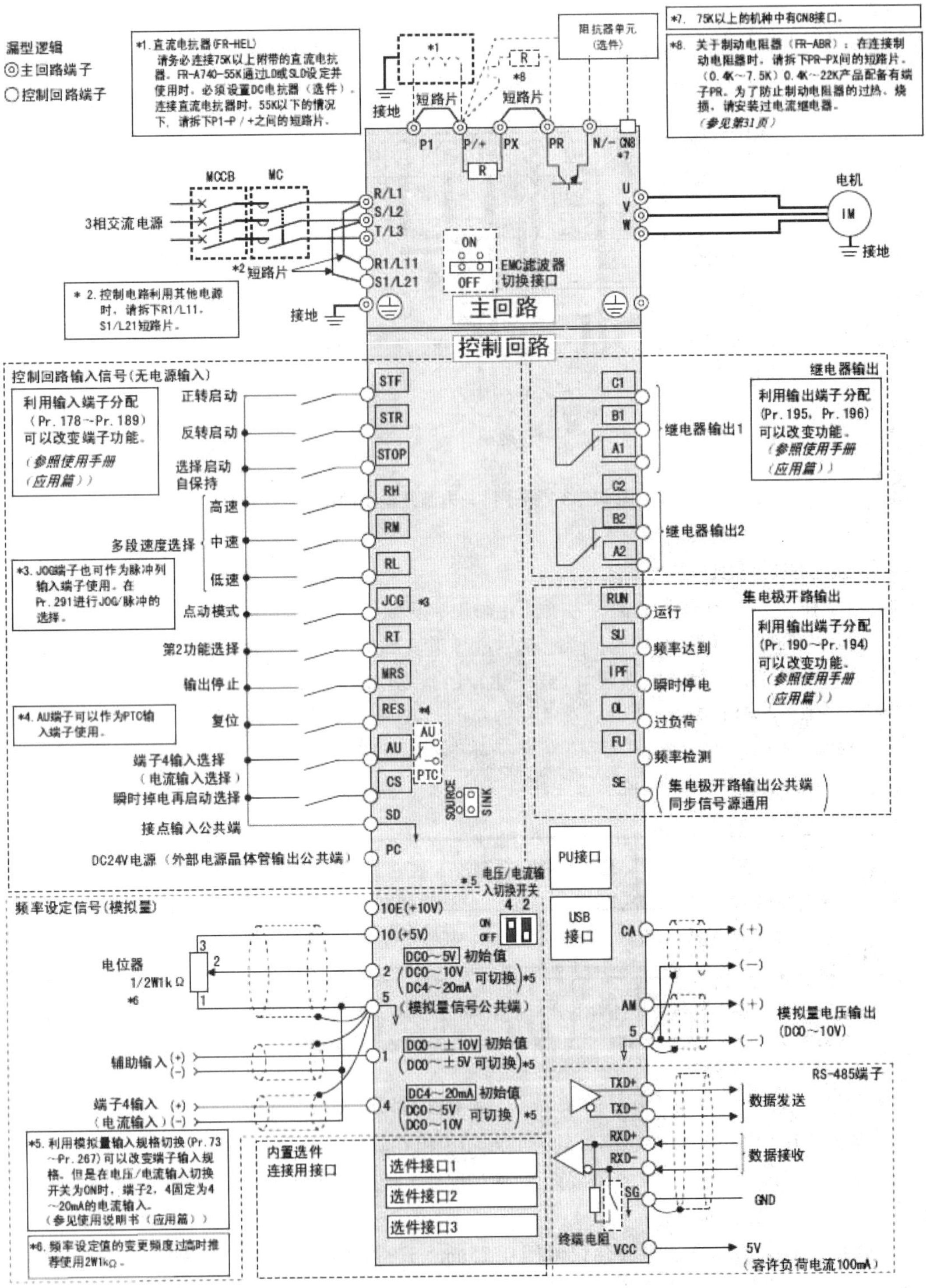

图 11－5　变频器主回路及控制回路

3. 变频器基本功能操作

MODE:模式设定　　**SET:**设定保存

PU/EXT：内部与外部切换　　**M 旋钮：**改变参数与选择功能 Pr

FWD/REV/STOP：正反停(复位)

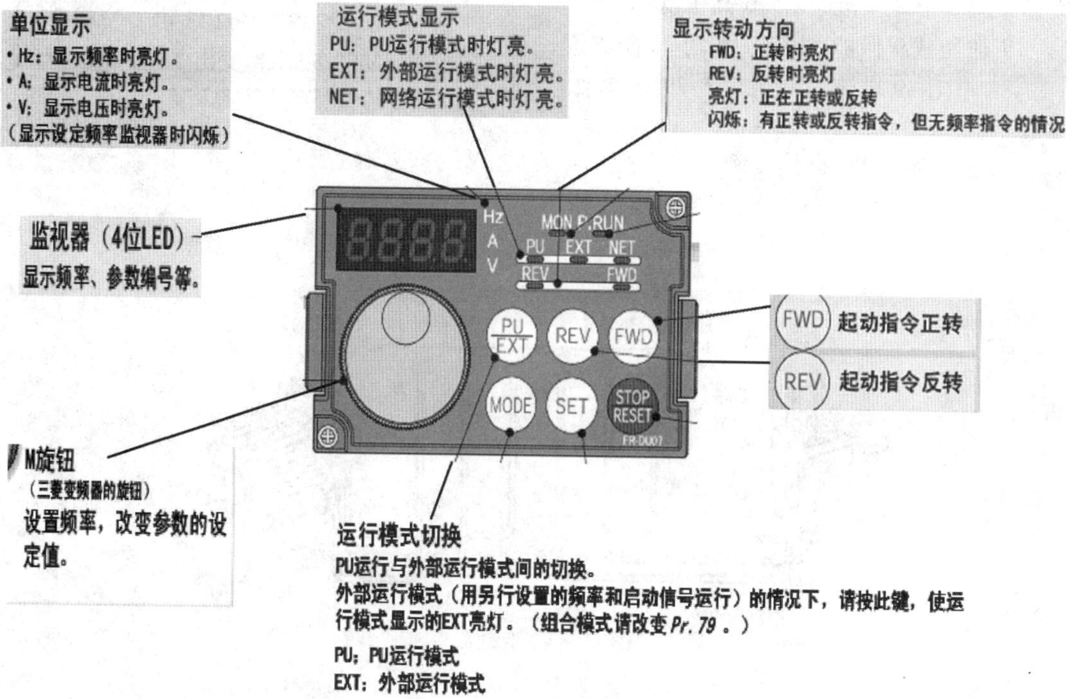

图 11－6　变频器 PU 面板

(1)操作锁定/解锁：长按[MODE](2 秒)。

(2)监视输出电流和输出电压：按 SET 键循环显示输出频率，输出电流，输出电压。

(3)第一优先监视器：某显示状态下，持续按下 SET 键(1 秒)，可设置监视器最先显示的内容。

(4)显示现在设定的频率：按 M 旋钮。

(5)参数清除，全部清除：PU 模式下，按 MODE 找到 ACALL 功能(PrCL)设为 1，按 SET 一下即可。

(6)参数复制与核对：停止状态下把源操作面板放到需拷贝的变频器上，MODE 和 M 旋钮调到 PCPy 设置状态(PCPy 初始值＝0)，PCPy＝1 按 SET 后成功复制，PCPy＝2 为拷贝，PCPy＝3为参数对照。

4. 不同模式下的运行设置方法

(1)综合操作模式(Pr79＝0)

(2)PU 模式(内部模式)(Pr79＝1)

(3)外部操作模式(Pr79＝2)

(4)组合操作模式 1(Pr79＝3)

(5)组合操作模式 2(Pr79＝4)

5. 需要记忆的变频器常用参数

1 上 2 下 3 基准，4、5、6 高中低；
7 加 8 减 9 保护，15 点 16 动 22 防失速；
38 电阻 39 电流，77 防写入 79 设参数。

24、25、26、27 组合八段速，232~239 、Pr183 由 6 变成 8，MRS 成 REX 变出 15 段速

6. 变频器的 PU 操作实例

(1) 按图连接好变频器，如图 11－7 所示。

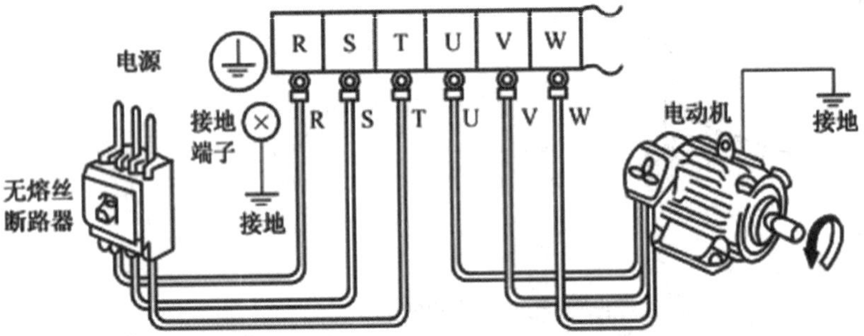

图 11－7　变频器接线

(2) 按 MODE 键，在“参数设定模式”下，设 Pr. 79＝1，这时，“PU”灯亮，如图 11－8。

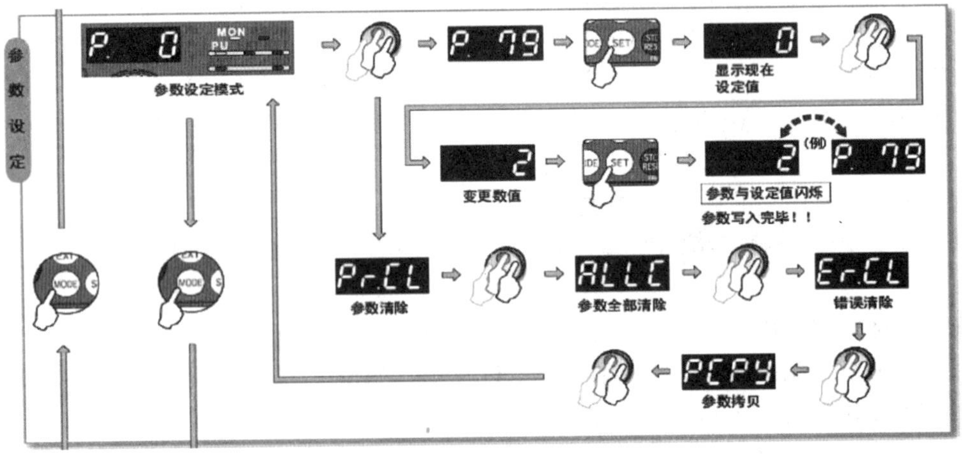

图 11－8　参数设定模式

(3) 按 MODE 键，在“频率设定模式”下，设 F＝40Hz。

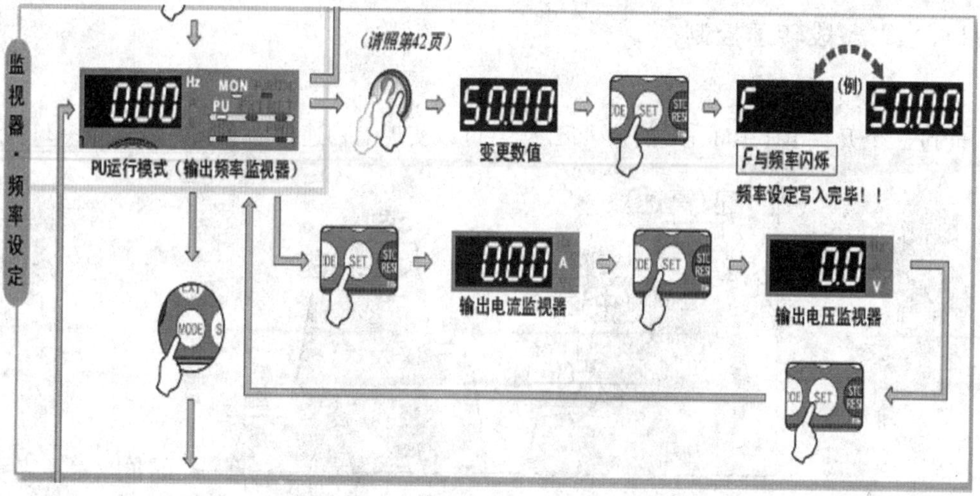

图 11－9　频率设定模式

（4）按 MODE 键，选择“监视模式”。

（5）按 FWD 或 REV 键，电动机正转或反转，监示各输出量，按 STOP 键，电动机停止。

（6）按 MODE 键，在“参数设定模式”下，设定变频器的有关参数。

Pr. 1 = 50Hz　　Pr. 2 = 0Hz　　Pr. 3 = 50Hz

Pr. 7 = 3sPr. 8 = 4s　　Pr. 9 = 1A

（7）分别设变频器的运行频率为 35、45、50Hz，运行变频器，观察电动机的运行情况。

（8）按 MODE 键，回到“运行模式”，再按 M 键，切换到“点动模式”，此时显示“JOG”，运行变频器，观察电动机的点动运行情况。

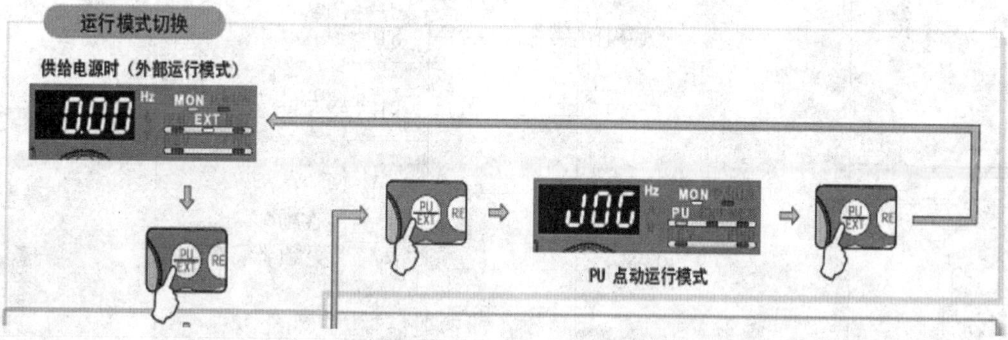

图 11－10　运行模式切换

（9）按 MODE 键，在“参数设定模式”下，设定 Pr. 15 = 10Hz，Pr. 16 = 3s，按 FWD 或 REV 键，观察电动机的运行情况。

（10）按 MODE 键，在“参数设定模式”下，分别设定 Pr. 77 = 0、1、2，在变频器运行和停止状态下改变其参数，观察是否成功。

11.1.2 多段转速控制

1. 七段速组合原理

通过三个开关 RH、RM、RL 的通、断组合，可以实现七种速度的变化，如图 11－11 所示。

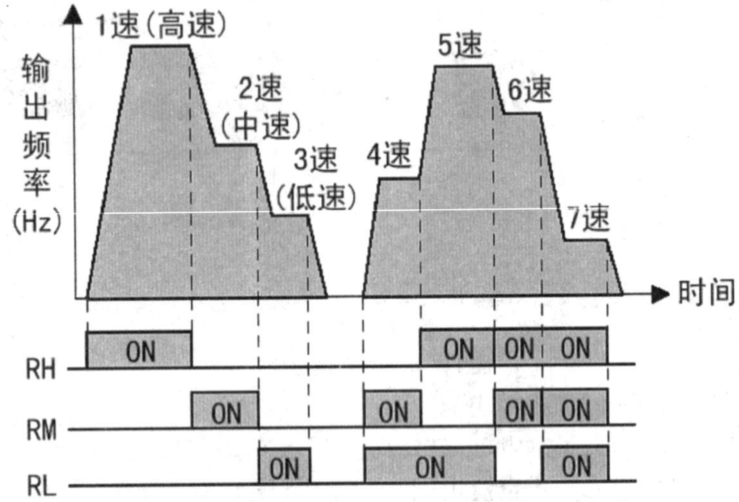

图 11－11　七段转速控制原理

2. PLC 与变频器的接线

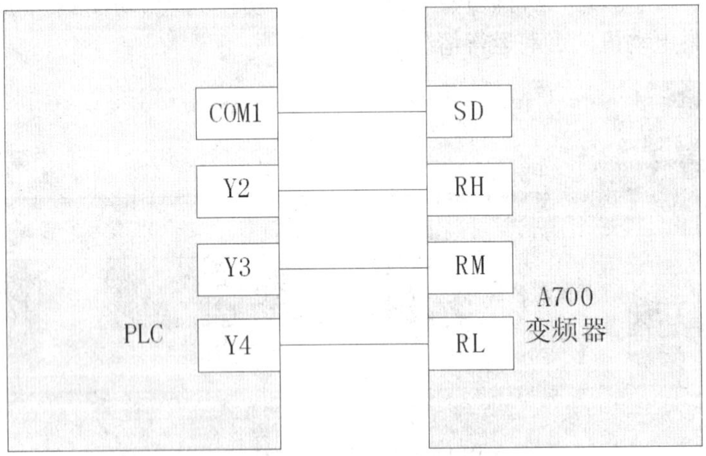

图 11－12　PLC 与变频器的接线原理图

上图是 PLC 与变频器的接线原理图，仅仅是对频率改变的接线图，在具体的实践上端子 STR(反转)、STF(正转)要与 PLC 的输出端相连。通过对 RL、RM、RH 置数，可以得到 $2^3=8$，除去“0、0、0”的可能性，一共有七种频率，这就是我们要实现的七段速。

表 11－1　　变频器的七段速设置

RH	RM	RL	频率
0	0	1	H1
0	1	0	H2
0	1	1	H3
1	0	0	H4
1	0	1	H5
1	1	0	H6
1	1	1	H7

3. 变频器参数设置

功能	参数	名　称	设定范围	最小设定单位	初始值	参考页	客户设定值
基本功能	◎ 0	转矩提升	0~30%	0.1%	6/4/3/2/1% *1	128	
	◎ 1	上限频率	0~120Hz	0.01Hz	120/60Hz *2	140	
	◎ 2	下限频率	0~120Hz	0.01Hz	0Hz	140	
	◎ 3	基准频率	0~400Hz	0.01Hz	50Hz	142	
	◎ 4	多段速设定（高速）	0~400Hz	0.01Hz	50Hz	148	
	◎ 5	多段速设定（中速）	0~400Hz	0.01Hz	30Hz	148	
	◎ 6	多段速设定（低速）	0~400Hz	0.01Hz	10Hz	148	
	◎ 7	加速时间	0~3600/360s	0.1/0.01s	5/15s *3	155	
	◎ 8	减速时间	0~3600/360s	0.1/0.01s	5/15s *3	155	
	◎ 9	电子过电流保护	0~500/0~3600A *2	0.01/0.1A *2	额定电流	163	
直流制动	10	直流制动动作频率	0~120Hz，9999	0.01Hz	3Hz	180	
	11	直流制动动作时间	0~10s，8888	0.1s	0.5s	180	
	12	直流制动动作电压	0~30%	0.1%	4/2/1% *4	180	
—	13	启动频率	0~60Hz	0.01Hz	0.5Hz	157	
—	14	适用负载选择	0~5	1	0	144	
JOG选择	15	点动频率	0~400Hz	0.01Hz	5Hz	150	
	16	点动加减速时间	0~3600/360s	0.1/0.01s	0.5s	150	
—	17	MRS输入选择	0，2，4	1	0	207	
—	18	高速上限频率	120~400Hz	0.01Hz	120/60Hz *2	140	
—	19	基准频率电压	0~1000V，8888，9999	0.1V	9999	142	
加减速时间	20	加减速基准频率	1~400Hz	0.01Hz	50Hz	155	
	21	加减速时间单位	0，1	1	0	155	
防止失速	22	失速防止动作水平（转矩限制水平）	0~400%	0.1%	150%	134，85	
	23	倍速时失速防止动作水平补偿系数	0~200%，9999	0.1%	9999	134	
多段速度设定	24~27	多段速设定（4速~7速）	0~400Hz，9999	0.01Hz	9999	148	

图 11－13　变频器的多段速参数设定

设定参数时，不但要设置参数 4、5、6(1 速 ~3 速)的数值，而且要设置参数 24 ~27(4 速 ~7 速)，即:Pr. 4 =15Hz，Pr. 5 =20Hz，Pr. 6 =35Hz，Pr. 24 =40Hz，Pr. 25 =55Hz，Pr. 26 =60Hz，Pr. 27 =75Hz。

三、完成任务

11.1.3 系统硬件设计

1. 控制系统设计思路

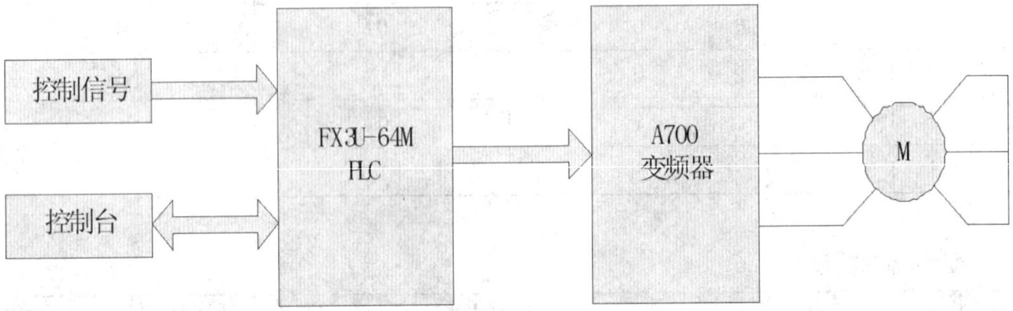

图 11－14　控制系统设计思路

本系统主要由控制信号、控制台、PLC、变频器、三相电动机组成，通过 PLC 控制变频器达到变频调速的目的，从而实现交流电机的正转、起停、加速、减速控制以及速度的调节，并且能够在控制台上进行操作，控制电机调速。

2. 系统电路图

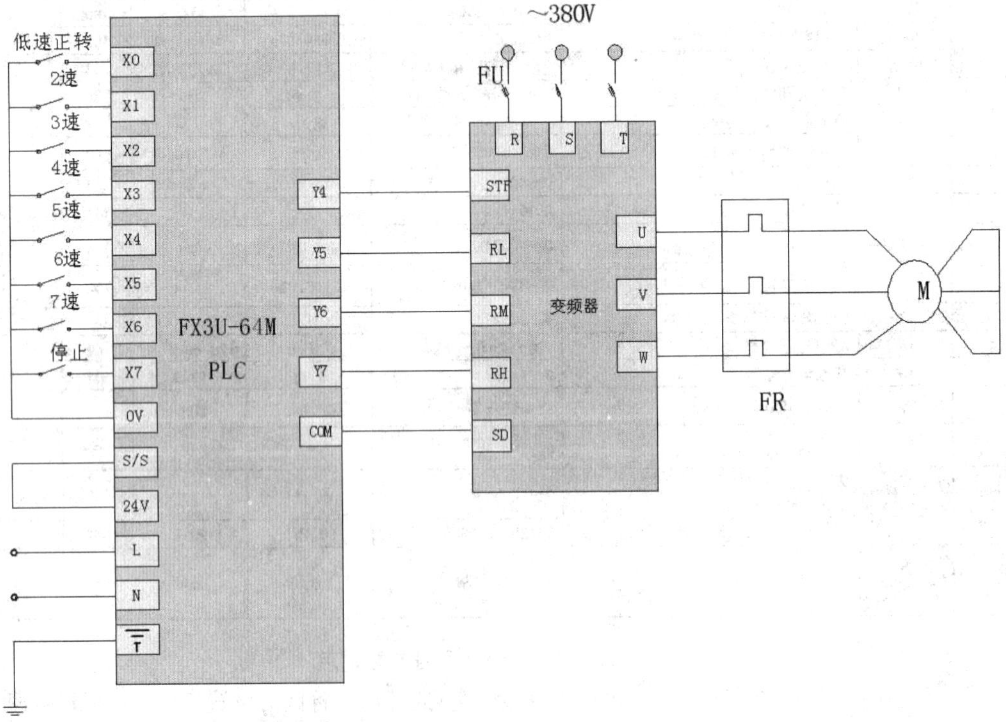

图 11－15　系统电路图

11.1.4 系统软件设计

表 11－2　　　　I/O 输入输出分配表

输入变量	输出变量	信号名称	备注
X0	Y4、Y5	低速正转	按钮
X1	Y6	2 速	按钮
X2	Y5、Y6	3 速	按钮
X3	Y7	4 速	按钮
X4	Y5、Y7	5 速	按钮
X5	Y6、Y7	6 速	按钮
X6	Y5、Y6、Y7	7 速	按钮
X7		停止	按钮

梯形图程序设计：

按下起动按钮，输入 X0，电机以低速正转，同时输出 Y4 和 Y5。

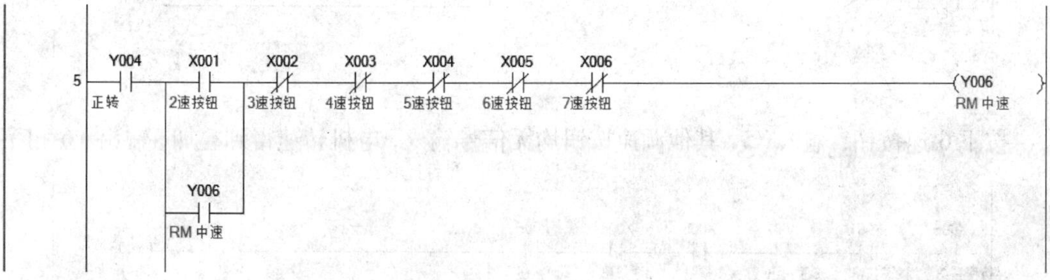

按下 2 速按钮，输入 X1，其他调速按钮均无信号输入，电机以中速正转，输出 Y6。

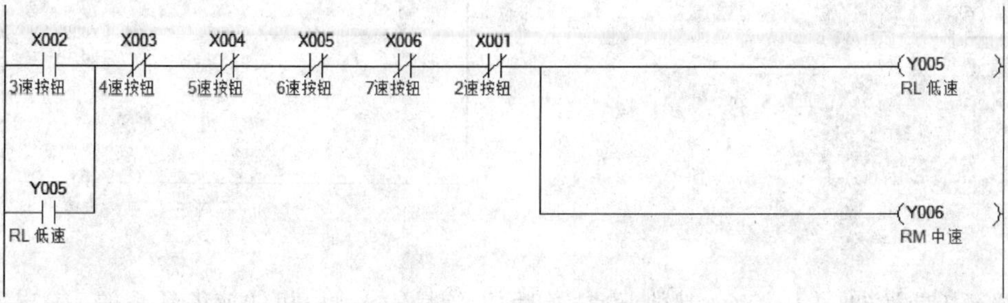

按下 3 速按钮，输入 X2，其他调速按钮均无信号输入，电机转速得到叠加，输出 Y5 和 Y6。

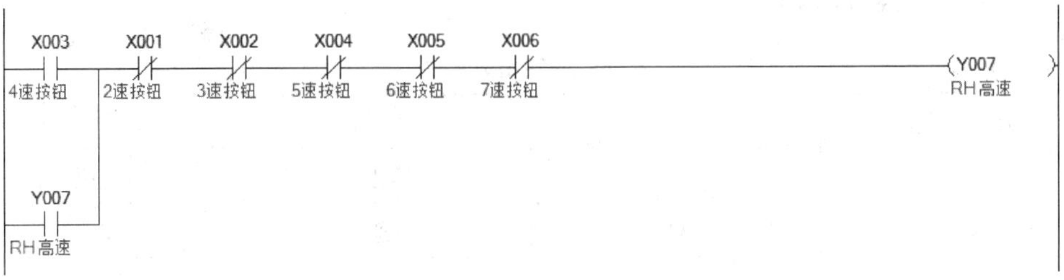

按下 4 速按钮，输入 X3，其他调速按钮均无信号输入，电机以高速正转，输出 Y7。

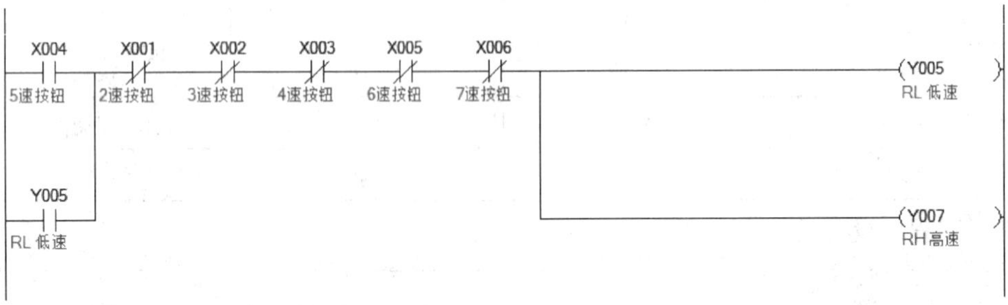

按下 5 速按钮，输入 X4，其他调速按钮均无信号输入，电机转速得到叠加，输出 Y5 和 Y7。

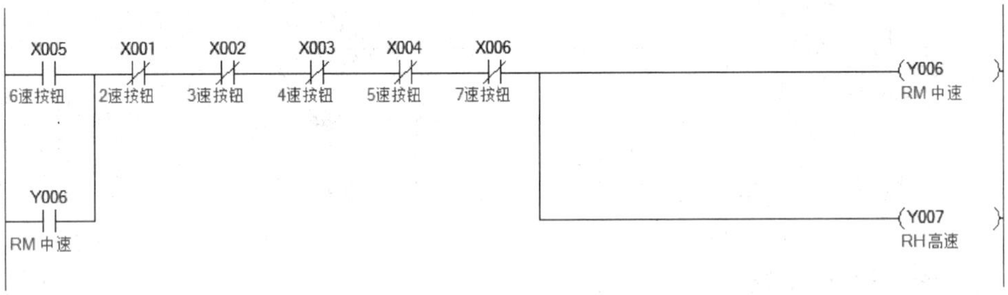

按下 6 速按钮，输入 X5，其他调速按钮均无信号输入，电机转速得到叠加，输出 Y6 和 Y7。

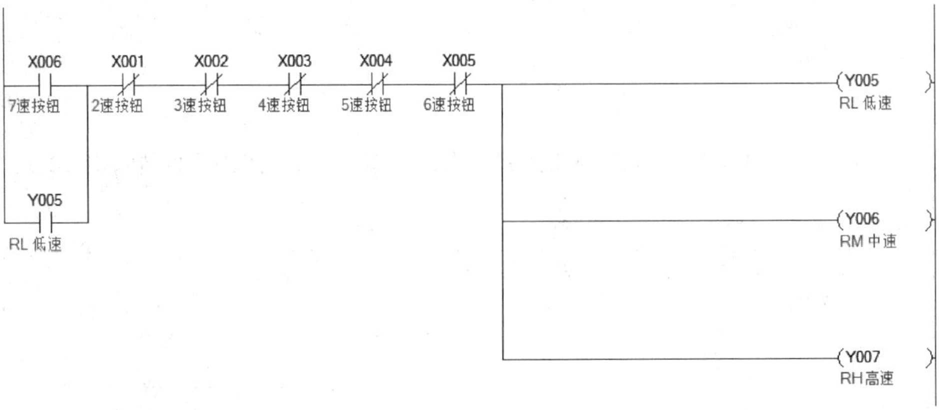

按下 7 速按钮，输入 X6，其他调速按钮均无信号输入，电机转速得到叠加，输出 Y5、Y6

和 Y7。

11.1.5 三菱变频器常见故障分析

1. OC1、OC3 故障

三菱变频器出现 OC(过电流故障)很多时候会是以下几方面原因造成的(现以 A700 系列变频器为例)。

(1)参数设置问题不当引起的，如时间设置过短；

(2)外部因素引起的，如电机绕组短路(包括相间短路，对地短路等)；

(3)变频器硬件故障，如霍尔传感器损坏，IGBT 模块损坏等。

在现在的维修中，我们有时排除以上这些原因可能还是解决不了问题，OC 故障仍然存在，当然更换控制板也不是解决问题的办法，这时可以考虑一下驱动电路是否存在问题。三菱 A700 变频器的检测电路做得相当强大，以上这些检测点只要有任何一处有问题都可能会报警，无法正常运行。除了一般性驱动电路所包括的驱动电源、驱动光耦隔离、驱动信号放大电路，还包括输出信号回馈电路等。

2. UVT 故障

UVT 为欠压故障，相信很多客户在使用中还是会碰到这样的问题，我们常见的欠压检测点都是直流母线侧的电压，经大阻值电阻分压后采样一个低电压值，与标准电压值比较后输出电压正常信号、过压信号或是欠压信号。对于三菱 A700 系列变频器电压信号的采样值则是从开关电源侧取得的，并经过光电耦合器隔离，在很多维修过程中，发现光耦的损坏在造成欠压故障的原因中占有了很大的比重。

3. E6、E7 故障

E6、E7 故障对于广大用户来说一定不陌生，这是一个比较常见的三菱变频器典型故障，当然损坏原因也是多方面的。

(1)集成电路 1302H02 损坏。这是一块集成了驱动波形转换，以及多路检测信号于一体的 IC 集成电路，并有多路信号和 CPU 板关联，在很多情况下，此集成电路的任何一路信号出现问题都有可能引起 E6，E7 报警。

(2)信号隔离光耦损坏。在 IC 集成电路 1302H02 与 CPU 板之间有多路强弱信号需要隔离，隔离光耦的损坏在元器件的损坏比例中还是相对较高的，所以在出现 E6，E7 报警时，也要考虑到是否是此类因素造成的。

(3)接插件损坏或接插件接触不良。由于 CPU 板和电源板之间的连接电缆经过几次弯曲后容易出现折断、虚焊等现象，在插头侧如果使用不当也易出现插脚弯曲折断等现象。以上一些原因也都可能造成 E6，E7 故障的出现。

4. 器件损坏

除了开关电源损坏、开关场效应管损坏、启振电阻损坏、整流二极管损坏等一些因素外，常见的损坏器件就是一块 M51996 波形发生器芯片了，这是一块带有导通关断时间调整、输出电压调节、电压反馈调节等多种保护于一体的控制芯片。较容易出现问题的地方主要有芯片 14 脚的电源，调整电压基准值的 7 脚，反馈检测的 5 脚，以及波形输出的 2 脚等。

5. 功率模块损坏

功率模块的损坏，主要出现在 E500 系列变频器。对于小功率的变频器，由于是集成了功率器件、检测电路于一体的智能模块，当模块损坏时只能更换，但维修成本较高，已无维修价值。而对于5.5KW，7.5KW的E500系列变频器，选用了7MBR系列的PIM功率模块，更换的成本相对较低，对此类变频器的损坏可以做一些维修。

任务二　软启动器的认识和使用

一、任务名称

基于施耐德软启动器的压缩机起动控制系统设计

二、任务描述

在工程中最常用的就是三相异步电机，由于其电机启动特性，这些电动机直接连接供电系统启动(硬启动)，将会产生高达电机额定电流5~7倍的浪涌(冲击)电流，使得供电系统和串联的开关设备过载。另一方面，直接启动，也会产生较高的峰值转矩，这种冲击不但会对驱动电动机产生冲击，而且也会使机械装置受损，还会影响接在同一电网上其他电气设备正常工作。软启动器的诞生解决了这个问题。它既能改变电动机的起动特性保护拖动系统，更能保证电动机可靠起动，又能降低起动冲击，因此随着电力电子技术的快速发展，智能型软起动器将会得到更广泛的应用。

软启动器和变频器是两种完全不同用途的产品。变频器是用于需要调速的地方，其输出不但改变电压而且同时改变频率;软启动器实际上是个调压器，用于电机起动时，输出只改变电压并没有改变频率。变频器具备所有软起动器功能，但它的价格比软启动器贵得多，结构也复杂得多。

本任务利用施耐德AST22软启动器、断路器、接触器、电动机构成一个简单的压缩机起动控制系统。

11.2.1 软启动器基本知识

1.软启动器的结构与型号

软启动器采用三相反并联晶闸管(SCR)作为调压器，将其接入电源和电机定子之间，这种电路如三相全控整流电路。软启动器启动电机时，晶闸管的输出电压逐渐增加，电动机的转速逐渐加速，直到晶闸管全部导通，电动机工作在额定电压的机械特性上，实现平滑启动，降低启动电流，避免了启动时过流跳闸，待电动机达到额定转速时，启动过程结束。软启动器自动用旁路接触器取代已完成任务的晶闸管，为电动机正常运转提供额定电压，以降低晶闸管的热损耗，延长软启动器的使用寿命及提高其工作效率。软启动器同时还提供软停车功能，软停车与软启动过程相反，电压逐渐降低，转速逐渐下降到零，避免自由停车引起的转矩冲击。本任务中使用的施耐德AST22软启动器是法国施耐德公司生产的一款高性能软启动器，其基本结构和型号说明如图11-16、图11-17所示。

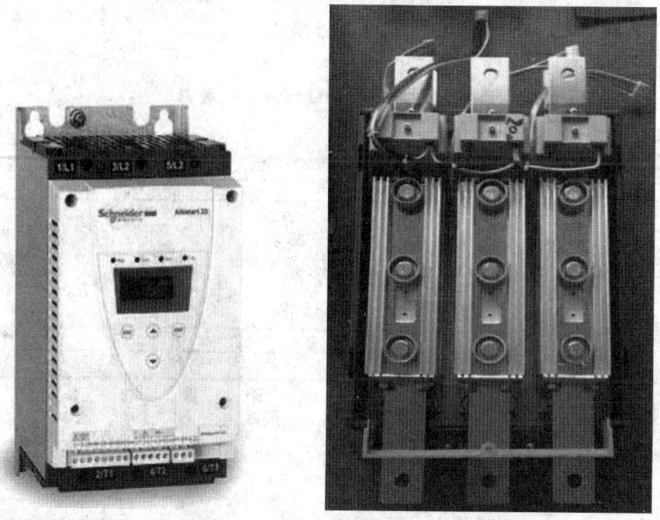

图 11－16　施耐德 AST22 软启动器的结构图

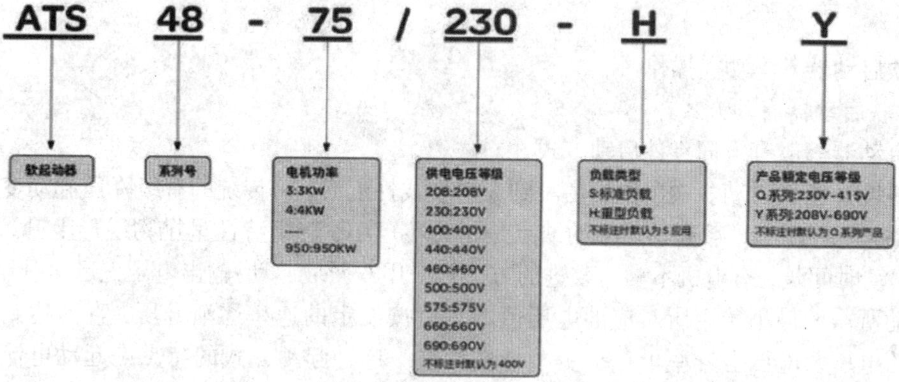

图 11－17　施耐德软启动器的型号说明

2. 软启动器的接线

软启动器的接线方案主要有带旁路接触器和不带旁路接触器 2 种。

(1)不带旁路接触器接线方案。笼型异步电动机是感性负载，运行中，定子电流滞后于电压。若电动机工作电压不变，电动机处于轻载时，功率因数低;电动机处于重载时，功率因数高。软启动器能在轻载时通过降低电动机端电压，提高功率因数，减少电动机的铜耗、铁耗，达到轻载节能的目的;负载重时，则提高端电压，确保电动机正常运行。因此，对可变工况负载，电动机长期处于轻载运行，只有短时或瞬时处于重载的场合，应采用不带旁路接触器的接线方案。

(2)带旁路接触器接线方案。对于电动机负载长期大于 40% 的场合，应采用带旁路接触器的接线方案。这样可以延长软启动器的寿命，避免对电网的谐波污染，还能减少软启动器的晶闸管热损耗。其接线原理图如图 11－18 所示。

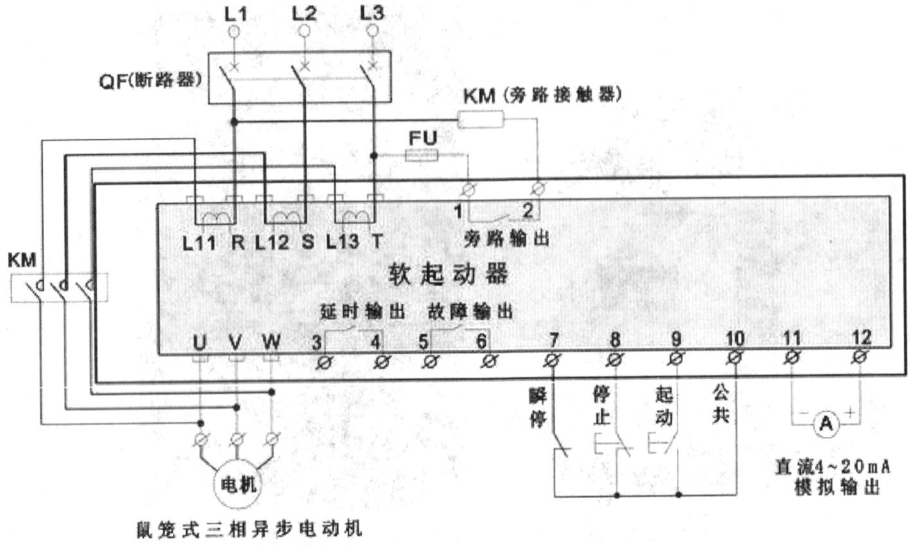

图 11－18 软启动器的接线原理图

3. 软启动器基本功能操作

(1) 软启动器启动方式

软启动器一般有下面 4 种启动方式。

①斜坡升压软启动。输出电压由小到大斜坡线性上升，将传统的有级降压起动变为无级降压起动，主要用于重载起动。它的缺点是起动转矩小，转矩特性呈抛物线形上升，对起动不利；起动时间长，对电机不利。改进的方法是采用双斜坡起动：输出电压先迅速升至 U，为电机起动所需的最小转矩所对应的电压值。然后按设定的速率逐渐升压，直至达到额定电压。初始电压及电压上升率可根据负载特性调整。这种起动方式的特点是起动电流相对较大，起动时间相对较短。斜坡升压软起动原理如图 11－19 所示。

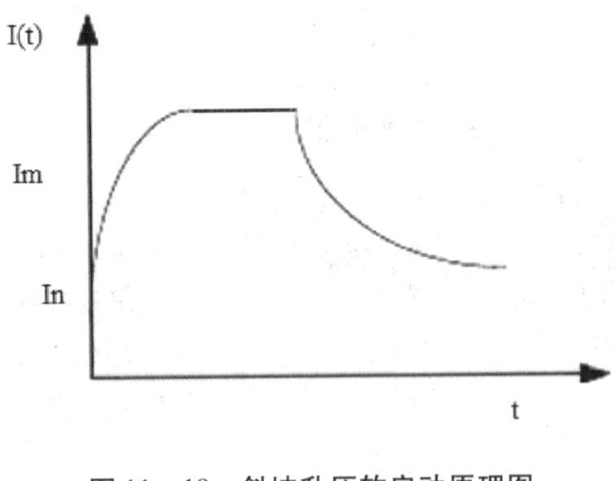

图 11－19 斜坡升压软启动原理图

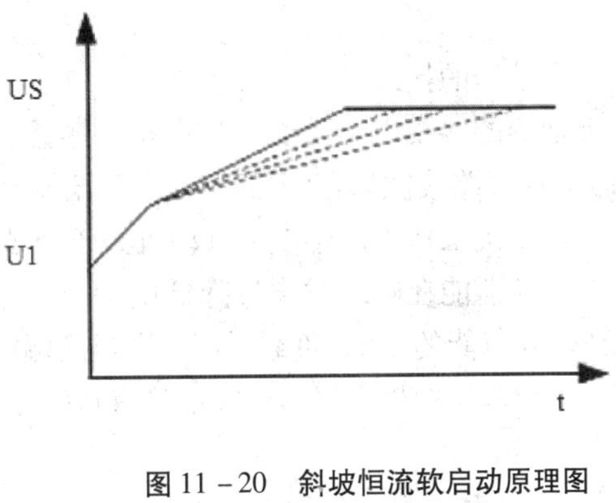

图 11－20 斜坡恒流软启动原理图

②斜坡恒流软启动。这种启动方式是在电动启动的前阶段电流逐渐增加，当电流达到预先所设定的值后保持恒定，直到启动完毕。启动过程中，电流上升变化速率可以根据电动机负载调整设定。电流上升速率大，则启动转矩大，启动时间短。这种启动方式的优点是起动

电流小，且可以按需要调整起动电流的限定值，缺点是由于在起动时难以知道起动压降，不能充分利用降压空间，会损失起动力矩。该启动方式是应用最多的启动方式，尤其适用于风机、泵类负载的启动。斜坡恒流软起动原理图如图 11－20 所示。

③转矩控制启动。这种启动方式主要用于重载启动，是按电动机的启动转矩线形上升的规律来控制输出电压。它的优点是启动平滑、柔性好，对拖动系统有利，同时减少对电网冲击，是最优的重载启动方式之一，缺点是启动时间较长。转距起动方式原理图如图 11－21 所示。

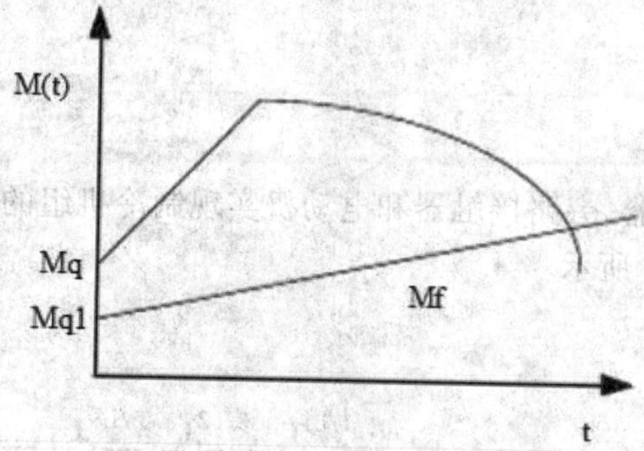

图 11－21　转矩控制启动方式原理图

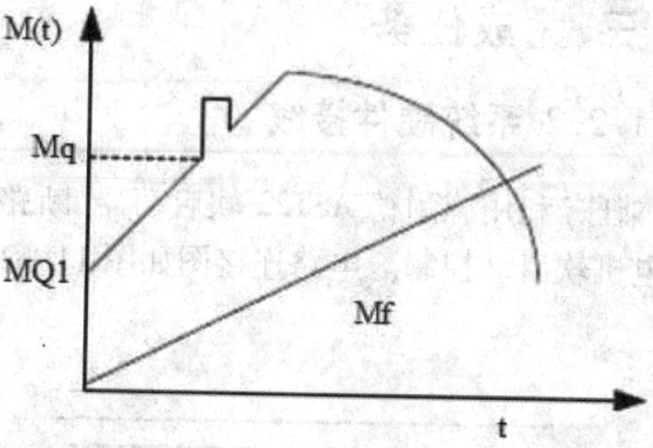

图 11－22　转矩加突跳控制启动方式原理图

④转矩加突跳控制启动方式。这种启动与转矩控制启动相同，也使用在重载启动的场合，比如皮带传输机、挤压机、搅拌机等，由于其静阻力矩较大，必须施加一个短时的大启动力矩，克服大的静摩擦力，然后转矩平滑上升，缩短启动时间。转矩突跳这种启动方式所提供的辅助突跳力矩所需电流可达到满载电流的 500%，突跳启动时间可在 0～2 秒内选择，但是突跳会给电网发送尖脉冲，干扰其他负荷，使用时应特别注意。转矩加突跳控制启动方式原理图如图 11－22 所示。

（2）软启动器的四种运行状态

软启动器有四种运行状态。

①跨越运行模式。晶闸管处于全导通状态，电动机工作于全压方式，电压谐波分量可以完全忽略，这种方式常用于短时重复工作的电动机。

②接触器旁路工作模式。在电动机达到满速运行时，用旁路接触器来取代已完成启动任务的软启动器，这样可以降低晶闸管的热损耗，提高系统的效率。这种工作模式下，有可能用一台软启动器去启动多台电动机。

③节能运行模式。当电动机负荷较轻时，软启动器自动降低施加于电动机定子上的电压，减少电动机励磁分量，从而提高了电动机的功率因数。

④调压调速模式。软启动器既然是用晶闸管原理来实现，它就可以进行调压调速运行，由于电动机转子内阻很小，要得到大范围的调速，就需在电动机转子中串入适当的电阻。

（3）软启动器的四种停机方式

软启动器有四种停机方式可供选择。

①自由停车。直接切断电源，电机自由停车。

②软停机。在有些场合，并不希望电动突然停止，如皮带运输机、升降机等，而是采用软停机方式，在接收停机信号后，电动机端电压逐渐减小。转速下降斜坡时间可调。

③泵停机或非线性软制动。它适用于惯性力矩较小的泵的驱动。泵停机功能是将离心泵的特性曲线事先存储在设备中，软启动器在启动和停止电机的过程中，实时检测电动机的负载电流，因此可根据泵的负载状况及速度调节其输出电压，使软启动器的输出转矩与泵的特性曲线最佳配合，从而消除“水锤效应”。

④直接制动。可以向电动机输入直流电流，从而加快制动，直流制动时间可在0~99S间选择。主要使用于惯性力矩大的负载或需快速停机的场合。

三、完成任务

11.2.2 系统硬件接线

本任务利用施耐德 AST22 软启动器、断路器、旁路接触器和电动机实现制冷机组的压缩机主电机软启动控制。电路连接图如图 11－23 所示。

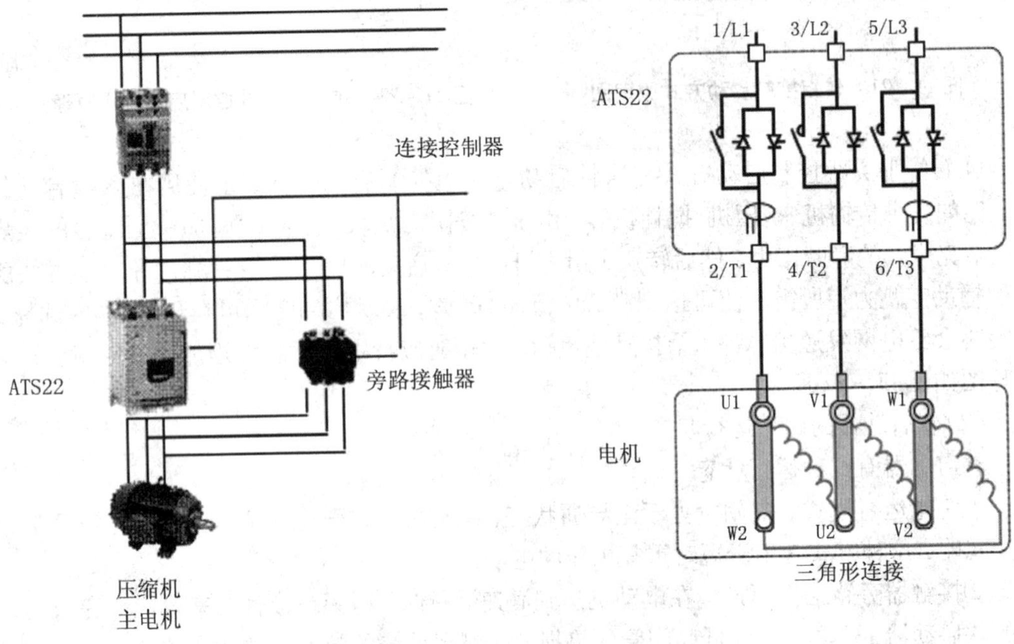

图 11－23　系统主电路接线图

软启动器采用三线控制，将 LI1 连接停止按钮、LI2 连接起动按钮，CL1、CL2 连接控制电源，系统硬件接线图如图 11－24 所示。

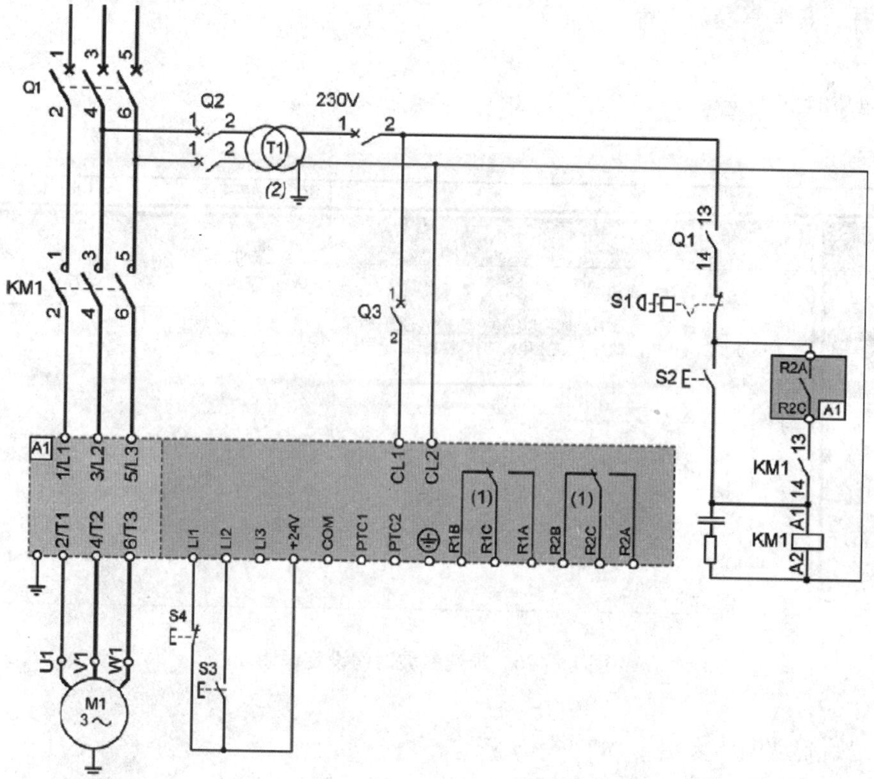

图 11－24　系统硬件接线图

11.2.3 软启动器参数设置

1. 施耐德 AST22 软启动器控制面板

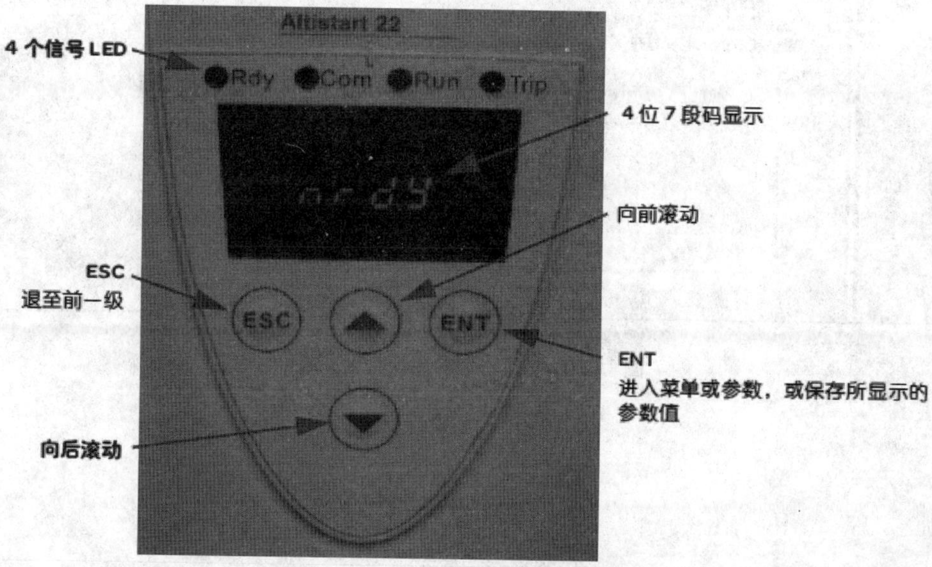

图 11－25　AST22 软启动器控制面板

2. 软启动器主要参数设置

(1)加速时间设定

代码	名称 / 说明	R/W	调整范围	出厂设置
SEt	**设定菜单**(续)			
ACC	❑ **加速斜坡时间** 如果 SSC 被设置为 OFF，则决定电机的电压斜坡上升时间。 如果 SSC 被设置为 ON，则决定电机的转矩斜坡上升时间。	R/W	1..60 s	10 s

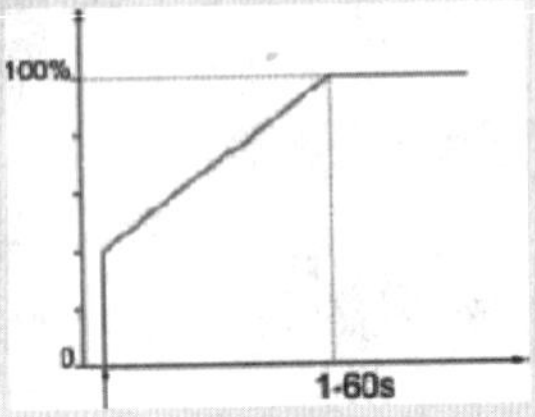

图 11－26　加速斜坡时间设定说明

(2)初始起动电压设定

代码	名称 / 说明	R/W	调整范围	出厂设置
SEt	**设定菜单**			
t90	❑ **初始起动电压** 设置电机的初始起动电压。 初始起动电压的设置应使得在有电压施加至电机时立即形成电机的转动。 如果设置过低，电机将在“运行”信号之后开始转动。 t90 由人机界面 (HMI) 设置，增量为 5。 当 t90 由通讯网络设置时，增量为 1。	R/W	全电压的 10..50%，增量为 5	30%

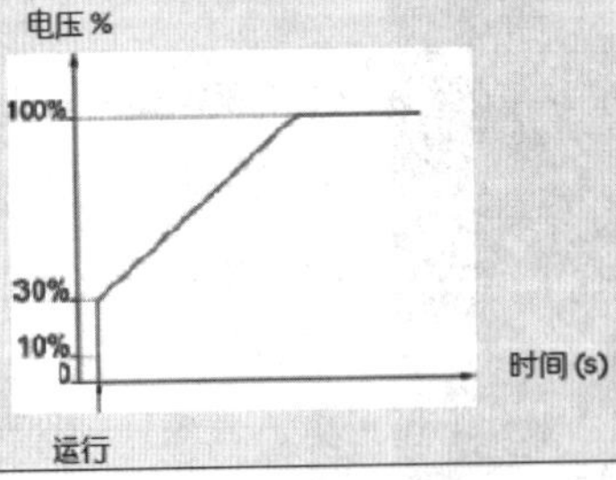

图 11－27　初始起动电压设定说明

(3)减速时间设定

代码	名称/说明	R/W	调整范围	出厂设置
dEC 1至60 FrEE	❑ 减速斜坡时间 如果 SSC 被设置为 OFF，则决定电机的电压斜坡下降时间。 如果 SSC 被设置为 ON，则决定电机的转矩斜坡下降时间。 ☐ 减速斜坡时间 ☐ 自由停机 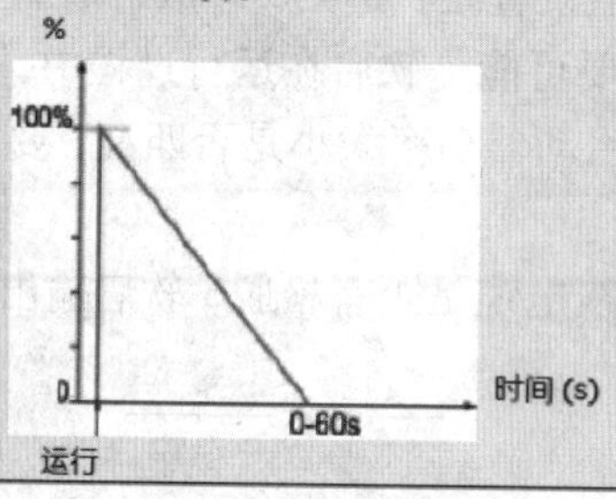	R/W	FrEE,1...60 s	Free(自由停机)

图 11－28　减速斜坡时间设定说明

以上列举 3 种主要参数的设置方法和经验值，具体值的设定需要在此基础上根据压缩机的功率、机械特性、惯性大小反复调整，直到能够适合现场工况。

11.2.4 施耐德软启动器常见故障分析

故障－1(瞬停)：出现此故障是接线端子 7 和 10 开路了，只要用导线把接线端子 7 和 10 短接起来就可解决。引起此故障的原因一般是由于外部控制接线有误而导致的，如果用户不是特别需要外控的话，只需把软启内部功能代号“9”(控制方式)参数设置成“1”(键盘控制)，就可以避免此故障。

故障－2(启动时间过长)：出现此故障是软启动器的限流值设置得太低而使得软启起动器的起动时间过长，在这种情况下，我们可以把软启内部的功能代码“4”(限制起动电流)的参数设置高些，可设置到 1.5～2.0 倍。必须要注意的是电机功率大小与软启动器的功率大小是否匹配，如果不匹配，在相差很大的情况下，野蛮地把参数设置到 4～5 倍，启动运行一段时间后会因电流过大而烧坏软启内部的硅模块或是可控硅。

故障－3(过热)：出现此故障是由于软启起动器在短时间内的启动次数过于频繁所致，启动次数每小时不要超过 12 次。

故障－4(输入缺相)：引起此故障的因素有很多种，下面列出一些：

(1)检查进线电源与电机接线是否有松脱；

(2)输出是否接上负载，负载与电机是否匹配；

(3)用万用表检测软启动器的模块或可控硅是否有击穿，及它们的触发门极电阻是否符合正常情况下的要求(一般在 20～30 欧左右)；

(4)内部的接线插座是否松脱。

以上这些因素都可能导致此故障的发生，只要细心检测并作出正确的判断，就可予以排除。

故障－5(频率出错)：此故障是由于软启动器在处理内部电源信号时出现了问题，而引起了电源频率出错。出现这种情况需要请教公司的产品开发软件设计工程师来处理。主要着手电源电路设计改善。

故障－6(参数出错):出现此故障只需重新开机输入一次出厂值就解决了。具体操作:先断掉软启动器控制电(交流 220V),用一手指按住软启控制面板上的“PRG”键不放,再送上软启动器的控制电,在约 30S 后松开“PRG”键,就重新输入好了现厂值。

故障－7(启动过流):启动过流是由于负载太重启动电流超出了 500% 而导致的。解决此办法有:把软启内部功能码“0”(起始电压)设置高些;或是再把功能码“1”(上升时间)设置长些,可设为:30～60S;还有功能代码“4”的限流值设置是否适当,一般可成 2～3 倍。

故障－8(运行过流):导致此故障的原因主要可能是软启在运行过程中,由于负载太重而导致模块或可控硅发热超量。可检查负载与软启动器功率大小是否匹配,要尽量做到用多大软启拖多大的电机负载。

故障－9(输出缺相):主要是检查进线和出线电缆是否有松脱,软启输出相是否有断相或电机是否损坏。

项目十二

基本电子电路的装调与维修

任务一　基本电子元器件的认识与测试

一、任务名称

基本电子元器件的认识与测试

二、任务内容

12.1.1 电阻的识别和检测

电阻是电路元件中应用最广泛的一种电路元件，在电子设备中占元件总数的30%以上，其质量的好坏对电路工作的稳定性有极大的影响，它在电路中起分压、分流和限流的作用。电阻在电路图中用R来表示，符号如图12－1所示。

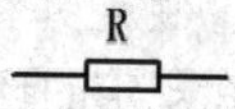

图12－1　电阻元件

1. 电阻的识别

(1)电阻的分类

实际电阻按工作性能及电路功能不同可分为固定式电阻、可变式电阻(电位器)和敏感电阻三大类;按组成材料不同可分为碳膜电阻、金属膜电阻、绕线式电阻等;按用途不同可分为通用型、精密型等。

常用的电阻元件的外形、特点与应用如表12－1所示。

表 12－1　　常用电阻元件的外形、特点与应用

名称及实物图	特点与应用
碳膜电阻 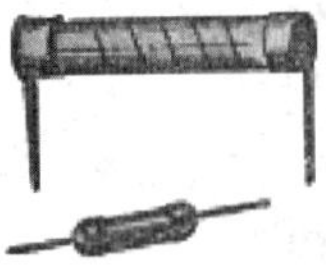	碳膜电阻稳定性较高，噪声也比较低。一般在无线电通讯设备和仪表中做限流、阻尼、分流、分压、降压、负载和匹配等用途。
金属膜电阻 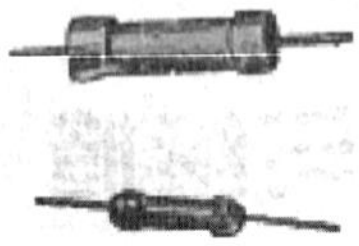	金属膜和金属氧化膜电阻用途和碳膜电阻一样，具有噪声低、耐高温、体积小、稳定性和精密度高等特点。
实心碳质电阻 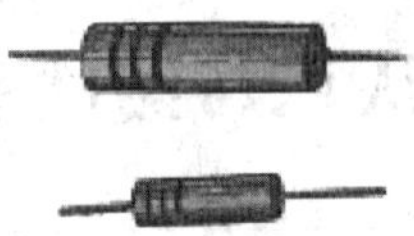	实心碳质电阻的用途和碳膜电阻一样，具有成本低，阻值范围广，容易制作等特点，但阻值稳定性差，噪声和温度系数大。
电位器 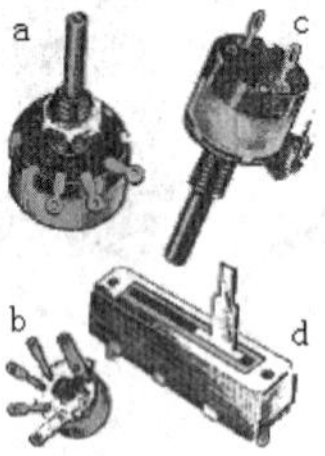	(a)绕线电位器阻值变化范围小，功率较大； (b)碳膜电位器稳定性较高，噪声较小； (c)推拉式带开关碳膜电位器使用寿命长，调节方便； (d)直滑式碳膜电位器节省安装位置，调节方便。

(2)电阻的主要参数

①额定功率

在规定的环境温度和湿度下，假定周围空气不流通，在长期连续负载而不损坏或基本不改变性能的情况下，电阻上允许消耗的最大功率称为额定功率。为保证安全使用，一般选其额定功率比它在电路中消耗的功率高 1～2 倍。额定功率分 19 个等级，常用的有 0.05W、0.125W、0.25W、0.5W、1W、2W、3W、5W、7W、7W、10W。

②标称阻值

产品上标示的阻值称为标称阻值，其单位为欧(Ω)、千欧(KΩ)、兆欧(MΩ)等。电阻不标单位，一般为欧姆(Ω)。

③允许误差

电阻实际阻值对于标称阻值的最大允许偏差范围称为允许误差，它表示产品的精度。

④最高工作电压

最高工作电压是指电阻长期工作不发生过热或电击穿损坏时的电压。如果电压超过规定值，电阻内部产生火花，引起噪声。

(3)电阻的识别方法

电阻的类别、标称阻值及误差、额定功率一般都标注在电阻元件的外表面上。目前常用的标注方法有三种：

①直标法

将电阻的类别及主要技术参数直接标注在它的表面上，如图 12－2(a)所示。有的国家或厂家用一些文字符号标明单位，例如 3.3kΩ 标为 3k3，9.1Ω 标为 9R1，这样可以避免因小数点面积小，不易看清的缺点。

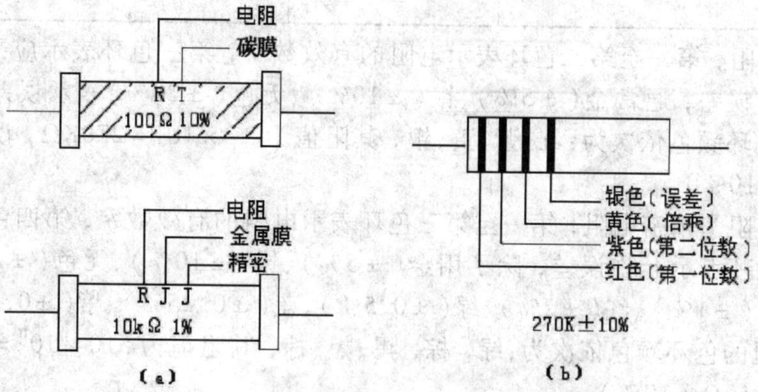

(a)直标法　　(b)色标法

图 12－2　电阻的规格和标注法

②色标法

将电阻的主要技术参数用颜色(色环或色点)标注在它的表面上，如图 12－2(b)所示。小功率碳膜电阻和金属膜电阻一般都用色环表示电阻阻值的大小。色环电阻分为四色环和五色环。在电阻的一端标以彩色环，电阻的色环是由左向右排列的，色环所代表的数及数字意义见表 12－2。

表 12－2　色环所代表的数及数字意义

色别	第一色环 第一位数	第二色环 第二位数	第三色环 应乘位数	第四色环 允许误差
棕色	1	1	10^1	—
红色	2	2	10^2	—
橙色	3	3	10^3	—
黄色	4	4	10^4	—
绿色	5	5	10^5	—
兰色	6	6	10^6	—
紫色	7	7	10^7	—
灰色	8	8	10^8	—
白色	9	9	10^9	—

续表

色别	第一色环 第一位数	第二色环 第二位数	第三色环 应乘位数	第四色环 允许误差
黑色	0	0	10^{0}	—
金色	—	—	10^{-1}	±5%
银色	—	—	10^{-2}	±10%
无色	—	—	—	±20%

四色环电阻，第一至第二色环表示电阻的有效数字，第三色环表示应乘的数，第四色环表示允许误差，通常金（±5%）、银（±10%）、无色（±20%）表示误差。例如某四色环电阻的色环颜色依次为：红、紫、黄、银，其阻值为 $27\times10^{4}=270\text{K}\Omega$，误差为 ±10%（即 270KΩ ±10%）。

五色环电阻为精密电阻，第一至第三色环表示电阻的有效数字，第四色环表示应乘的数，第五色环表示允许误差，除了用金（±5%）、银（±10%）、无色（±20%）表示误差，还可用棕（±1%）、红（±2%）、绿（±0.5%）、蓝（±0.25%）、紫（±0.05%）。例如某五色环电阻的色环颜色依次为：绿，棕，黑、黑、棕，其阻值为 $510\times10^{0}=510\Omega$，误差为 ±1%（即 510Ω ±10%）。

③数码表示法

将电阻的主要技术参数用三位数字标注在它的表面上，该方法常用于贴片电阻、排阻等。例如标注为“10^{3}”的电阻阻值为 $10\times10^{3}=10\text{K}\Omega$，第一至第二个数字表示电阻的有效数字，第三个数字表示应乘的数。

2. 电阻的检测

通常可用万用表欧姆档对电阻器进行检测。通过测量值是否与标称值一致判断，若阻值为 0，短路；若阻值为无穷大，开路。测量前注意要先进行调零，测量时不能用双手同时捏住电阻或测试笔，否则人体电阻与被测电阻器并联影响测量精度。在进行精确测量时可用电桥。

12.1.2 电感的识别和检测

电感是能够把电能转化为磁能而储存起来的元件，在电子电路中应用广泛，是实现振荡、调谐、耦合、滤波、延迟、偏转的主要元件之一。电感在电路图中用 L 来表示，符号见图 12－3 所示。

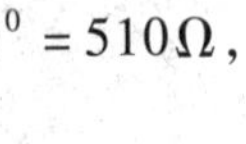

图 12－3　电感元件

1. 电感的识别

(1) 电感的分类

电感线圈按功能来分，有高频扼流圈、低频扼流圈、调谐线圈、滤波线圈、提升线圈、稳频线圈、补偿线圈、天线线圈、振荡线圈及陷波线圈等；按结构来分，有单层螺旋管线圈、蜂房式线圈、铁粉芯或铁氧体芯线圈、铜芯线圈等。

常用的电感元件的外形、特点与应用如表 12－3 所示。

表 12－3　　常用电感元件的外形、特点与应用

名称及实物图	特点与应用
单层螺旋管线圈 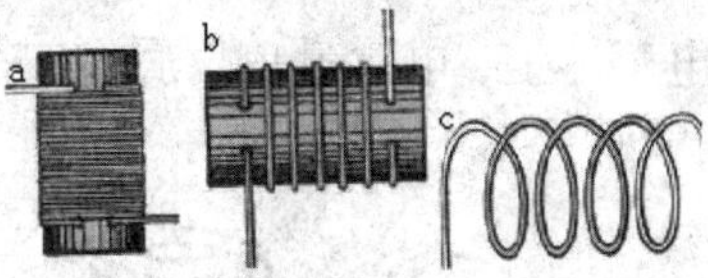	(a)密绕绕法简单，容易制作，但体积大，分布电容大，一般用于较简单的收音机电路中。 (b)间绕法的特点是具有较高的品质因素和稳定度，多用于收音机的短波电路。 (c)脱胎绕法的特点是分布电容小，具有较高的品质因数，多用于超短波电路。
蜂房式线圈 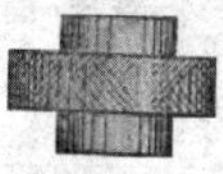	体积小，分布电容小，电感量大，多用于收音机中波段振荡电路。
铁粉芯或铁氧体芯线圈 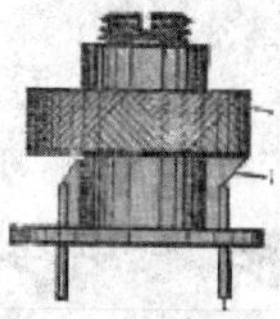	为了调整方便，提高电感量和品质因数，常在线圈中加入一种特制材料(铁粉芯或铁氧体)，不同的频率，采用不同的磁芯。利用螺纹的旋动，可调节磁芯与线圈的位置，从而也改变了这种线圈的电感量。多用于收音机的振荡电路及中频调谐回路。
铜芯线圈 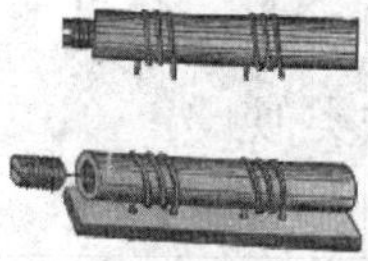	为了改变电感量和调整可靠、方便、耐用，在一些超短波范围用的线圈常采用铜芯线圈，利用旋动铜芯在线圈中的位置来改变电感量。多用于电视机的高频头内。
扼流圈 	(a)高频扼流圈的电感量较小，分布电容和介质损耗小，用来阻止高频信号通过而让较低频率的交流信号和直流通过。通常采用陶瓷和铁粉芯作骨架。 (b)低频扼流圈具有较大的电感量，线圈中都插有铁芯，常与电容元件组成滤波电路，消除整流后残存的一些交流成分而只让直流通过。

(2)电感的主要参数

①电感量 L

电感量是表征线圈产生自感应能力的一个物理量，单位是亨利(H)。电感不标单位，一般为微亨(μH)。

②品质因数 Q

电感的品质因数 Q 是线圈质量的一个重要参数，它表示在某一工作频率下，线圈的感抗与其等效直流电阻之比，线圈的 Q 值通常为几十至几百。

③额定电流

线圈中允许通过的最大电流。

(3)电感的识别方法

电感的标称值及误差一般都标注在电感元件的外表面上。目前常用的标注方法有四种。

①直标法

将电感的标称电感量用数字和文字符号直接标在电感体上，电感量单位后面的字母表示偏差。

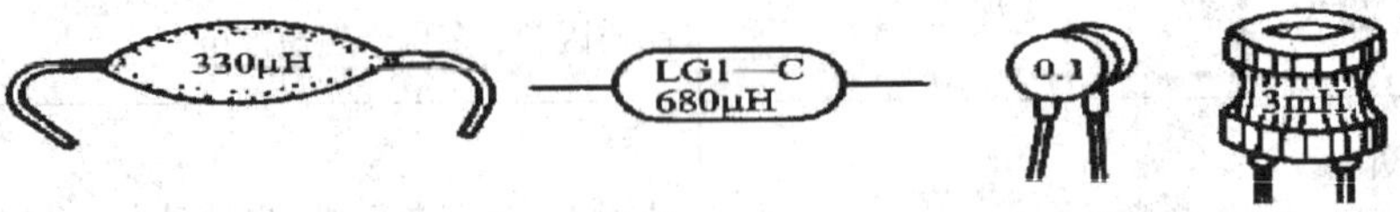

图 12－4　电感的直标法

②文字符号法

将电感的标称值和偏差值用数字和文字符号法按一定的规律组合标示在电感体上。采用文字符号法表示的电感通常是一些小功率电感，单位通常为 nH 或 μH。用 μH 做单位时，“R”表示小数点；用“nH”做单位时，“N”表示小数点。

图 12－5　电感的文字符号标注法

③色标法

在电感表面涂上不同的色环来代表电感量（与色环电阻读法类似）。

图 12－6　电感的色标法

④数码法

用三位数字来表示电感量的方法（与数码标注的电阻读法类似），常用于贴片电感上。

图 12－7　电感的数码标注法

2. 电感的检测

(1)欧姆测量

可用万用表测线圈阻值来判断好坏，即用万用表检查电感器是否有短路、断路或绝缘不良等现象。一般的电感线圈的直流电阻值很小，只有零点几到几欧；低频扼流线圈的电感量较大，线圈匝数相对较多，直流电阻相对较大（几百欧到几千欧）。若测得线圈电阻为无穷大时，表明线圈内部或引出线已经断线；若表指针为零，则表明电感器内部短路。

（2）绝缘测量

对低频阻流圈，应检查线圈和铁芯之间的绝缘电阻，即测量线圈引线与铁芯或金属屏蔽罩之间的电阻，阻值应为无穷大，否则说明电感器绝缘不良。

12.1.3 电容的识别和检测

电容是一种储能元件，在电路中常用于调谐、滤波、耦合、旁路、能量转换和延时。电容在电路图中用C来表示，符号见图12－8所示。

1. 电容的识别

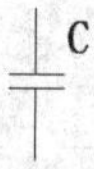

图12－8　电容元件

电容按其结构可分为固定电容、可变电容和半可变电容三大类。固定电容器按介质来分，有云母电容器、瓷介电容器、纸介电容器、薄膜电容器（包括塑料、涤纶等）、玻璃釉电容器、漆膜电容器和电解电容器等。可变电容器有空气可变电容器、密封可变电容器两类。半可变电容器又分为瓷介微调、塑料薄膜微调和线绕微调电容器等。按极性不同，可分为有极性电容和无极性电容。

常用的电容元件的外形、特点与应用如表12－4所示。

表12－4　常用电容元件的外形、特点与应用

名称及实物图	特点与应用
云母电容器 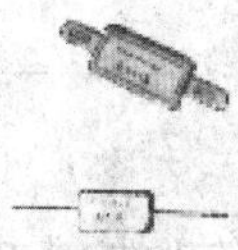	耐高温、高压，性能稳定，体积小，漏电小，但电容量小。宜用于高频电路中。
瓷介电容器 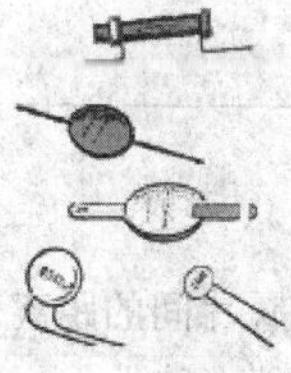	耐高温，体积小，性能稳定，漏电小，但电容量小。可用于高频电路中。
纸介电容器 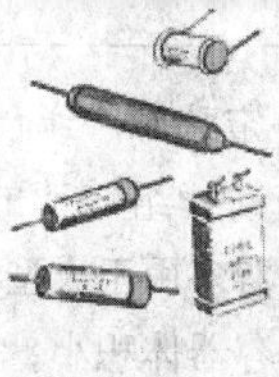	价格低，损耗大，体积也较大。宜用于低频电路中。

续表

名称及实物图	特点与应用
金属化纸介电容器 	体积小，电容量较大，受高电压击穿后，能“自愈”，即当电压恢复正常后，该电容器仍然能照常工作。一般由于低频电路中。
有机薄膜电容器 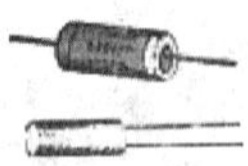	电容器的介质是聚苯乙烯和涤纶等。前者漏电小，损耗小，性能稳定，有较高的精密度，可用于高频电路中。后者介电常数高，体积小，容量大，稳定性较好，宜做旁路电容。
油质电容器 	又称油浸纸介电容器。电容量大，耐压高，但体积大。常用于大电力的无线电设备中。
钽（或铌）电容器 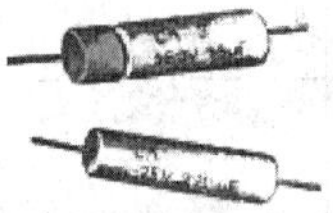	是一种电解电容器。体积小，容量大，性能稳定，寿命长，绝缘电阻大，温度特性好。用于要求较高的设备中。
电解电容器 	电容量大，有固定的极性，漏电大，损耗大。宜用于电源滤波电路中。
半可变（微调）电容器 	用螺钉调节两组金属片间的距离来改变电容量。一般用于振荡或补偿电路中。
可变电容器 	它是由一组（多组）定片和一组（多组）动片所构成。它们的容量随动片组转动的角度不同而改变。空气可变电容器多用于大型设备中，聚苯乙烯薄膜密封可变电容器体积小，多用于小型设备中。

(2)电容的主要参数

①标称电容量

标注在电容器上的电容量即为标称电容量。但电容器实际电容量与标称电容量是有偏差的，精度等级与允许误差有对应关系。电容的单位是法拉(F)。电容不标单位，一般为皮法(pF)。

②额定电压

额定电压是指在最低环境温度和额定环境温度下可连续加在电容器的最高直流电压的有效值，如果工作电压超过电容器的耐压，电容器将被击穿，造成损坏。

③绝缘电阻

直流电压加在电容上，产生漏电电流，两者之比称为绝缘电阻。绝缘电阻越大越好。

(3)电容的识别方法

电容的标称值及误差、耐压值一般都标注在电容元件的外表面上。目前常用的标注方法有三种。

①直标法：将主要参数和技术指标直接标注在电容器表面上。

在直标法中，电容量的单位分别为 pF、μF 和 F，允许误差直接用百分数表示。但有的国家常用一些符号表明单位，如 3.3pF 标注为“3p3”，3300μF 标注为“3m3”。

②色标法：与电阻元件的色标法相同。

③数码表示法：与电阻元件的数码表示法相同。

2. 电容元件的测量

用万用表表笔将电容的两引线短接(放电)，使用万用表的欧姆档($R\times100$ 或 $R\times1k$ 档)，将表笔接触电容的两引线(有极性电容注意极性)。刚搭上时，表头指针将发生摆动，然后再逐渐返回趋向 $R=\infty$ 处，这就是电容的充放电现象(对 0.1μF 以下的电容器观察不到此现象)。指针的摆动越大则容量越大；指针稳定后所指示的值就是漏电电阻值，一般为几百到几千兆欧，阻值越大，电容器的绝缘性能越好。

检测时，如果表头指针指到或靠近欧姆零点，说明电容器内部短路，若指针不动，始终指向 $R=\infty$ 处，则说明电容器内部开路或失效。

注意：5000pF 以上的电容器可用万用表电阻最高档判别，5000pF 以下的小容量电容器应另采用专门测量仪器判别。

12.1.4 二极管、三极管的识别和检测

1. 二极管的识别与检测

(1)二极管的基本结构及分类

把 PN 结用管壳封装，然后在 P 区和 N 区分别向外引出一个电极，即可构成一个二极管。二极管具有单向导电性，是电子技术中最基本的半导体器件之一。

二极管的结构外形及电路符号如图 12－9 所示，在图 12－9(b)所示电路符号中，箭头指向为正向导通电流方向。

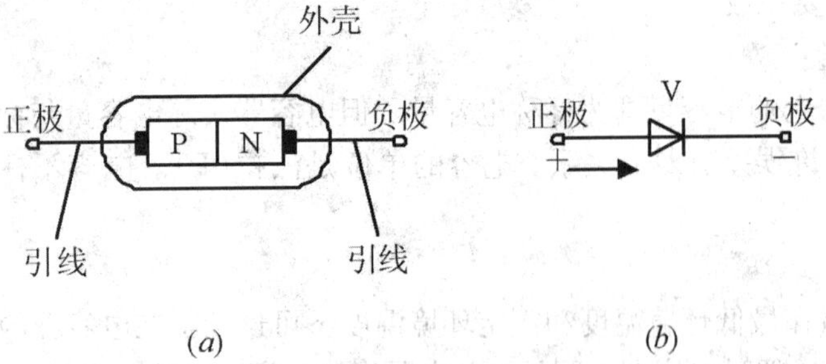

(a)结构示意图　　(b)电路符号

图 12－9　晶体二极管

二极管根据其用途不同分有检波管、开关管、稳压管和整流管等；根据 PN 结面积大小不同分有点接触型、面接触型二极管。

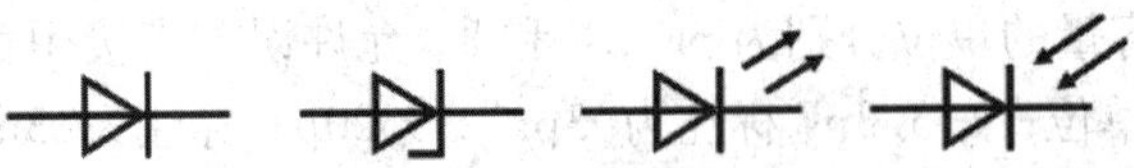

图 12－10　常见的二极管电路符号

(2)二极管的检测

①将万用表置于 R×100 或 R×1k 档，调零后用表笔分别正接、反接于二极管的两个引脚，这样可分别测得大、小两个电阻值。其中较大的是二极管的反向电阻值，较小的是二极管的正向电阻值。故在测得正向电阻值时，与黑表笔相连的电极是二极管的正极。

②根据二极管的正、反向电阻值判定其材料。

一般硅材料二极管的正向电阻值约为几千欧，锗材料二极管的正向电阻值约为几百欧。

③根据正、反向电阻值判定二极管的质量与好坏。

正向电阻值越小，反向电阻值越大，表明其单向导电性能越好，二极管的质量就越好。如果一个二极管的正、反向电阻值差别不大，则必为劣质管。如果正、反向电阻值都是无穷大或者都是零，则表明二极管内部已开路或者已被击穿短路。

2. 三极管的识别与检测

(1)三极管的基本结构及分类

三极管是具有电流放大能力的器件，其内部有 2 个 PN 结，分为 NPN 型和 PNP 型两种类型，如图 12－11 所示。三极管电流放大作用的实质是三极管以基极电流微小的变化量来控制集电极电流较大的变化量。

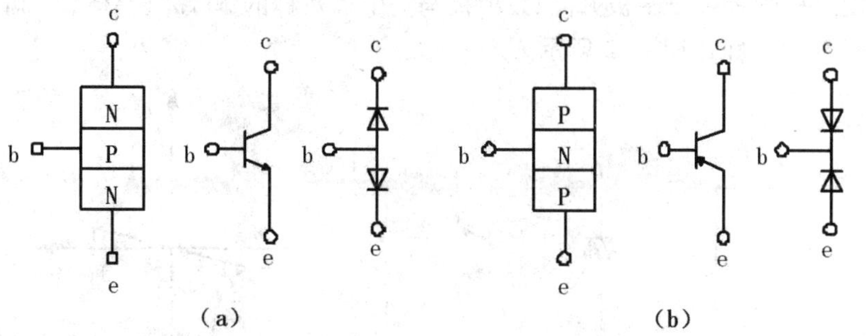

(a) NPN 型　　(b) PNP 型

图 12－11　三极管

晶体三极管的种类很多，分类方法也有多种。按材料和极性分有硅材料的 NPN 与 PNP 三极管、锗材料的 NPN 与 PNP 三极管；按功率分有小功率三极管、中功率三极管、大功率三极管；按工作频率分有低频三极管、高频三极管和超高频三极管。

(2) 三极管的检测

①基极的判别

将万用表置于 R×1k 档，用两支表笔去搭接三极管的任意两只管脚，如果测得的阻值很大（几百千欧以上），则将表笔对调再测一次，如果测得的阻值也很大，则剩下的那只管脚必是基极 B。

②极型的判别

基极确定以后，可用万用表黑表笔接基极，红表笔分别接另两个管脚之一，如果两次测得的电阻值均在几百千欧以上，则该管为 PNP 型三极管。如果测得的电阻值均在几千欧以下，则该为 NPN 型三极管。

③材料的判别

硅管、锗管的判别方法同二极管。即硅管 PN 结的正向电阻约为几千欧，锗管 PN 结的正向电阻约为几百欧。

④集电极的判别

测量 NPN 型三极管的集电极时，先在除基极以外的两个电极中任设一个为集电极，并将万用表的黑表笔搭接在假设的集电极上，红表笔搭接在假设的发射极上，将一大电阻 R 跨接在基极与假设的集电极之间，如果万用表指针有较大的偏转，则以上假设正确；反之则假设不正确。

⑤电流放大能力的估测

将万用表置于 R×1k 档，红、黑表笔分别与三极管的集电极、发射极相接，测 C－E 之间的电阻值。当用一电阻接于 B－C 两管脚间时，阻值数会减小，即万用表指针右偏。三极管的电流放大能力越强，则表针右偏的角度也越大。否则，说明被测三极管的电流放大能力弱，甚至是劣质管。

12.1.5 双向触发二极管、双向晶闸管的识别和检测

1. 双向触发二极管的识别与检测

(1) 双向触发二极管的结构及工作原理

双向触发二极管等效于基极开路、发射极与集电极对称的 NPN 型晶体管，可用二只 NPN 晶体管连接来替代，如图 12－12 所示。

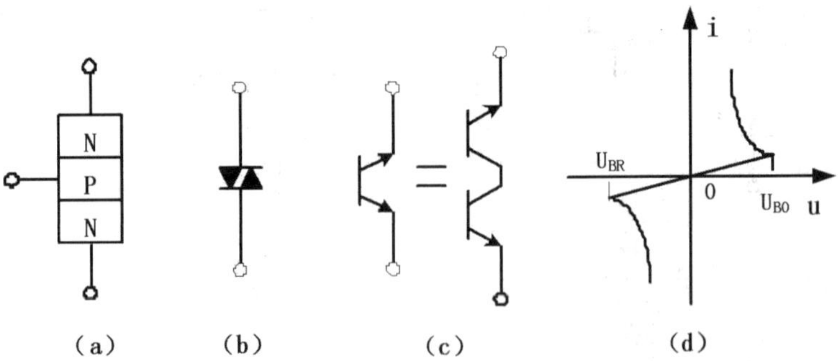

(a)构造示意图　(b)电路符号　(c)等效电路　(d)伏安特性

图 12－12　双向触发二极管

双向触发二极管的伏安特性如图 12－12(d)所示，其正、反向伏安特性几乎完全对称。当器件两端所加电压 U 低于正向转折电压 U_{B0}时，器件呈高阻态；当 $U > U_{B0}$时，管子击穿导通进入负阻区。同样，当 U 大于反向转折电压 U_{BR}时，管子同样能进入负阻区。转折电压的对称性用$\triangle U_B$ 表示，$\triangle U_B = U_{B0} - U_{BR}$，一般$\triangle U_B$ 应小于 2 伏。双向触发二极管的正向转折电压值一般有三个等级：20－60V、100－150V、200－250V。

(2)双向触发二极管的检测

用万用表 R×1k 或 R×10k 档，测量双向触发二极管正、反向电阻值。正常时其正、反向电阻值均应为无穷大；若测得正、反向电阻值均很小或为 0，则说明该二极管已击穿损坏。

测量转折电压。将兆欧表的正极(E)和负极(L)分别接双向触发二极管的两端，用兆欧表提供击穿电压，同时用万用表的直流电压档测量出电压值，将双向触发二极管的两极对调后再测量一次。比较一下两次测量的电压值的偏差，偏差小，表明该管对称性很好。

2. 双向晶闸管的识别与检测

(1)双向晶闸管的结构及工作原理

双向晶闸管是由 N－P－N－P－N 五层半导体材料制成的，对外也引出三个电极，其结构如图 12－13 所示。

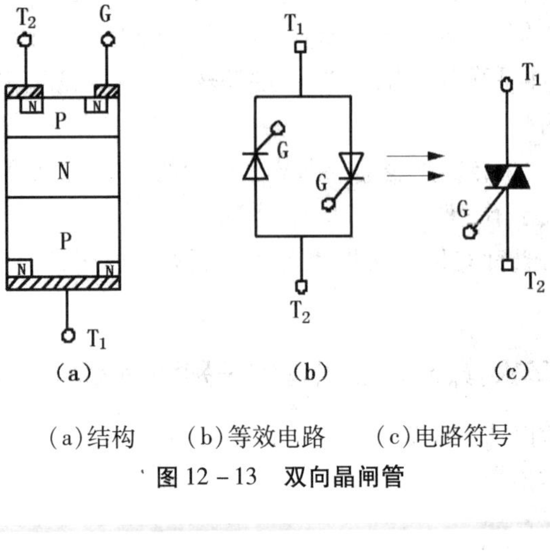

(a)结构　(b)等效电路　(c)电路符号

图 12－13　双向晶闸管

双向晶闸管相当于两个单向晶闸管的反向并联，它有两个主电极 T_1 和 T_2、一个控制极G。如图 12－13 所示，接在 P 型半导体材料上的主电极称为 T_1 电极，接在 N 型半导体材料上的电极称为 T_2 电极。

没有触发时双向可控硅 T_1-T_2 呈关断状态，即不导通。当在控制极 G 加上触发信号，双向可控硅 T_1-T_2 间导通，其导通程度由控制极 G 所加触发角度而定。双向可控硅主要用于交流调压或开关，它和单向可控硅的主要区别是：

①当双向可控硅触发后，T_1-T_2 间双向导通；

②控制极 G 所加触发的信号无论正负都可使双向可控硅导通；

③在交流电路中，如果可控硅控制极 G 无触发信号，则 T_1-T_2 断开。

(2)双向晶闸管的检测

①判定 T_1 极

用万用表 R×1 档测任意两管脚之间的电阻时，只有在 $G-T_2$ 之间呈现低阻，正、反向电阻仅几十欧，而 T_1-G、T_2-T_1 之间的正、反向电阻均为无穷大。这表明，如果测出某个管脚和其他两个管脚都不通，就肯定是 T_1 极。

②区分 G 极和 T_2 极

Ⅰ. 假定剩下两管脚中某一脚为 T_2 极，另一脚为 G 极。

Ⅱ. 把黑表笔接假设的 T_2 极，用红表笔把 T_1 与假设的 G 极短路，给 G 极加上负触发信号，电阻值应为 10 欧左右，证明管子已经导通，导通方向为 T_2-T_1；再将红表笔与 G 极脱开(但仍接 T_1)，若电阻值保持不变，证明管子在触发之后能维持导通状态。由此可证明上述假定正确，否则是假定与实际不符，需再作出假定，重复以上测量，可区分 G 极和 T_2 极。

Ⅲ. 把红表笔接 T_2 极，黑表笔接 T_1 极，然后使 T_1 与 G 短路，给 G 极加上正触发信号，电阻值仍为 10 欧左右，与 G 极脱开后若阻值不变，则说明管子经触发后，在 T_1-T_2 方向上也能维持导通状态，因此具有双向触发性质。

可见，在识别 G、T_2 的过程中，也就检查了双向晶闸管的触发能力。如果按哪种假定去测量，都不能使双向晶闸管触发导通，证明管子已损坏。

任务二　全波整流稳压电路的安装与调试

一、任务名称

全波整流稳压电路的安装与调试

二、任务内容

12.2.1 电路

全波整流稳压电路如图 12－14 所示。

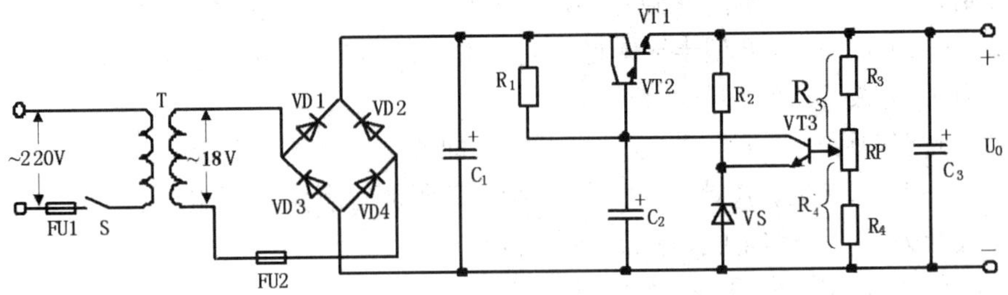

图 12－14　全压整流稳压电路

12.2.2 电路工作原理分析

图中 VD1～VD4 是全波整流电路部分，C_1 为滤波电容。R_3、RP、R_4 组成取样电路，从电位器中心抽头取出电压（其大小反映输出电压 U_o 的大小），送给晶体管 VT3 的基极。R_2 与稳压管 VS 组成基准电压电路，为 VT3 的发射极提供一个基本稳定的直流参考电压。R_4 与 VT3 将取样电路送来的输出电压变动量与基准电压进行比较，放大后，再去控制调整管。调整管由复合管 VT_1、VT_2 组成，它受比较放大输出电压的控制，自动调整管压降的大小，以保证输出电压稳定不变。

由图 12－14 可见，晶体管 VT3 基极的取样点电压

$$U_{B3}=U_o\frac{R_4}{R_3+RP+R_4}$$

所以

$$U_o=U_{B3}\frac{R_3+RP+R_4}{R_4}=(U_{BE3}+U_W)\frac{R_3+RP+R_4}{R_4}$$

其中 U_{BE3} 为晶体管 VT3 的发射结管压降（较小，可忽略），U_W 为稳压管 VS 电压。图中当 RP 的滑臂向上滑动时，相当于减少 R_3，增大 R_4，输出电压下降；反之，当 RP 的滑臂向下滑动时，输出电压上升。当然，可调范围是有限的，因为当 R_3 过小就会使 VT3 饱和，R_4 过大又会使 VT3 截止，所以 R_3 过小及 R_4 过大都会导致稳压电路失控。

12.2.3 元器件选择

电路元器件明细见表 12－5。

表 12－5　电路元器件明细

符号	名称	型号及参数	件数
S	电源开关		1
T	变压器	BK50 220V/380V	1
FU1、FU2	熔断器	BX0.4A	1
VD1～VD4	二极管	2CZ11K	4
VS	稳压管	2CW56	1
VT1	晶体管	3CG12	1
VT2、VT3	晶体管	3DG6	2

续表

符号	名称	型号及参数	件数
C_1	电容器	100MμF/50V	1
C_2	电容器	10μF/50V	1
C_3	电容器	500μF/50V	1
R_1、R_2	电阻	1KΩ	1
R_3	电阻	510Ω	1
R_4	电阻	300Ω	1
RP	电位器	470Ω～1KΩ	1

12.2.4 安装

1. 根据电路元器件明细表配齐元器件并进行测试。

2. 清除通用电路板背面的氧化层，剥去电源连接线及负载连接线的线端绝缘，清除氧化层，均加以搪锡处理。

3. 考虑元器件在通用电路板上整体布局。

4. 根据电路原理图焊接元器件。

12.2.5 调试

1. 调试

先用万用表交流档测试变压器二次电压，然后用万用表直流档测试电容器 C_1 两端的电压，应为22V左右，接着再测量稳压管VS两端的电压，应为7V左右，最后测量输出电压，应为12V可调。

调节电位器RP，以使输出端电压Uo在一定范围内变化，即12V可调。用万用表直流50V档测试输出电压。将RP向上调节时，输出电压会随着变化，调至极限位置时，输出端电压约为14V；将RP向下调节时，输出端电压会随之变小，调至极限位置时，输出端电压约为10V。

2. 故障检查

（1）电容器 C_1 两端电压与正常值有很大的偏差，若为16V左右，则可能是 C_1 脱焊或断路；若为8V左右，则可能是在 C_1 脱焊或断路的情况下，整流桥中有某一只二极管脱焊或断路。

（2）如果 C_1 两端电压正常，VT1发射极与集电极之间的电压 U_{CE} 与 C_1 两端电压相等，呈截止状态特征；或者 U_{BE} 很小，呈饱和状态特征。出现上述现象很可能是调整管已损坏。

（3）测量稳压管VS两端电压应为7V。若稳压管VS两端电压为0，可能是稳压管接反或击穿。

（4）旋动电位器RP，若输出电压没有变化，则应检查RP是否已损坏。

12.2.6 注意事项

1. 二极管、电解电容器应正向连接，稳压二极管应反向连接；晶体管的B、C、E三个极不可接错。

2. 不可出现虚、假焊接与漏焊现象。

3. 测量电压时，必须选择适当的量程而且注意交流与直流的区别，测直流时正、负极性不能接错。

任务三　放大电路的装调与维修

一、任务名称

放大电路的装调与维修

二、任务内容

12.3.1 基本放大电路的装调与维修

1. 电路

基本放大电路如图 12－15 所示。

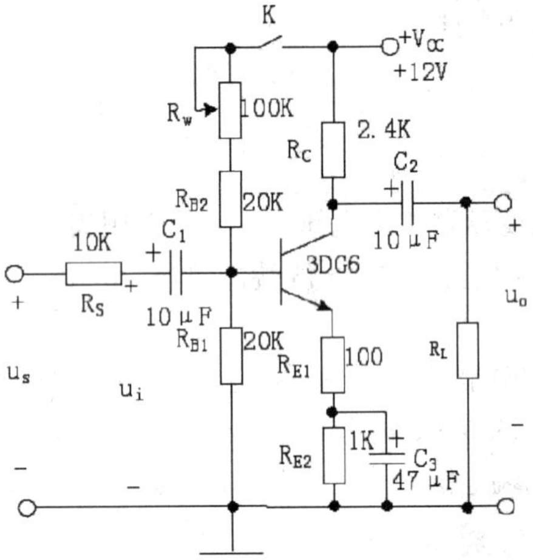

图 12－15　单管共射放大电路

2. 电路工作原理分析

图 12－15 为单管共射放大电路，偏置电路采用分压电路，R_{B1}、R_W 为基极上偏置电阻，R_{B2}为基极上偏置电阻，R_C 为集电极负载电阻，R_{E1} ~ R_{E2}为发射极电阻，C_1、C_2 为耦合电容，C_3 为旁路电容。

调节 R_W，可使放大电路取得合适的静态工作点。当在放大器的输入端加入输入信号 u_i 后，在放大器的输出端便可得到一个与 u_i 相位相反、幅值被放大了的输出信号 u_o，实现电压放大。

(1) 静态分析

在电路中，当流过偏置电阻 R_W、R_{B1} 和 R_{B2} 的电流远大于晶体管 VT 的基极电流 I_B 时（一般 5 ~ 10 倍），它的静态工作点可用下式估算：

$$U_B \approx \frac{R_{B1}}{R_{B1}+R_{B2}+R_W}V_{CC}, \ I_E \approx \frac{U_B - U_{BE}}{R_{E1}+R_{E2}} \approx I_C, \ U_{CE} = V_{CC} - I_C(R_C + R_{E1} + R_{E2})$$

（2）动态分析

①电压放大倍数：$A_U = -\dfrac{R_C//R_L}{r_{be}+(1+\beta)R_{E1}}$

②输入电阻：$R_i = R_{B1}//R_{B2}//[r_{be}+(1+\beta)R_{E1}]$

③输出电阻：$R_o = R_C$

3. 元器件选择

电路元器件明细见表 12 – 6。

表 12 – 6　　电路元器件明细

符号	名称	型号及参数	件数
VT	三极管	3DG6	1
C_1、C_2	电容器	10uF/50V	2
C_3	电容器	47uF/50V	1
R_{B1}、R_{B2}	电阻	20kΩ	2
R_S	电阻	10kΩ	1
R_C	电阻	2.4kΩ	1
R_{E1}	电阻	100Ω	1
R_{E2}	电阻	1kΩ	1
R_W	电位器	0 ~ 100kΩ	1
K	开关		1

4. 安装

（1）根据电路元器件明细表配齐元器件并进行测试。

（2）清除通用电路板背面的氧化层，剥去电源连接线及负载连接线的线端绝缘，清除氧化层，均加以搪锡处理。

（3）考虑元器件在通用电路板上整体布局。

（4）根据电路原理图焊接电路板。

5. 调试

静态工作点测量与调整，并观察静态工作点对输出波形失真的影响：

（1）在 V_{CC} 处接入 +12V 电源，将开关 K 闭合，使用万用表直流电压档测量 U_E，调节电位器 R_W，使 $U_E = 2V$。

（2）使用万用表测量 U_B、U_C 的值。

（3）根据测量结果，参考估算 $I_E(I_C)$、U_{CE}、U_{BE} 和 U_{BC} 的值：

$$I_C \approx I_E = \frac{V_E}{R_{E1}+R_{E2}} \text{ 或 } I_C = \frac{V_{CC}-U_C}{R_C}, \ U_{BE} = U_B - U_E, \ U_{CE} = U_C - U_E$$

(4)根据测量和估算结果判断三极管的工作状态(放大、饱和、截止)。

(5)观察静态工作点对输出波形失真的影响。

①在放大电路输入端 u_S 处加入频率为 1KHz，U_{P-P}为 1V 的正弦信号。

②用示波器观察输出电压 u_o 的波形，若波形不失真，测量其峰—峰值，计算电路放大倍数$\left(A_u=\frac{u_o}{u_i}\right)$。

(6)重新调节 R_W，使用万用表直流电压档测量 U_E，使 $V_E=3.6\sim3.8V$，重复上述(1)~(5)的步骤进行观测。

(7)断开 K，使用万用表直流电压档测量 U_E，使 $V_E\leq0.3V$，重复上述(1)~(5)的步骤进行观测。

注意:在这种情况下，要将输入信号接到 u_i 处，并将输入信号的峰值增大至3V 才可观察到波形。

6. 注意事项

(1)分别调整好直流电源和电路，经检查无误后，再接入电路，打开电源开关。

(2)由于信号发生器有内阻，而放大电路的输入电阻 R_i 不是无穷大，测量放大电路输入信号 U_i 时，应将放大电路与信号发生器连接上后再进行测量，避免造成误差。

(3)在测静态工作点时不能在信号输入端输入信号。

(4)工作点偏高，放大器在加入交流信号以后易产生饱和失真;工作点偏低则易产生截止失真，则静态工作点必须进行动态调试。改变电路参数 V_{CC}、R_C、R_B 都会引起静态工作点的变化。

12.3.2 两级 RC 阻容放大电路的装调与维修

1. 电路

两级 RC 阻容放大电路如图 12 - 16 所示。

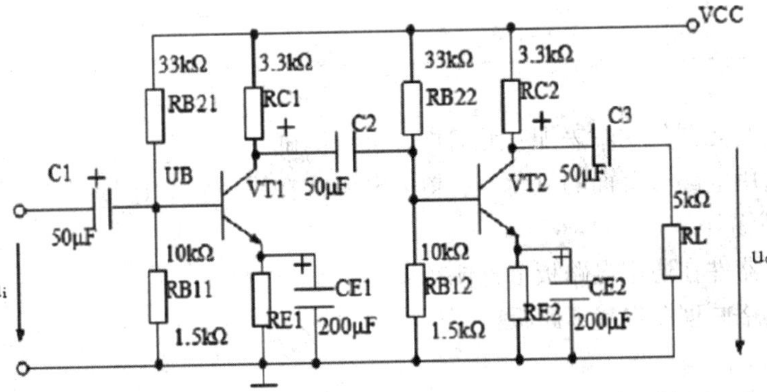

图 12 - 16　两级 RC 阻容放大电路

2. 电路工作原理分析

电路由两个单管共射放大电路组成，耦合方式采用阻容耦合。各级偏置电路采用分压电路，可使各级放大电路取得合适的静态工作点。当在放大器的输入端加入输入信号 u_i 后，在放大器的输出端便可得到一个幅值被放大了的输出信号 u_o，实现电压放大。

电路的中频段，耦合电容和旁路电容可以当作交流短路，三极管的电容效应可以忽略不计。此时，考虑后级放大电路对前级放大电路所构成的负载效应时，也就是将后级放大电路的输入电阻 R_{i2} 作为前级放大电路的负载，则前级放大电路的电压放大倍数为

$$A_{U1}=\frac{U_{o1}}{U_i}=-\frac{\beta_1(R_{C1}//R_{i2})}{r_{be1}}$$

其中，R_{i2} 是后级放大电路的输入电阻，$R_{i2}=R_{B21}//R_{B22}//r_{be2}$

后级放大电路的放大倍数为

$$A_{U2}=\frac{U_o}{U_{o1}}=-\frac{\beta_2(R_{C2}//R_L)}{r_{be2}}$$

全电路的电压放大倍数为

$$A_U=\frac{U_o}{U_i}=\frac{U_{o1}}{U_i}\cdot\frac{U_o}{U_{o1}}=A_{U1}\cdot A_{U2}$$

3. 元器件选择

电路元器件明细见表 12 - 7。

表 12 - 7　**电路元器件明细**

符号	名称	型号及参数	件数
VT1、VT2	三极管	9014	2
C1、C2、C3	电容器	50μF/50V	3
CE1、CE2	电容器	200μF/50V	2
RB21、RB22	电阻	33kΩ	2
RB11、RB12	电阻	10kΩ	2
RC1、RC2	电阻	3.3kΩ	2
RE1、RE2	电阻	1.5Ω	2
R_L	电阻	5kΩ	1

4. 安装

（1）根据电路元器件明细表配齐元器件并进行测试。

（2）清除通用电路板背面的氧化层，剥去电源连接线及负载连接线的线端绝缘，清除氧化层，均加以搪锡处理。

（3）考虑元器件在通用电路板上整体布局。

（4）根据电路原理图焊接电路板。

5. 调试

（1）静态工作点测量

在 VCC 处接入 +12V 电源，要求第二级在输出波形不失真的前提下幅值尽量大，第一级为增加信噪比，工作点尽可能低。测量各级放大电路静态工作点的数值。

（2）在输入端 U_i 输入频率为 1KHz，V_{P-P} 为 2mV 的交流信号，在输出信号不失真的情况下，测量各级放大电路的输出信号，计算电路的放大倍数。

6. 注意事项

（1）分别调整好直流电源和电路，经检查无误后，再接入电路，打开电源开关。

（2）由于信号发生器有内阻，而放大电路的输入电阻 R_i 不是无穷大，测量放大电路输入

信号 U_i 时，应将放大电路与信号发生器连接上后再进行测量，避免造成误差。

(3)在测静态工作点时不能在信号输入端输入信号。

(4)工作点偏高，放大器在加入交流信号以后易产生饱和失真；工作点偏低则易产生截止失真，则静态工作点必须进行动态调试。改变电路参数 V_{CC}、R_C、R_B 都会引起静态工作点的变化。

任务四　单相调光电路的装调与维修

一、任务名称

单相调光电路的装调与维修

二、任务内容

12.4.1 电路

单相调光电路如图 12－17 所示。

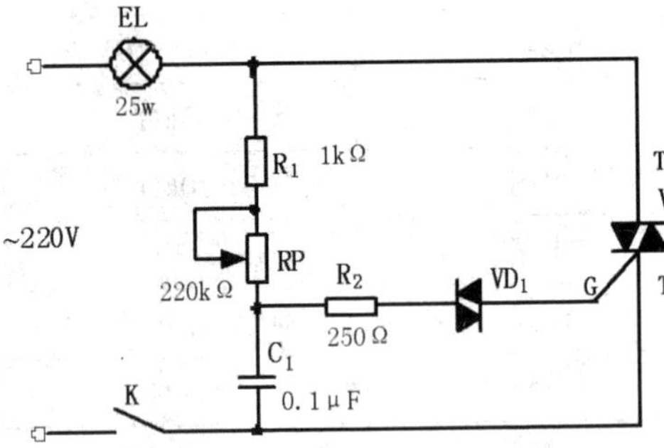

图 12－17　单相调光电路

12.4.2 电路工作原理分析

调光电路分主电路和触发电路两大部分，主电路是单相交流调压电路，触发电路是由双向触发二极管组成的简易触发电路。

接通电源后，电容 C_1 被充电，u_C 按指数规律上升到峰点电压 U_P 时，双向触发二极管 VD_1 导通，双向晶闸管 VT 被触发导通，灯泡 EL 亮。在 VT 导通期间，灯泡 EL 上有交流电压和电流，与此同时，导通的 VT 两端电压降很小，电容 C_1 放电，VD_1 又截止。当交流电压过零瞬间，晶闸管 VT 被关断，同时电容器 C_1 又开始充电，重复以上过程。

改变电位器 RP 的大小，即改变了 C_1 的充电时间常数，使 VT 的导通角发生变化，也就改变了灯泡两端的电压，因此灯泡的亮度改变。

12.4.3 元器件选择

电路元器件明细见表 12－8。

表 12－8　　电路元器件明细

符号	名称	型号及参数	件数
VT	双向晶闸管	BCR3AM 3A，600V	1
VD_1	双向触发二极管	2CP12 或 IN4007	1
R_1	电容器	1kΩ	1
R_2	电阻	250Ω	1
RP	电位器	0～220kΩ	1
C_1	电容	0.1μF/400V	1
EL	灯泡	220V 25W	1

12.4.4 安装

1. 元件布置图和布线图。根据图 12－17 所示电路画出元件布置图和布线图。

2. 元器件选择与测试。根据图 12－17 所示电路图选择元器件并进行测量，重点对双向晶闸管元件的性能、管脚进行测试和区分。

3. 焊接前准备工作。将元器件按布置图在电路底板焊接位置上做引线成形。弯脚时，切忌从元件根部直接弯曲，应将根部留有 5～10mm 长度以免断裂。引线端在去除氧化层后涂上助焊剂，上锡备用。

4. 元器件焊接安装。根据电路布置图和布线图将元器件进行焊接安装。焊接应无虚焊、错焊、漏焊，焊点应圆滑无毛刺。焊接时应重点注意双向晶闸管元件的管脚。

12.4.5 调试

1. 通电前的检查。对已焊接安装完毕的电路按图 12－17 进行详细检查。重点检查元件的管脚是否正确，输入、输出端有无短路现象。

2. 通电调试。调光电路分主电路和触发电路两大部分。因而通电调试亦分成两个步骤，首先调试触发电路，然后，再将主电路和触发电路联结，进行整体综合调试。

3. 调光电路故障分析及处理。调光电路在安装、调试及运行中，由元器件及焊接等原因产生故障，可根据故障现象，用万用表、示波器等仪器进行检查测量并根据电路原理进行分析，找出故障原因并进行处理。

12.4.6 注意事项

1. 注意元件布置合理。

2. 焊接应无虚焊、错焊、漏焊，焊点应圆滑无毛刺。

3. 焊接时应重点注意双向晶闸管的管脚。

◆附　录

附录一　示波器的使用

示波器是一种观察电信号波形的电子仪器。可测量周期性信号波形的周期或频率，脉冲波的脉冲宽度和前后沿时间，同一信号和任意两点间间隔，同频率两正弦信号间的相位差和调幅波的调幅系数等各种电差量。借助传感器还能观察非电参量随时间的变化过程。

根据用途、结构及性能不同，示波器一般分为通用示波器、多束示波器（或称多线示波器）、取样示波器、记忆与储存示波器、特殊示波器等。现以 CA8020A 双综四线示波器为例来说明示波器的使用。

1. CA8020A 示波器的面板及相应控制件作用

CA8020A 示波器面板装置如图 12－18 所示，面板控制件的作用见表 12－9。

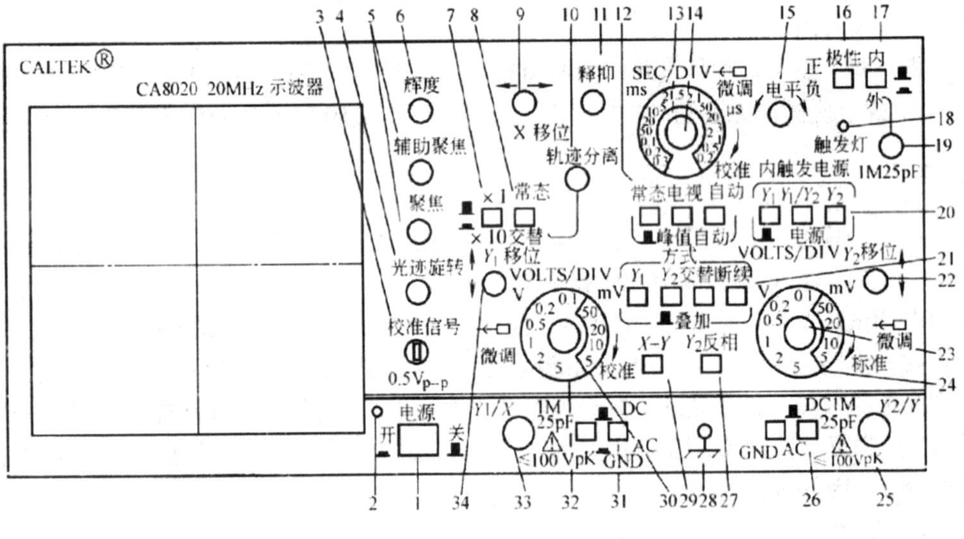

1. 电源开关；　2. 电源指示灯；　3. 校准信号；　4. 光机旋转；　5. 聚焦（辅助聚焦）；
6. 辉度；　7. 扫描扩展开关；　8. 交替扫描扩展开关；　9. 水平位移；　10. 扫线分离；
11. 释抑控制；　12. 触发方式；　13. 水平扫描速度开关；　14. 水平微调；　15. 电平；
16. 触发极性；　17. 触发源选择；　18. 触发指示；　19. 外触发输入；　20. 内触发源；
21. 垂直方式；　22、34. 垂直位移；　23、30. 垂直微调；　24、32. 垂直衰减开关；
25、33. CH1 OR X、CH2 OR Y；　26、31. 耦合方式；　27. 通道 2 倒相；　28. 接地；　29. X－Y 方式开关

图 12－18　CA8020A 示波器面板装置

表 12－9　　CA8020A 示波器面板控制件的作用

序号	控制件名称	功能
1	电源开关(POWER)	接通或断开电源
2	电源指示灯	电源接通时，灯亮
3	校准信号(CAL)	提供 0～5V，1kHz 的方波信号，用于探极，垂直与水平灵敏度校准
4	光迹旋转(ROTATION)	调节扫线与刻度线平行
5	聚焦(FOCUS)	—
	辅助聚焦(ASTIG)	辅助聚焦与聚焦旋钮配合调节，调节光迹的清晰度
6	辉度(INTEN)	调节光迹的亮度，顺时针调节光迹变亮，逆时针调节光迹变暗
7	扫描控制开关	按下时扫描扩展 10 倍
8	交替扫描控制开关	按下时屏幕上同时显示扩展后的波形和未被扩展的波形
9	水平位移(POSITION)	调节光迹在屏幕上的水平位置
10	扫线分离(TRAC SEP)	交替扫描扩展时，调节扩展和未扩展波形的相对距离
11	释抑控制(HOLD OFF)	改变扫描休止时间，同步多周期复杂波形
12	触发方式(TRIG MODE)	常态(NORM)：按下常态，无信号时，屏幕上无显示，有信号时，与电平控制配合显示稳定波形；自动(AUTO)：无信号时，屏幕上显示光迹，有信号时，与电平控制配合显示稳定波形；电视场(TV)：用于显示电视场信号；峰值自动(P－P AUTO)：无信号时，屏幕上显示光迹，有信号时，无需调节电平即能显示波形稳定
13	水平扫描速度开关(SEC/div)	调节扫描速度，按 1、2、5 分 20 档
14	水平微调(VAR)	连续调节扫描速度，顺时针旋到底为校正位置
15	电平(LEVEL)	调节被测信号在某一电平触发扫描
16	触发极性(SLOP)	选择信号的上升或下降沿触发扫描
17	触发源选择	选择内(INT)或外(EXT)触发
18	触发指示(TRIGD)	在触发同时，指示灯亮
19	外触发输入(EXT)	外触发输入插座
20	内触发源(INT SOURCE)	选择 CH1、CH2 电源或交替触发(VERT MODE)，交替触发受垂直方式开关控制
21	垂直方式(MODE)	CH1 或 CH2：通道 1 单独显示；ALT：两个通道交替显示，实现双踪显示；CHOP：两个通道短线显示，用于扫描速度较慢时的双踪显示；ADD：用于两个通道的代数和或差

续表

序号	控制件名称	功能
22/34	垂直位移(POSITION)	调节光迹在屏幕上的垂直位置
23/30	垂直微调(VAR)	调节垂直偏转灵敏度，顺时针旋到底为校正位置，读出信号幅度时为校正位置
24/32	垂直衰减开关 VOLTS/div	调节垂直偏转灵敏度，分为 10 档
25/33	CH1 OR X，CH2 OR Y	垂直输入端或 X－Y 工作时 X，Y 输入端：X－Y 工作时，CH1 为 X 信号，CH2 为 Y 信号
26/31	耦合方式(AC·DC·GND)	选择被测信号输入垂直方式的耦合方式
27	通道 2 倒相(CH2INV)	CH2 倒相开关，在 ADD 方式时使 CH1＋CH2 或 CH1－CH2
28	接地(GND)	与机壳相连的接地端
29	X－Y 方式开关(CH1 X)	选择 X－Y 工作方式

2. CA8020A 示波器的操作方法

(1) 检查电源是否符合要求，即(220 ± 22)V。

(2)示波器的调整要求如下：

①辉度、聚焦、移位旋钮居中，扫描速度置 0 ~ 5ms/div 且微调为校正位置，垂直灵敏度置 10ms/div(微调为校正位置)，触发源置内且垂直方式为 CH1，耦合方式置于“AC”，触发方式置“峰值自动”或“自动”。

②通电预热，调节辉度、聚焦、光迹旋钮，使光迹清晰并与水平刻度平行(不宜太亮，以免造成示波器老化)。

③用 10: 1 探头将校正信号输入至 CH1 插座，调节 CH1 移位与 X 移位，使波形与图 12－19 相符合。

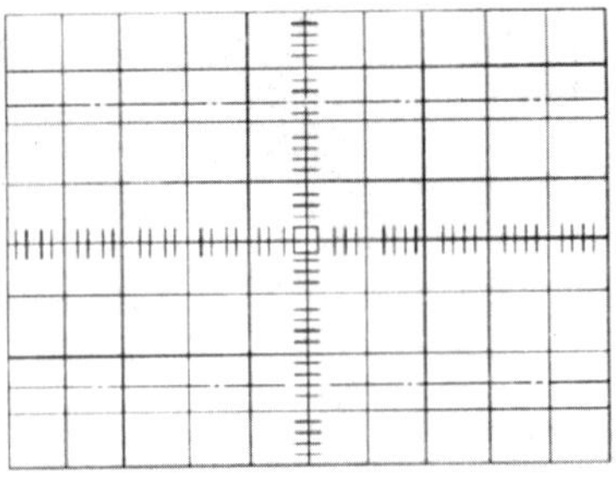

图 12－19　校正信号波形

(3)信号连接：

①探头操作。为了减少探头对被测电路的影响，一般使用 10: 1 探头。衰减比为 1: 1 的探头用于观察小信号。探头上的接地和被测电路应采用最短的连接，在频率较低、测量精度要求不高的情况下，可用前面板上接地端和被测电路地连接，以方便测量。

②探头的调整。由于示波器输入特性的差异，在使用 10: 1 探头测试前，必须对探头进行检查和补偿调节，当校准时如发现方波前后出现不平坦现象时，应调节探头补偿电容。

(4)进行被测信号输入和有关参量测试。具体旋钮操作，见表 12－9 或仪表使用说明书。

(5)测量举例。测量某一正弦信号两点间的时间间隔、信号、频率、周期和幅度。

用 10: 1 探头，将信号输入 CH1 或 CH2 插座，耦合方式置“AC”，设置垂直方式为被选通道，触发源置(内)，水平扫描时间适当，调整电平使波形稳定(如置峰值自动，则无需调节电平)，调整扫速(微调置校正)旋钮，使屏幕上显示 1 ~2 个信号周期，调整垂直、水平位移，使波形便于观察，得到图 12－20 所示波形。测量两点之间的水平刻度，可计算出两点间的时间间隔。如图 12－20 所示，可算得被测信号的周期 T 为：

$$T = \frac{一周期的水平距离(格) \times 扫描时间因数(时间/格)}{水平扩展倍数}$$

所测信号频率为 $f = 1/T$；垂直偏转灵敏度在校正位置时，被测信号的峰—峰值电压（V_{P-P}）为

$$V_{P-P} = 垂直方向的格数 \times 垂直偏转因数 \times 探头衰减倍数$$

图 12－20 中，垂直偏转因数为 2V/dir，且为校正位置，用 10：1 探头，峰—峰点在垂直方向占 4 格，则被测信号峰—峰值为：

$$V_{P-P} = 2 \times 4 \times 10V = 80V$$

利用上述方法，还可算出正弦交流信号的峰值、有效值，还可测量脉冲信号的幅度、周期、频率和直流信号的大小（耦合方式置“DC”位置）。

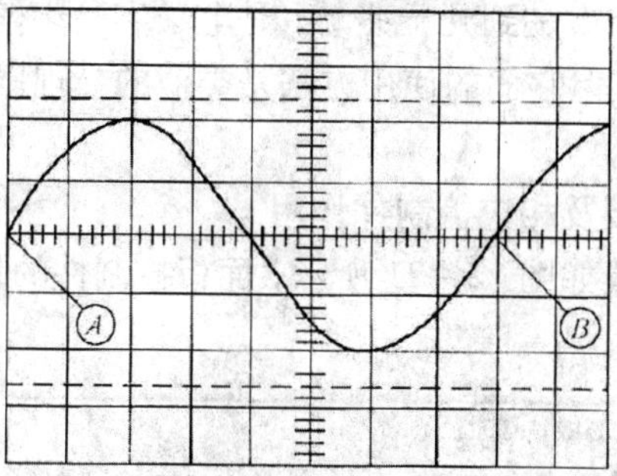

图 12－20　被测信号波形

附录二 函数信号发生器的使用

函数信号发生器能产生某些特定的周期性时间函数波形信号，如正弦波、方波、三角波和脉冲波等，频率范围可从几个微赫到几十兆赫，是电子实验中较为常用的仪器。虽然函数信号发生器有许多型号和种类，但它们的使用方法是类似的。现以下图所示的函数信号发生器为例来说明其主要使用方法。

1. 函数信号发生器的面板及相应控制件作用

函数信号发生器面板装置如图 12－21 所示，面板控制件的作用见表 12－10。

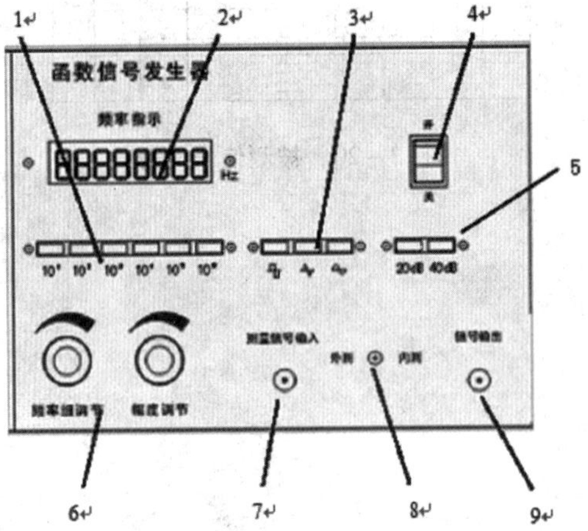

1. 频率选择； 2. 频率指示； 3. 波形选择； 4. 电源开关； 5. 衰减选择；
6. 频率与幅度调节； 7. 测量信号输入； 8. 输入\输出选择； 9. 信号输出

图 12－21 函数信号发生器

表 12－10 函数信号发生器面板控制件的作用

序号	控制件名称	功能
1	频率波段选择	频率可在 0～1MHz 之间选择
2	频率指示	显示频率值
3	波形选择	选择输出波形有正弦、三角、矩形三种
4	电源开关	接通或断开电源
5	衰减选择	降低输出信号幅度，两种衰减值 20dB、40dB 可选择

续表

序号	控制件名称	功能
6	频率与幅度调节	调节频率与幅度的细微变化
7	测量信号输入	测量输入频率信号值
8	输入\输出选择	在外测时，测量输入频率信号；在内测时，输出频率信号
9	信号输出	将函数信号发生器的频率输出

2. 基本操作

(1)将电源线接入220V，50Hz交流电源上。应注意三芯电源插座的地线脚应与大地妥善接好，避免干扰。

(2)开机前应把面板上各输出旋钮旋至最小。

(3)为了得到足够的频率稳定度，需要预热。

(4)频率调节：面板上的频率波段按键作频段选择用，按下相应的按键，然后再调节频率调节旋钮至所需要的频率上。此时“内外测”键置内测位，输出信号的频率由八位数码管显示。

(5)波形转换：根据需要波形种类，按下相应的波形键位。波形选择键从左至右依次是：矩形波、三角波、正弦波。

(6)输出衰减有20dB、40dB两档，根据需要选择，在不需要衰减的情况下不必按下按键。

(7)幅度调节：正弦波与脉冲波幅度分别由正弦波幅度旋钮和脉冲波幅度旋钮调节。

3. 测量实例

例：用函数信号发生器输出频率为1000Hz，有效值为10mV的正弦波。

按以下步骤操作：

(1)通电预热数分钟后按下波形选择键中的“～”键，输出信号即为正弦波信号。

(2)让“输入\输出选择”控键选择“内测”，函数信号发生器内测输出信号频率。

(3)可按下输出衰减“20dB”键，使正弦信号衰减20dB后输出。

(4)按下“频率波段选择”的“10^3”按键，输出信号频率在1Hz～1KHz之间连续可调，“频率指示”窗口中显示的数字即为输出信号的频率。

(5)调节“频率调节”旋钮直到显示的频率值为1000Hz为止。

必须说明的是：该信号发生器的测频电路的显示滞后于调节，所以旋转旋钮时要求缓慢些；信号发生器本身不能显示输出信号的电压值，所以需要另配交流毫表测量输出电压，当输出电压不符合要求时，选择不同的衰减再配合调节输出正弦信号的幅度旋钮，直到输出电压为10mV。

若要观察输出信号波形，可把信号输入示波器。需要输出其他信号，可参考上述步骤操作，不再一一举例。

附录三　维修电工中级理论考核模拟试题

一、单项选择题(第1~80题，每题1分，满分80分。请选择一个正确的答案，并在答题卡相应题号和选项位置上将信息点涂黑，多选或错选均不得分。)

1. 下列关于勤劳节俭的论述中，正确的选项是(　　)。

A. 勤劳一定能使人致富　　B. 勤劳节俭有利于企业持续发展

C. 新时代需要巧干，不需要勤劳　　D. 新时代需要创造，不需要节俭

2. 企业创新要求员工努力做到(　　)。

A. 不能墨守成规，但也不能标新立异　　B. 大胆地破除现有的结论，自创理论体系

C. 大胆地试大胆地闯，敢于提出新问题　　D. 激发人的灵感，遏制冲动和情感

3. 企业员工在生产经营活动中，不符合团结合作要求的是(　　)。

A. 真诚相待，一视同仁　　B. 互相借鉴，取长补短

C. 男女有序，尊卑有别　　D. 男女平等，友爱亲善

4. 串联电阻的分压作用是阻值越大电压越(　　)。

A. 小　　B. 大　　C. 增大　　D. 减小

5. 变压器的基本作用是在交流电路中变电压、变电流、变阻抗、变相位和(　　)。

A. 电气隔离　　B. 改变频率　　C. 改变功率　　D. 改变磁通

6. 三相异步电动机的转子由转子铁芯、(　　)、风扇、转轴等组成。

A. 电刷　　B. 转子绕组　　C. 端盖　　D. 机座

7. 行程开关的文字符号是(　　)。

A. QS　　B. SQ　　C. SA　　D. KM

8 热继电器的作用是(　　)。

A. 短路保护　　B. 过载保护　　C. 失压保护　　D. 零压保护

9. 当二极管外加电压时，反向电流很小，且不随(　　)变化。

A. 正向电流　　B. 正向电压

C. 电压　　D. 反向电压

10. 如图所示，为(　　)三极管图形符号。

A. 压力　　B. 发光

C. 光电　　D. 普通

11. 普通螺纹的牙形角是(　　)度，英制螺纹的牙形角是55度。

A. 50　　B. 55　　C. 60　　D. 65

12. 调节电桥平衡时，若检流计指针向标有“ - ”的方向偏转时，说明(　　)。

A. 通过检流计电流大，应增大比较臂的电阻

B. 通过检流计电流小，应增大比较臂的电阻

C. 通过检流计电流小，应减小比较臂的电阻

D. 通过检流计电流大，应减小比较臂的电阻

13. 低频信号发生器的输出有(　　)输出。

A. 电压、电流　　B. 电压、功率　　C. 电流、功率　　D. 电压、电阻

14. 示波器的 Y 轴通道对被测信号进行处理，然后加到示波管的(　　)偏转板上。

A. 水平　　B. 垂直　　C. 偏上　　D. 偏下

15. 模拟示波器的选用应考虑(　　)。

A. 性价比，通道数，测试带宽　　B. 屏幕大小，通道数

C. 测试快慢，性价比　　D. 通道数，性价比

16. 78 及 79 系列三端集成稳压电路的封装通常采用(　　)。

A. TO - 220、TO - 202　　B. TO - 110、TO - 202

C. TO - 220、TO - 101　　D. TO - 110、TO - 101

17. 双向晶闸管的额定电流是用(　　)来表示的。

A. 有效值　　B. 最大值　　C. 平均值　　D. 最小值

18. 有一只 100A 的双向晶闸管，可以用两只(　　)的普通晶闸管反并联来代替。

A. 100A　　B. 90A　　C. 50A　　D. 45A

19. 集成运放的输出级通常由(　　)构成。

A. 共射放大电路　　B. 共集电极放大电路

C. 共基极放大电路　　D. 互补对称射极放大电路

20. 固定偏置共射极放大电路，已知 $R_B = 300K\Omega$，$R_c = 4K\Omega$，$V_{cc} = 12V$，$\beta = 50$，则 U_{CEQ} 为(　　)V。

A. 6　　B. 4　　C. 3　　D. 8

21. 输入电阻最小的放大电路是(　　)。

A. 共射放大电路　　B. 共集电极放大电路

C. 共基极放大电路　　D. 互补对称射极放大电路

22. 容易产生零点漂移的耦合方式是(　　)。

A. 阻容耦合　　B. 变压器耦合　　C. 直接耦合　　D. 电感耦合

23. 要稳定输出电压，减少电路输入电阻应选用(　　)负反馈。

A. 电压串联　　B. 电压并联　　C. 电流串联　　D. 电流并联

24. 下列集成运放的应用能将矩形波变为三角波的是(　　)。

A. 比例应用　　B. 加法应用　　C. 积分应用　　D. 比较器

25. RC 选频振荡电路，当电路发生谐振时，选频电路的幅值为(　　)。

A. 2　　B. 1　　C. 1/2　　D. 1/3

26. LC 选频振荡电路达到谐振时，选频电路的相位移为(　　)度。

A. 0　　B. 90　　C. 180　　D. 90

27. CW78L05 型三端集成稳压器件的输出电压及最大输出电流分别为（　　）。
A. 5V、1A　B. 5V、0.1A　C. 5V、0.5A　D. 5V、1.5A
28. 单相半波可控整流电路中晶闸管所承受的最高电压是（　　）。
A. $1.414U_2$　B. $0.707U_2$　C. U_2　D. $2U_2$
29. 单结晶体管触发电路的同步电压信号来自（　　）。
A. 负载两端　B. 晶闸管　C. 整流电源　D. 脉冲变压器
30. 控制和保护含半导体器件的直流电路中宜选用（　　）断路器。
A. 塑壳式　B. 限流型　C. 框架式　D. 直流快速断路器
31. 直流接触器一般用于控制（　　）的负载。
A. 弱电　B. 无线电　C. 直流电　D. 交流电
32. 中间继电器的选用依据是控制电路的电压等级、（　　）、所需触点的数量和容量等。
A. 电流类型　B. 短路电流　C. 阻抗大小　D. 绝缘等级
33. 选用 LED 指示灯的优点之一是（　　）。
A. 寿命长　B. 发光强　C. 价格低　D. 颜色多
34. 直流电动机的转子由电枢铁芯、（　　）、换向器、转轴等组成。
A. 接线盒　B. 换向级　C. 电枢绕组　D. 端盖
35. 直流电动机的降低电枢电压调整，属于（　　）调整方式。
A. 恒转矩　B. 恒功率　C. 通风机　D. 泵类
36. 直流电动机的各种制动方法中，能平稳停车的方法是（　　）。
A. 反接制动　B. 回馈制动　C. 能耗制动　D. 再生制动
37. 以下属于多台电动机顺序控制的线路是（　　）。
A. 一台电动机正转时不能立即反转的控制线路
B. Y－△启动控制线路
C. 电梯先上升后下降的控制线路
D. 电动机 2 可以单独停止，电动机 1 停止时电动机 2 也停止的控制线路

38. 多台电动机的顺序控制线路（　　）。
A. 既包括顺序启动，又包括顺序停止　B. 不包括顺序停止
C. 不包括顺序启动　D. 通过自锁环节来实现
39. 下列不属于位置控制线路的是（　　）。
A. 走廊照明灯的两处控制电路　B. 龙门刨床的自动往返控制电路
C. 电梯的开关门电路　D. 工厂车间里行车的终点保护电路
40. 三相异步电动机能耗制动时，机械能转换为电能并消耗在（　　）回路的电阻上。
A. 励磁　B. 控制　C. 定子　D. 转子
41. 三相异步电动机再生制动时，将机械能转换为电能，回馈到（　　）。
A. 负载　B. 转子绕组　C. 定子绕组　D. 电网
42. 同步电动机可采用的启动方法是（　　）。
A. 转子串三级电阻启动　B. 转子串频敏变阻器
C. 变频启动法　D. Y－△启动法

43. M7130 平面磨床的主电路中有三台电动机，使用了(　　)热继电器。

A. 三个　　B. 四个　　C. 一个　　D. 两个

44. M7130 平面磨床控制电路中的两个热继电器常闭触点的连接方法是(　　)。

A. 并联　　B. 串联　　C. 混联　　D. 独立

45. M7130 平面磨床中电磁吸盘 YH 工作后(　　)和工作台才能进行磨削加工。

A. 液压泵电动机　　B. 砂轮电动机　　C. 压力继电器　　D. 照明变压器

46. M7130 平面磨床中三台电动机都不能启动，电源开关 QS1 和各熔断器正常，转换 QS2 和欠电流继电器 KUC 也正常，则需要检查修复(　　)。

A. 照明变压器　　B. 热继电器　　C. 接插器 X1　　D. 接插器 X2

47. C6150 车床的主电路中使用了(　　)个交流接触器。

A. 1　　B. 4　　C. 3　　D. 2

48. C6150 车床控制电路中照明灯的额定电压是(　　)。

A. 交流 10V　　B. 交流 24V　　C. 交流 30V　　D. 交流 6V

49. Z3040 摇臂钻床中主轴与立柱的夹紧和放松控制按钮安装在(　　)。

A. 摇臂上　　B. 主轴箱移动手轮上

C. 主轴箱外壳　　D. 底座上

51. Z3040 摇臂钻床中摇臂不能夹紧的可能原因是(　　)。

A. 行程开关 SQ2 安装位置不当　　B. 时间继电器定时不合适

C. 主轴电动机故障　　D. 液压系统故障

52. 光电开关的接收器部分包含(　　)。

A. 定时器　　B. 调制器　　C. 发光二极管　　D. 光电三极管

53. 光电开关将(　　)在发射器上转换为光信号射出。

A. 输入压力　　B. 输入光线　　C. 输入电流　　D. 输入频率

54. 当检测物体为不透明时，应优先选用(　　)光电开关。

A. 光纤线　　B. 槽式　　C. 对射式　　D. 漫反射式

55. 光电开关的配线不能与(　　)放在同一配线管或线槽内。

A. 光纤线　　B. 网络线　　C. 动力线　　D. 电话线

56. 高频振荡电感型接近开关的感应头附近有金属物体接近时，接近开关(　　)。

A. 涡流损耗减少　　B. 无信号输出　　C. 振荡电路工作　　D. 振荡减弱或停止

57. 磁性开关用于高温高压场所时应选(　　)的器件。

A. PP、PVD 材质　　B. 金属材质　　C. 多层纸质　　D. 晶体材质

58. 增量式光电编码器主要由(　　)、码盘、检测光栅、光电检测器件和转换电路组成。

A. 光电三极管　　B. 运算放大器　　C. 脉冲发生器　　D. 光源

59. 增量式光电编码器配线时，应避开(　　)。

A. 电话线、信号线　　B. 网络线、电话线

C. 高压线、动力线　　D. 电灯线、电话线

60. 可编程序控制器是一种专门在(　　)环境下应用而设计的数字运算操作的电子装置。

A. 工业　　B. 军事　　C. 商业　　D. 农业

61. 可编程序控制器系统由基本单元、(　　)、编程器、用户程序、程序存入器等组成。

A. 键盘　　B. 鼠标　　C. 扩展单元　　D. 外围设备

62. FN_{2N}系列可编程序控制器的计数器用（　　）表示。

A. X　　B. Y　　C. T　　D. C

63. 在一个程序中，同一地址号的线圈（　　）次输出，且继电器线圈不能串联只能并联。

A. 只能有一　　B. 只能有二　　C. 只能有三　　D. 无限

64. 可编程序控制器（　　）使用锂电池作为后备电池。

A. EEPROM　　B. ROM　　C. RAM　　D. 以上都是

65. PLC（　　）阶段读入输入信号，将按钮、开关触点、传感器等输入信号读入到存储器内，读入的信号一直保持到下一次信号再次被读入时为止，即经过一个扫描周期。

A. 输出采样　　B. 输入采样　　C. 程序执行　　D. 输出刷新

66. 在 FN_{2N}PLC 中，M8000 线圈用户可以使用（　　）次。

A. 3　　B. 2　　C. 1　　D. 0

67. PLC 梯形图编程时，输出继电器的线圈并联在（　　）。

A. 左端　　B. 右端　　C. 中间　　D. 不限

68.（　　）是可编程序控制器的编程基础。

A. 梯形图　　B. 逻辑图　　C. 位置图　　D. 功能表图

69. 在 FN_{2N}PLC 中，（　　）是积算定时器。

A. TO　　B. T100　　C. T245　　D. T255

70. 对于可编程序控制器电源干扰的抑制，一般采用变压器和（　　）来解决。

A. 直流滤波器　　B. 交流滤波器　　C. 直流发电机　　D. 交流整流器

71. 根据电机正反转梯形图，下列指令正确的是（　　）。

A. OR Y001　　B. LDI X000　　C. AND X001　　D. AND X002

72. 变频器是：改变交流电动机定子电压、频率等参数来（　　）的装置。

A. 调节电动机转速　　B. 调节电动机转矩

C. 调节电动机功率　　D. 调节电动机性能

73. 静止式变频器从结构上分为交—交变频器和交—直—交变频器，从电源性质上分为电压源型和电流源型变频器。实际应用中，大部分的变频器为（　　）。

A. 交—直—交 PWM 电压源型变频器　　B. 交—直—交电流型变频器

C. 交—交电压源型变频器　　D. 交—交电流源型变频器

74. 变频器中的电压型逆变器的直流输入端大多（　　）。

A. 并联大电容　　B. 串联大电感　　C. 串联大电容　　D. 并联大电感

75. 变频调速时电压补偿过大会出现（　　）情况。

A. 负载轻时，电流过大　　B. 负载轻时，电流过小

C. 电机转矩过小，难以启动　　D. 负载重时，不能带动负载

76. 西门子 MM420 变频器的主电路端子（　　）需经交流接触器和保护用断路器与三相电源连接。但不宜采用主电路的通、断进行变频器的运行与停止操作。

A. X、Y、Z　　B. U、V、W　　C. L1、L2、L3　　D. A、B、C

77. 软启动器的功能调节参数有：运行参数、（　　）、停车参数。

A. 电阻参数　　B. 启动参数　　C. 电子参数　　D. 电源参数

78. 水泵停车时，软启动器应采用(　　)。

A. 自由停车　　B. 软停车　　C. 能耗制动停车　　D. 反接制动停车

79. 软启动器(　　)常用于短时重复工作的电动机。

A. 跨越运行模式　　B. 接触器旁路运行模式

C. 节能运行模式　　D. 调压调速运行模式

80. 软启动器旁路接触器必须与软启动器的输入和输出端一一对应连接正确，(　　)。

A. 要就近安装接线　　B. 允许变换相序

C. 不允许变换相序　　D. 要做好标识

二、判断题(第81～100题，每题1分，满分20分。如果判断为"对"，请在答题卡相应题号处选"A"，并将该信息点涂黑。如果判断为"错"，请在答题卡相应题号处选"B"，并将该信息点涂黑，多选或错选均不得分。)

81. 职业道德是事业成功的重要条件。(　　)

82. 生产任务紧的时候放松生产的要求是允许的。(　　)

83. 负载上获得最大电功率时，电源的利用率最高。(　　)

84. 稳压二极管的符号与普通二极管的符号是相同的。(　　)

85. 一般万用表可以测量直流电压、交流电压、直流电流、电阻、功率等热处理量。(　　)

86. 钢丝钳(电工钳子)的主要功能是拧螺钉。(　　)

87. 常用的绝缘材料可分为橡胶和塑料两大类。(　　)

88. 电气设备尤其是高压电气设备一般应有四人值班。(　　)

89.《中华人民共和国电力法》规定电力事业投资，实行谁投资谁受益的原则。(　　)

90. 数字万用表在测量电阻之前要调零。(　　)

91. 单结晶体管有三个电极，符号与三极管一样。(　　)

92. 压力继电器与压力传感器没有区别。(　　)

93. 直流电动机启动时，励磁回路的调节电阻应该短接。(　　)

94. Z3040摇臂钻床的主轴电动机仅作单向旋转，由接触器KM1控制。(　　)

95. 在一般的工业生产场所，选用高频振荡型或电容型接近开关性价比较高。(　　)

96. 磁性开关的结构和工作原理与接触器完全一样。(　　)

97. 可编程序控制器的程序由编程器送入处理器中的存储器，可以方便地读出、检查与修改。(　　)

98. 可编程序控制器能实现的功能，用继电器控制同样能够实现。(　　)

99. FX编程器键盘部分有单功能键和双功能键。(　　)

100. 在变频器实际接线时，控制电缆应靠近变频器，以防止电磁干扰。(　　)

测试题答案

一、单项选择题

1. B	2. C	3. C	4. B	5. A	6. B	7. B	8. B	9. D	10. D
11. C	12. D	13. B	14. B	15. A	16. A	17. A	18. A	19. D	20. B
21. C	22. C	23. C	24. C	25. D	26. B	27. B	28. A	29. C	30. D
31. C	32. A	33. A	34. C	35. A	36. C	37. D	38. A	39. A	40. D
41. D	42. C	43. D	44. B	45. B	46. B	47. C	48. B	49. C	50. D
51. A	52. B	53. B	54. C	55. C	56. A	57. B	58. D	59. C	60. A
61. C	62. D	63. A	64. C	65. B	66. D	67. B	68. A	69. D	70. B
71. A	72. A	73. A	74. A	75. A	76. C	77. B	78. B	79. A	80. C

二、判断题

81. ×	82. ×	83. ×	84. ×	85. ×	86. ×	87. ×	88. ×	89. √	90. ×
91. ×	92. ×	93. ×	94. √	95. √	96. ×	97. √	98. ×	99. ×	100. ×